JN217481

シッダールタ・ムカジー *Siddhartha Mukherjee*

仲野 徹＝監修　田中 文＝訳

遺伝子

親密なる人類史 上

THE GENE:

AN INTIMATE HISTORY

早川書房

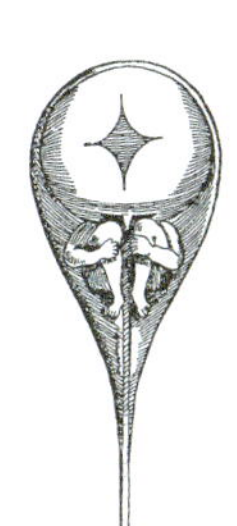

1694年にニコラース・ハルトゼーカーによって描かれた、ヒトの精子の中に包まれたホムンクルス。同時代の多くの生物学者と同じく、ハルトゼーカーも、胎児をつくるための情報は精子の中に収納された小さな人間によって伝えられるという「精子論」を信じていた。

中世ヨーロッパでは、貴族の祖先や子孫を記した「家系樹」がよくつくられた。こうした家系樹は、貴族の称号や財産を主張するために使われたり、家同士の結婚の取り決めのために使われたりした（ひとつには、いとこ同士の血族結婚の頻度を減らすためでもあった）。左上の隅に書かれた「gene」という言葉は系図や血統という意味で用いられており、遺伝情報の単位という現代の「gene（遺伝子）」の意味が現れたのは、何世紀ものちの1909年だった。

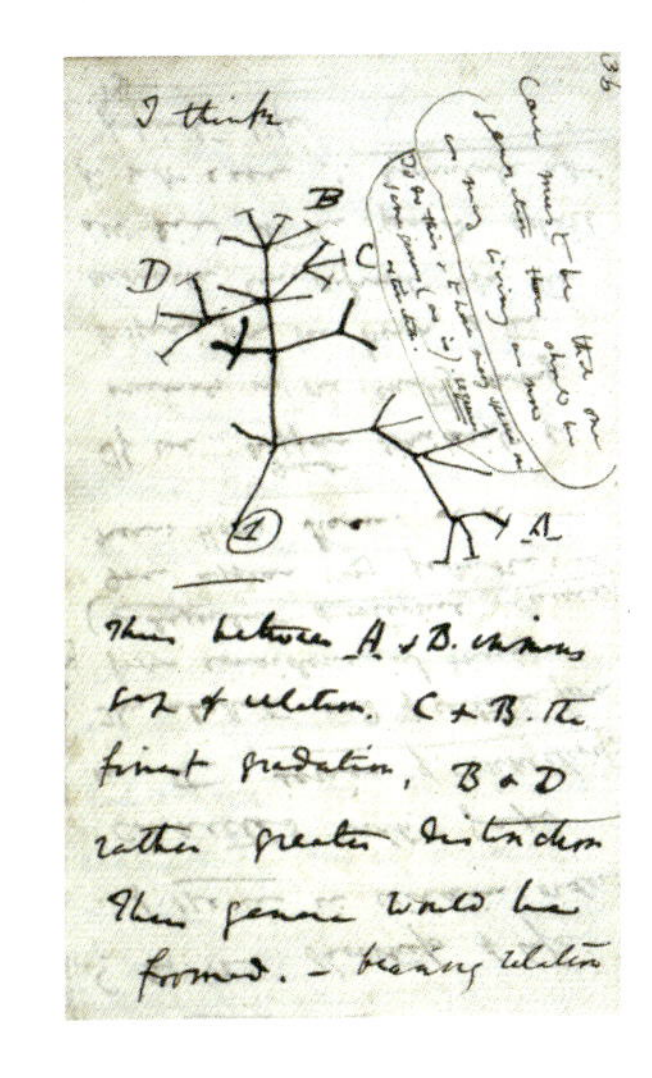

チャールズ・ダーウィン（これは70代の写真である）と、ダーウィンが描いた「生命の樹」のスケッチ。この樹は生物が共通の祖先から枝分かれしたことを示している（樹の上のほうに書かれた「私が思うには」という自信のなさそうな言葉に注目されたい）。変異と自然選択によるダーウィンの進化論を説明づけるには、遺伝子を介する遺伝理論が必要だった。ダーウィンの理論を注意深く読んだ者は、進化というのは、親から子へと情報を伝えることのできる、目に見えないが変化しうる遺伝の粒子が存在してはじめて起こりうることに気づいた。しかし、グレゴール・メンデルの論文を読んだことのなかったダーウィンは結局、そのような理論を形づくることができなかった。

ブルノ（現在はチェコ共和国に属する）の修道院の庭で、おそらくはエンドウマメのものと思われる花を持つグレゴール・メンデル。1850年代から60年代にかけておこなわれたメンデルの重要な実験によって、分割できない粒子が遺伝情報の運び手であることが判明した。メンデルの論文（1865年）は40年ものあいだ注目されることがなかったが、その後、生物科学を一変させた。

1900年にメンデルの研究が「再発見」されたことによって、ウィリアム・ベイトソンは遺伝子の信者となった。彼は1905年に、遺伝の研究を表す「遺伝学（Genetics）」という用語をつくり、ウィルヘルム・ヨハンセン（左）が遺伝の単位を指す「遺伝子（gene）」という用語を生み出した。これはヨハンセンがイギリスのケンブリッジにあるベイトソンの自宅を訪ねたときの写真である。ふたりは親しい協力者となり、遺伝子説を熱心に擁護した。

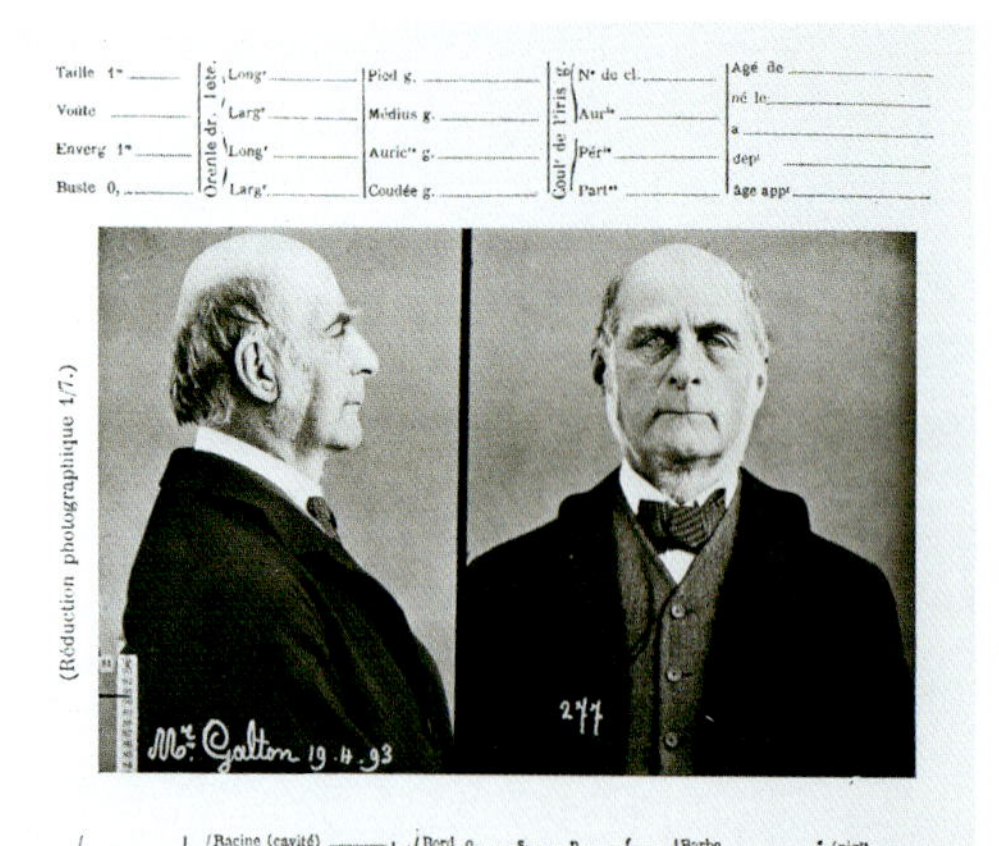

Francis Galton, aged 71, photographed as a criminal on his visit to Bertillon's Criminal Identification Laboratory in Paris, 1893.

数学者、生物学者、統計学者であるフランシス・ゴールトンは、人の身長、体重、顔つきなどの特徴を記載した「人体測定カード」を作成し、自分自身についてのカードもつくった。メンデルの遺伝子説に抵抗していた彼は、「最良の」特性を持つ人間同士の選択的な交配によって、人種を改良できると信じていた。遺伝の操作を介して人間を解放するための科学を表す、ゴールトンがつくった「優生学」という用語はほどなく、ぞっとするような社会的・政治的支配の形へと変容することになる。

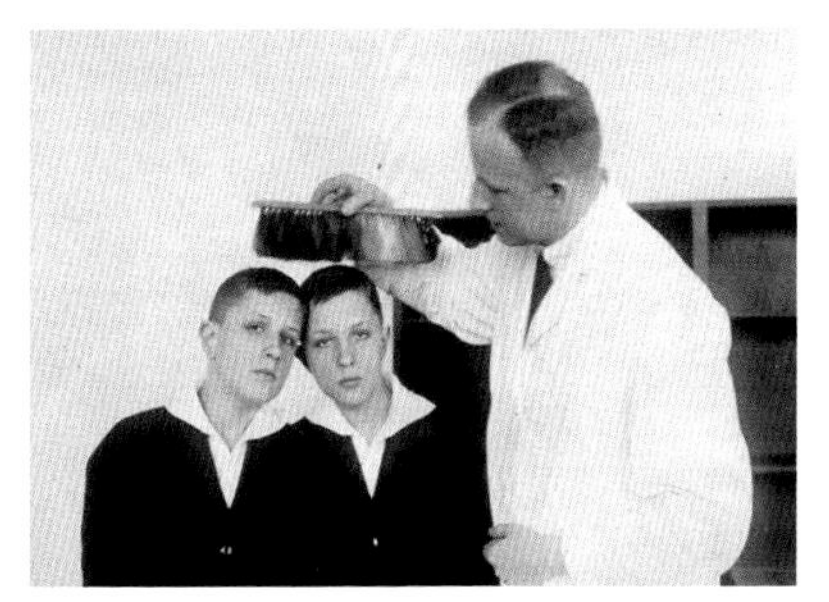

ナチスの「民族衛生」という主張は、断種、強制収容、殺人によって人種を浄化する国家主導の大規模な取り組みをうながした。遺伝の影響力を証明するために双生児研究が利用され、欠陥のある遺伝子の保有者であるという仮定にもとづいて、男女や子供が殺戮された。ナチスはユダヤ人、ジプシー（ロマニー）、反体制派、同性愛者の殺害へと優生学の取り組みを拡大した。これは、ナチスの科学者が双子の身長を測定している場面と、ナチスの新党員に家族歴の図を示している場面である。

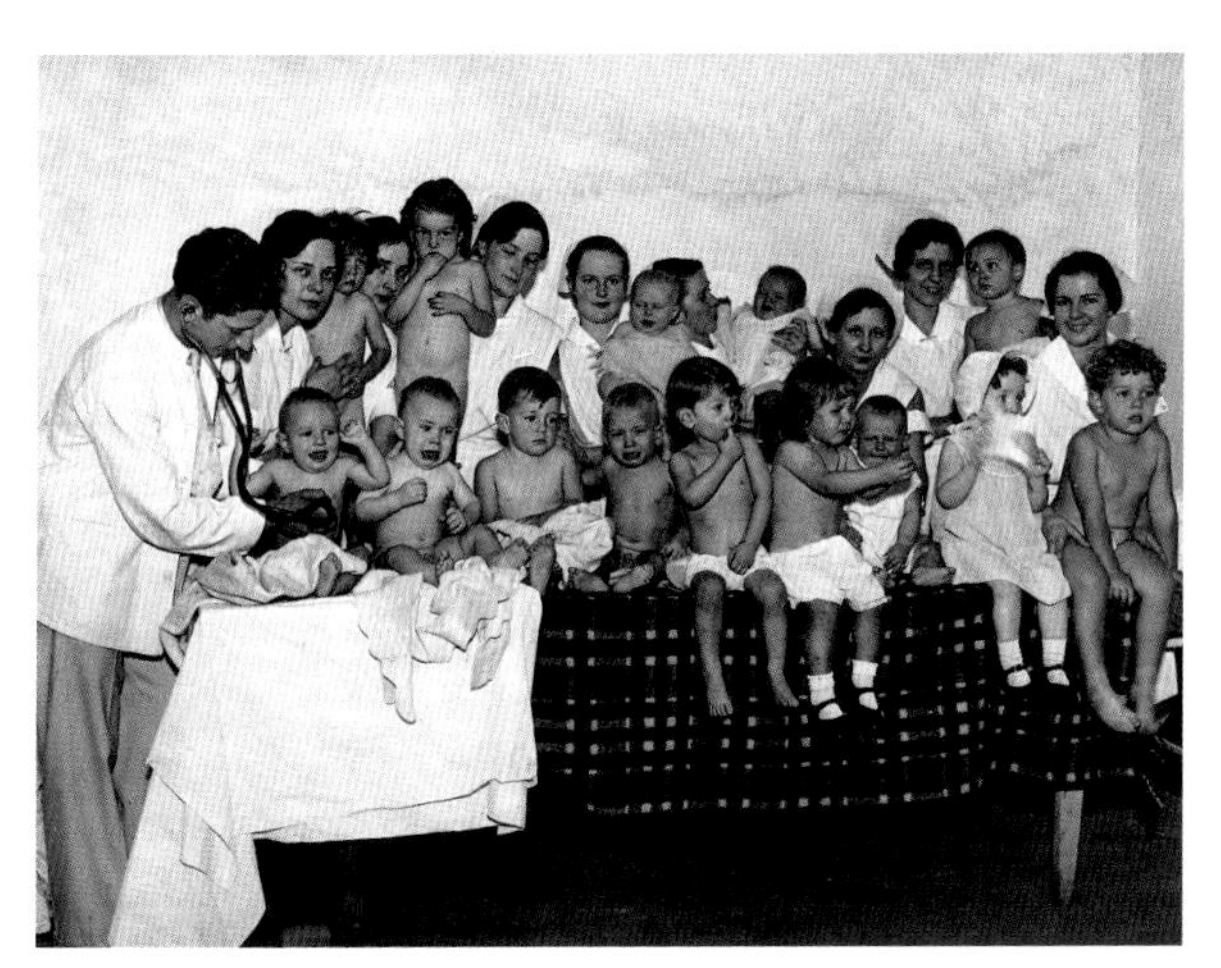

1920年代のアメリカで「赤ちゃんコンテスト」が登場した。最良の遺伝的特性を持つ子供を決めるために、医師と看護師が子供たち（全員白人である）を検査した。「赤ちゃんコンテスト」は最も健康な赤ん坊を遺伝的な選択の産物として紹介することによって、優生学に対する受け身の支持をアメリカで生み出した。

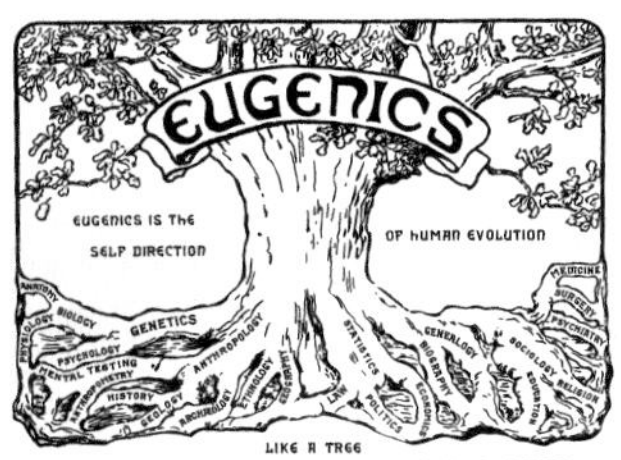

「人類進化の方向を自分で決める」ことを求める、アメリカで描かれた「優生学の樹」のイラスト。医学、手術、人類学、家系がこの樹の「根」である。優生科学は、それらの基本的な分野を利用することで、より適応した、より健康な、より優れた人間を選択することを目指した。

1920 年代、キャリー・バックと母親のエマ・バックは、「てんかん患者と知的障害者のためのバージニア州立コロニー」に送られた。コロニーでは、「痴愚や魯鈍」に分類された女性たちが日常的に断種手術を受けた。母と娘の何気ない瞬間をとらえるという口実で入手されたこの写真は、キャリーとエマがいかに似ているかを示す証拠として、つまり「遺伝的な魯鈍」を証明するために提示された。

1920 年代から 30 年代にかけて、トマス・モーガンはコロンビア大学で、その後、カリフォルニア工科大学（カルテック）でショウジョウバエの研究をおこない、遺伝子同士が物理的に連鎖していることを示した。彼はさらに、遺伝情報は 1 本の鎖のような分子によって運ばれているという先見の明のある予測をした。遺伝子の連鎖はその後、ヒトの遺伝子地図をつくるために利用され、ヒトゲノム計画の土台となった。これはカルテックの「ハエ部屋」でミルク瓶に囲まれているモーガンの写真である。彼はミルク瓶の中で蛆やハエを育てていた。

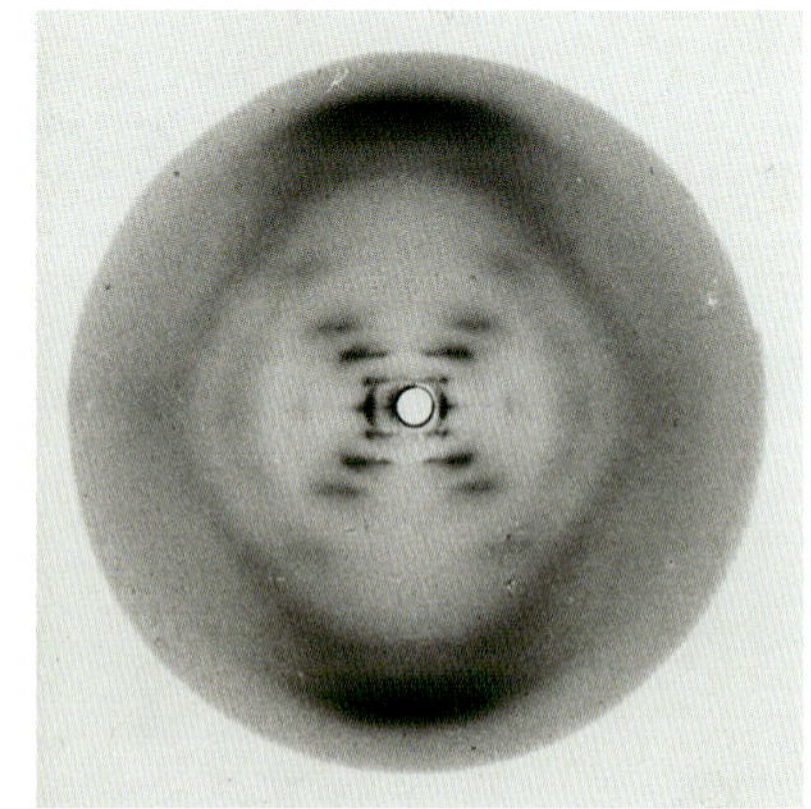

1950 年代にロンドン大学のキングズ・カレッジで顕微鏡をのぞき込んでいるロザリンド・フランクリン。フランクリンは X 線結晶解析を利用して DNA の写真を撮り、その構造を研究した。写真 51 はフランクリンが撮影した中で最も鮮明な DNA 結晶の写真である。塩基（A、C、T、G）の正確な配置はわからないものの、この写真から二重らせん構造が示唆される。

遺伝子 ―親密なる人類史―

〔上〕

THE GENE

An Intimate History

by

Siddhartha Mukherjee

Japanese edition supervised by

Toru Nakano

Translated by

Fumi Tanaka

First published 2018 in Japan by

Hayakawa Publishing, Inc.

This book is published in Japan by

direct arrangement with

The Wylie Agency (UK) Ltd.

その危険性を知っていたプリヤバラ・ムカジー（一九〇六～一九八五）に
その危険性を体験したキャリー・バック（一九〇六～一九八三）に

遺伝の法則の正確な解読は、今後もたらされると予想される自然についてのどんな知識よりも深く、世界に対する人間の見方と、自然に対する人間の力を変えるだろう。

——ウィリアム・ベイトソン★

「人間というものは結局のところ、遺伝子にとってのただの乗り物（キャリア）であり、通り道にすぎないのです。彼らは馬を乗り潰していくように、世代から世代へと私たちを乗り継いでいきます。そして遺伝子は何が善で何が悪かなんてことは考えません。私たちが幸福になろうが不幸になろうが、彼らの知ったことではありません。私たちはただの手段にすぎないわけですから。彼らが考慮するのは、何が自分たちにとっていちばん効率的かということだけです」

——村上春樹『１Ｑ８４　ＢＯＯＫ１』†

目次

第二部　「部分の総和の中には部分しかない」

遺伝のメカニズムを解読する（一九三〇～一九七〇）

第三部　「遺伝学者の夢」

遺伝子の解読とクローニング（一九七〇～二〇〇一）

＊訳注は、本文内は割注、原注内は〔 〕で示した。

下巻目次

プロローグ──家族

そなたらを見ていると、御両親の血筋がまざまざと窺える。[*1]
──メネラオス、ホメロス『オデュッセイア』より

父さんと母さんが交わって、おまえをつくる。
そんなつもりはなかったのに、そうしてしまう。
自分たちの欠点をおまえに詰め込んで、
おまえのためだけの欠点を、さらにつけ加える。[*2]
──フィリップ・ラーキン「これも詩であれ(This Be The Verse)」

二〇一二年の冬、私はいとこのモニを訪ねるためにデリーからコルカタへ行った。ガイド兼旅の道連れとして、父も一緒だった。でも父は、私にはぼんやりとしかわからない個人的な苦悩にとらえられたまま、終始むっつりと物思いに沈んでいた。父は五人兄弟の末っ子で、モニは最初に生まれた甥、つまり長兄の息子だった。モニは統合失調症と診断されており、四〇歳だった二〇〇四年からずっと、精神疾患の患者のための施設(父は〝気ちがいの家〟と呼んでいた)に入所したきりだった。モニには無数の薬が投与されており、一日じゅう付添人がそばにいて、監視したり、入浴や食事の世話をし

たりしていた。

　父はモニにくだされた診断を受け入れておらず、モニの治療を担当している精神科医たちを相手に、長年にわたる孤独な闘いを繰り広げてきた。医者のくだした診断はとんでもない誤りなのだと、モニの壊れた精神はいずれ奇跡的に自然治癒するのだと医師たちに納得させたいと願っていたのだ。父はコルカタの施設をすでに二度訪れていた。一度は、連絡なしにいきなり行った。鉄格子のゲートの向こうでひっそりとごく普通の生活を送っている、すっかり回復したモニに会えることを期待して。

　だが父は、こうした訪問にはおじの愛情以上のものが絡んでいることを承知しており、そのことは私にもわかっていた。父の家族で精神疾患を患っていたのはモニだけではない。父の四人の兄のうち、ふたり（モニの父親ではなく、モニのおじふたり）がさまざまな精神の破綻に苦しんだのだ。少なくとも二世代にわたって、狂気はムカジーの家系の中に存在しており、モニの診断を受け入れたくない父の気持ちの一部には、同じ病の種子が、まるで有毒な廃棄物のように彼自身の中にも埋められているのではないかという恐ろしい認識があった。

　一九四六年、父の三番目の兄のラジェッシュがカルカッタ（一九九九年にコルカタに変更）で若くして亡くなった。二二歳だった。二晩続けて雨の中で訓練をしたせいで肺炎にかかったとされているが、実のところ、肺炎はべつの病気がもたらしたものだった。ラジェッシュはかつて、兄弟の中でいちばん将来有望だと思われていた。いちばん頭の回転が速く、いちばん心が柔軟で、カリスマ性も、活発さも抜きんでていた。父や家族から最も愛され、崇拝されていたのも彼だった。

　私の祖父はその一〇年前の一九三六年に亡くなっており（マイカ鉱山をめぐる紛争のあとで殺害された）、残された祖母が五人の男の子を育てることになった。長男ではなかったものの、ラジェッシュはごく自然に父のあとを継いだ。当時まだ一二歳だったが、二二歳といってもおかしくはなかった。

以前は頭の回転が速すぎておしゃべりなところもあったが、威厳が備わるとともにそうした性質も落ち着き、思春期のもろい自負心はすでに大人の自信へと変わっていた。

しかし四六年の夏、まるで脳の中でワイヤが切れてしまったかのように、ラジェッシュは奇妙なふるまいをするようになった。人格の変化で最も著しかったのは、気分の変動だった。いい知らせを聞くと喜びを爆発させ、曲芸のような激しい運動をひとしきりしてようやく落ち着いた。一方で、悪い知らせを聞くとひどく落ち込み、どんな慰めも効かなかった。感情自体はそれぞれの状況に即したものだったが、その激しさは異常だった。その年の冬には、ラジェッシュの感情は頻繁に変化するようになり、振れ幅も大きくなった。怒りや誇大な考えへと移行する興奮の波がしだいに激しさを増して押し寄せてきて、そのあとには、同じくらい強い悲しみの引き波が続いた。カルト宗教に手を出しはじめ、自宅で降霊術の会やこっくりさんの会合を開いたり、夜に火葬をおこなう計画を立てたりするようになった。一九四〇年代のカルカッタの中華街の小部屋には、若者の神経を落ち着かせるためのミャンマーのアヘンやアフガニスタンのハシシが十分に蓄えられていた。ラジェッシュがそうしたものを使って自己治療をしていたかどうかは不明だが、父は別人のようになったラジェッシュのことを覚えていた。感情の急勾配を登ったり降りたりしながら、びくびくしたり、まわりの人の気持ちに無頓着になったりしたそうだ。ある朝にはいら立っていたかと思えば、翌朝にはとてもうれしそうだったこともあった（とてもうれしい *overjoy* という言葉は口語的に使われ、無邪気な感情、つまり喜びの増大を表しているが、それと同時に、正気のぎりぎりの限界をも示している。いずれわかるように、*overjoy* を超えたところに、*over-overjoy* は存在しない。あるのはただ、狂気と熱狂だけだ）。

肺炎にかかる前の週、ラジェッシュは自分が大学の試験ですばらしい成績を取ったことを知った。

有頂天になった彼は、二泊の小旅行に行ってくると言って姿を消した。おそらく、レスリングのキャンプで「訓練」をするのだろうと家族は思った。帰ってきたとき、彼は高熱を出していて、幻覚に襲われていた。

父の話を聞いてから何年もたって、メディカル・スクールにいたときに、私はラジェッシュは急性の躁(そう)状態にあったのだと気づいた。彼の心の病はほぼ典型的な躁うつ病（双極性障害）だった。

五人兄弟の四番目であるジャグは一九七五年、私が五歳のときにデリーのわが家に住みはじめた。彼の心もまた壊れつつあった。背が高く、ひどく痩せていて、目にはかすかに野生の光が宿っていた。量の多い縮れ髪を伸び放題にしており、ジム・モリソンのベンガル人版といった感じだった。二十代になって病気を発症したラジェッシュとはちがって、ジャグは子供のころからすでに問題を抱えていた。人づき合いが苦手で、私の祖母以外の人に心を開くことはなく、仕事に就くことも、ひとりで暮らすこともできなかった。一九七五年には、より深刻な認知機能の問題が現れ、幻覚や幻想を見たり、ああしろこうしろと命令する声が頭の中で聞こえたりするようになった。家の外で果物を売っているバナナ売りが、ひそかに自分の行動を記録している、といったような陰謀説をいくつもこしらえた。よくひとりごとを言っており、とりわけ、自分で考えた列車の時刻表を取り憑かれたように暗唱していた（「シムラーからハウラーまでカルカメールに乗り、ハウラーでジャガンナート急行に乗り換えてプリーまで」）。それでも、ときにけたはずれのやさしさを見せることもあり、私が自宅にある大切なヴェネツィアガラスの花瓶をうっかり割ってしまったときも、私をベッドカバーの下に隠して、代わりの花瓶なら「一〇〇〇個」も買えるほどの「大金をどっさり」隠しているからと私の母に言った。だがこのエピソードですら、病気の症状のひとつだった。私に対する愛すら、精神の病と作話症の現れにほかならなかった。

ラジェッシュとはちがって、ジャグは正式な診断を受けた。一九七〇年末に彼を診察した医師が統合失調症という診断をくだしたのだ。しかし薬が処方されることはなく、ジャグはその後も私の祖母の部屋に半ば隠れるようにして、わが家で暮らした（インドの多くの家庭と同じく、祖母は私たちの家に同居していた）。今では二倍の敵対心を胸に、またも籠城することになった祖母は、ジャグの公式な擁護者の役目を買って出た。ジャグが祖母の世話を受け、祖母の部屋で食事をし、祖母が縫った服を着ていた一〇年近くのあいだ、祖母と父は危うい休戦状態にあった。夜、恐怖心と幻覚のせいでジャグがとりわけ落ち着かなくなると、祖母はジャグの額に手を置いて、子供のようにベッドに寝かしつけた。一九八五年に祖母が亡くなると、ジャグは家を出ていき、戻ってくるようにという説得にも応じなかった。そして一九九八年に亡くなるまで、デリーのある宗派と生活をともにした。

父と祖母はどちらも、ジャグとラジェッシュの精神疾患はインドとパキスタンの分離という大変動によって悪化したにちがいないと信じており、ひょっとしたらそれが原因だったのではないかとすら思っていた。政治的なトラウマが精神的なトラウマへと転化されたにちがいない。分離は国をふたつに分断しただけでなく、心も分断したのだ。サーダット・ハサン・マントーの短篇「トバ・テク・シン」は、印パ分離を題材にした小説の中で最も有名な作品だといっていいだろう。そこに登場する精神を病んだ主人公はインドとパキスタンの国境で捕まえられるのだが、彼はまた、正気と狂気の境界線上でも生きていた。ジャグとラジェッシュの場合には、政治的な大変動と東ベンガルからカルカッタへの立ち退きという出来事によって、精神が解き放たれたにちがいないと祖母は信じていた。解き放たれたそれぞれの方向は、驚くほどちがっていたが。

ラジェッシュがカルカッタにやってきたのは一九四六年のことで、街そのものが神経をすり減らしながら正気を失いつつある時期だった。街の愛は枯渇し、忍耐力も底を突いていた。東ベンガルから人々が絶え間なく流入し（隣人よりも先に政治的な大変革を予感した人々だ）、シールダ駅近くの低層のアパートや貸家を埋めつくそうとしていた。そうした貧しい労働者たちの一員だった祖母も、駅から少し歩いたところにあるハヤット・カーン通り沿いの三部屋のアパートを借りた。一カ月の家賃は五五ルピーで、現在の通貨に換算すると一ドルほどだったが、家族にとっては途方もない大金だった。今にも崩れそうなそのアパートはゴミの山に面しており、部屋は狭かったが、部屋には窓がついていたうえに共用の屋上もあったので、少年たちはそこから新しい街と国が生まれるさまを眺めることができた。街角では暴動が次々と企てられ、その年の八月にはヒンドゥー教徒とイスラム教徒とのあいだで激しい衝突が起きて五〇〇〇人が殺害され、一〇万人が家を追われた（この事件はのちに「カルカッタ虐殺」と名づけられた）。

ラジェッシュはその夏、暴徒の波が押し寄せるのを目の当たりにした。ヒンドゥー教徒がイスラム教徒をラルバザールの店やオフィスから引きずり出し、道路の真ん中で生きたまま内臓を抜いた。イスラム教徒はラジャバザール近くの魚市場やハリソン通りで同じくらい残忍な方法でヒンドゥー教徒に反撃した。ラジェッシュの精神がおかしくなったのはこうした暴動のすぐあとのことだった。街はやがて落ち着きを取り戻し、紛争も収まったが、彼の恐怖心はいつまでも消えなかった。八月の大虐殺からほどなくして、ラジェッシュは誇大妄想的な幻覚に次々と襲われるようになった。おびえはいっそう強くなり、夕方になると以前よりも頻繁にジムにかようようになった。その後、躁状態でのけいれん発作、原因不明の発熱といった症状に襲われはじめ、そして最終的に、彼の命を奪うことになる突然の病を発症した。

もしラジェッシュの狂気がカルカッタにやってきたことでもたらされたのだとしたら、ジャグの狂気は故郷を離れたことでもたらされたのだと祖母は確信していた。先祖代々暮らしてきたバリサルのそばのデヘルゴティ村では、ジャグの精神は友人や家族にしっかりとつなぎ止められていた。水田を走りまわったり、水たまりで泳いだりしていた彼は、ほかの子供たちと同様に明るく陽気で、普通の子と大差ないように見えた。しかしカルカッタでは、まるで自然生息地から根っこを抜かれた植物のように、ジャグはしおれ、ばらばらになった。大学を中退し、アパートの窓際にずっとたたずんだまま、ぼんやりと世界を眺めていた。思考はもつれはじめ、支離滅裂なことを言うようになった。ラジェッシュの心が危うい極限まで広がったのに対し、ジャグの心は部屋の中で縮まっていった。ラジェッシュは夜の街をさまよい歩いたが、ジャグは自発的に家に閉じこもった。

ラジェッシュは街のネズミで、ジャグは精神を病んだ田舎のネズミである――。そんな風変わりな精神疾患の分類は、それがあてはまるあいだは都合のいいものだったが、モニの精神まで侵されはじめたことによって崩壊した。モニは言うまでもなく「インド・パキスタン分離を経験した子供」ではなかった。根っこを抜かれたわけでもなく、生まれてからずっとカルカッタの安全な家で暮らしていた。それでも、彼の精神の軌跡は薄気味悪いほどにジャグに似ていた。思春期を迎えると、幻覚や頭の中の声に悩まされるようになった。孤独を求めるところも、大げさなつくり話をするところも、混乱したり錯乱したりするところも、不気味なほどおじの病を思い出させた。モニが十代のころ、デリーの私たちの家にやってきたことがあった。みんなで映画を見にいく予定だったのだが、モニは二階の洗面所に閉じこもって鍵をかけ、一時間近くも出てこようとしなかった。祖母がようやく説得して、洗面所に入ると、彼は体をまるめて隅っこに隠れていた。

二〇〇四年、公園で放尿したという理由で（モニは私に、内なる声が「ここで小便しろ、ここで小便しろ」と命令したのだと言った）、モニは不良グループにこっぴどく殴られた。そして数週間後には、さらにべつの「罪」を犯した。こっけいなまでに途方もない罪で、それ自体、彼が正気を失っている証拠だった。不良グループの姉妹のひとりといちゃついているところを見つかったのだ（今度もまた、内なる声に命令されたと言った）。彼の父がどうにか取りなそうとしたがうまくいかず、モニは叩きのめされた。唇が裂け、額に傷を負い、病院で治療を受けなければならなかった。

不良グループによる暴行は彼を浄化するためのものだったが（のちに警察に質問されたとき、彼らは「モニの体から悪魔を追い出す」ためにやったのだと主張した）、その結果、モニの頭の中の命令者はより大胆に、より執拗になっただけだった。その年の冬、幻覚と内なる声がいっそうひどくなり、モニは施設に入れられた。

モニは私に、施設への収容はある程度、自ら望んだものだったと言った。彼が求めていたのは精神的なリハビリというよりもむしろ、身体的な避難所だった。数々の抗精神病薬が処方され、状態は少しずつ改善していったが、退院できるほどまでにはならなかった。数カ月後、モニがまだ施設にいるあいだに、彼の父親が亡くなった。母親は何年も前にすでに他界しており、たったひとりの姉は遠くに住んでいた。だからモニは施設に残ることにした。ひとつには、ほかに行くところがなかったからだ。精神科の医師は精神科病院の昔の呼び方である「精神避難所」という言葉を使わないようにと主張しているが、モニの場合には、その言葉はぞっとするほどぴったりだった。そこは彼の人生に欠けていた保護と安全を与えてくれる唯一の場所であり、モニは自発的に籠に入った小鳥だった。

二〇一二年に私が父と一緒にモニのもとを訪れたときには、最後に彼に会ってから二〇年近くたっていた。それでも、見ればすぐにわかると思っていた。だが面会室で会った人物は私の記憶の中のいとことはあまりにちがっており、付添人が名前を確認しなければ、私は面会の相手をまちがえていただろう。モニは実際の年齢よりもずいぶん歳を取って見えた。四八歳だったが、一〇は歳上に見えた。統合失調症の薬の影響で、まるで子供のように不安定でおぼつかない歩き方をした。昔はおしゃべりで早口だったのだが、今ではためらいがちな、そして唐突な話し方をした。口の中に入れられた奇妙な食べ物の種子を吐き出すかのように、突然、驚くほど力強く言葉を発したのだ。父のことも、私のこともほとんど覚えておらず、私が自分の姉の名前を言うと、その人と結婚しているのかと訊いた。会話というよりも、いきなり現れた新聞記者によるモニへのインタビューといった感じだった。

しかし彼の病気の最も際立った特徴は、心の中の嵐ではなく、目の中の凪(なぎ)だった。モニ *moni* という言葉はベンガル語で「宝石」を意味し、一般的には、目の中できらりと輝く光のような、言葉では言い表せないほど美しいものを指す。だが、それこそがまさに、モニの目から失われていたものだった。両目の光は鈍くなり、ほとんど消えかけていた。あたかも誰かが細い絵筆を手に彼の目の中に入り、目を灰色に塗りつぶしてしまったかのように。

私が子供だったころも、そして大人になってからも、モニとジャグとラジェッシュは私たち家族の想像力の中で途方もなく大きな役割をはたしていた。十代の不安をもてあそんでいた六カ月間、私は両親と口をきくのをやめ、宿題を提出するのをやめてゴミ箱に捨てた。父は言葉では言い表せないほどの心配に駆られ、ジャグに診断をくだした医師のもとへ私を引っぱっていった。「今度はうちの息子の頭がおかしくなったのだろうか?」一九八〇年代初めに記憶力が衰えてくると、祖母は、私をまちがってラジェッシャー(ラジェッシュ)と呼びはじめた。初めのうちは恥ずかしそうに顔を赤らめ、まちがいを直すことができたが、現実との最後のつながりが断ち切れてしまったあとは、まるでファンタジーという禁断の喜びを発見したかのように、ほとんど意図的に呼びまちがえをしているかのように見えた。私は、いずれ妻となるサラとの四度目か五度目のデートのときに、いとことふたりのおじの精神の病について話した。未来の妻には警告状を見せておくのが公正だと思ったからだ。

そのころには、遺伝、病気、正常、家族、アイデンティティは家族の会話の中に繰り返し登場するテーマになっていた。多くのベンガル人と同じくうちの両親もまた、感情の抑圧や否定を芸術の域にまで高めていたが、それでも、モニ、ラジェッシュ、ジャグという三人の人生がさまざまな精神疾患によって壊されてしまったという歴史について疑問を投げかけないわけにはいかなかった。この家族の歴史の裏に遺伝的要素が潜んでいることを否定するのはむずかしかった。モニは精神疾患にかかりやすくなる遺伝子を、あるいは遺伝子の組み合わせを受け継いだのだろうか？　ふたりのおじに影響をおよぼしたのと同じ遺伝子を受け継いだのだろうか？　家族の中にはほかにもべつのタイプの精神疾患を患った者はいなかったのだろうか？　私の父は少なくとも二回、解離性遁走（かいりせいとんそう）を発症しており、いずれの場合もバングー（すりつぶした大麻の芽をギーで溶かしてかき混ぜた飲み物で、宗教的な祭りで出される）を飲んだことが誘因となった。それもまた、同じ家族の歴史の傷に関係しているのだろうか？

二〇〇九年に、スウェーデンの研究者が、何千もの家系の何万人もの男女を対象とした大規模な国際的調査の結果を発表した。調査によれば、複数の世代にわたって精神疾患の患者が存在する家系を分析した結果、双極性障害と統合失調症には強い遺伝的な関連があるという驚くべき証拠が見つかった。例として挙げられている家系の中には、私の家系にとてもよく似た精神疾患のパターンが見られるものがあった。兄弟のひとりが統合失調症を患い、もうひとりが双極性障害を患い、甥または姪（めい）が統合失調症を患っているといったようなパターンだ。二〇一二年、いくつかのさらなる調査によって、そうした初期の結果の正しさが裏づけられ、ふたつの精神疾患と家系の関連性がより確かなものになると同時に、病因、疫学、誘因、刺激因子についての疑問がいっそう深まった。[3]

　コルカタへの旅から二カ月後のある冬の朝、私はニューヨークの地下鉄の中でそうした研究についての論文をふたつ読んだ。通路の向こうでは、グレーの毛糸の帽子をかぶった男性が息子にグレーの毛糸の帽子をかぶせようと悪戦苦闘していた。五九丁目で、母親が双子を乗せたベビーカーを押しながら乗り込んできた。双子は私にはまったく同じに聞こえる声で叫んでいた。

　こうした研究の結果を読んで、私の心は不思議と鎮まった。父と祖母をずっと悩ませていた疑問のいくつかが解決したからだ。だがその一方で、新たな疑問が次々と生まれていった。モニの病気が遺伝的なものだとしたら、なぜ彼の父と姉は発症しなかったのだろう？　どのような「誘因」がこうした素因の覆いを取ったのだろう？　ジャグとモニの病気はどの程度が「生まれ」（精神疾患の素因となる遺伝子）によるもので、どの程度が「育ち」（社会的激変、仲たがい、トラウマなどの誘因）によるものなのだろう？　私の父も素因を持っているのだろうか？　私もその遺伝子のキャリアなのだろうか？　原因となる遺伝子の欠陥がどういったものなのか知ることができたら？　私自身は遺伝子検査を受けるだろうか？　ふたりの娘に検査を受けさせるだろうか？　その結果をふたりに伝えるだろうか？　ふたりのうちひとりだけが原因遺伝子を受け継いでいたら、どうすればいいのだろう？

　精神疾患の家族歴がまるで越えてはならない一線のように私の意識の中に存在しつづけているあいだ、腫瘍生物学者としての私の科学研究もまた、遺伝子の正常と異常という点に集約していた。がんというのは、遺伝子の性質が極度にゆがめられた結果、もたらされる病だと言っていいだろう。すなわち、自らを複製することに病的なまでに取り憑かれたゲノムによって生み出されるのだ。自己複製マシーンと化したゲノムは細胞の生理機能を利用し、次々と形を変える病をもたらす。治療法の大きな進歩にもかかわらず、いまだに完治させようとするわれわれの努力をいとも簡単にはねつける病だ。

　しかしがんを研究するということは、その反対の現象を研究することでもあるのだと私は気づいた。がんの旋律（コーダ）によって改悪される前の正常な遺伝コードとはどんなものなのだろう？　正常のゲノムは何をしているのだろう？　ゲノムはわれわれ人間の画一性をどう維持し、その一方で、多様性をどう維持しているのだろうか？　ついでに言えば、画一性と多様性、さらには正常と異常はゲノムの中でどう定義され、どのように書かれているのだろうか？

　もしわれわれが意図的に遺伝暗号を変えられるようになったら、どうなるだろう？　そのような技術が手に入るようになったら、誰がそれを管理し、誰がその安全性を確保するのだろう？　誰がその技術の持ち主になり、誰が犠牲者になるのだろう？　人類がそうした知識を獲得し、管理するようになったなら、そして、その知識がわれわれの私生活や公的生活に避けがたく影響をおよぼすことになったなら、社会や、子供や、自分自身についてのわれわれの考え方はどう変わるだろう？

　本書は、科学の歴史上最も強力かつ危険な概念のひとつである「遺伝子」の誕生と、成長と、未来についての物語である。「遺伝子」とは、遺伝の基礎単位であり、あらゆる生物情報の基本単位だ。「危険」という最後の形容詞を、私は完全に意図的に使っている。世界を根本から揺るがすような三つの科学的概念が二〇世紀を三等分した。原子と、バイトと、遺伝子だ。[*4] どれも一九世紀にはすでに予示されていたが、二〇世紀に入ってからいきなり脚光を浴びるようになった。どれも初めはかなり抽象的な科学的概念として誕生したが、やがてさまざまな議論の中に入り込んでくるようになり、その結果、文化や、社会や、政治や、言語を変えた。しかし三つの概念の最も重要な類似点はその考え方だ。いずれもより大きな全体を構成する基礎的要素であり、原子は物質の、バイト（ビット）はデジタルデータの、遺伝子は遺伝と生物学的情報の基本的な最小限の単位である。†

大きな全体を構成する最小単位であるという特徴によって、こうした概念はなぜこれほど力強い影響力を持つのだろうか？　簡単に言えば、物質も、情報も、生物学も本質的には階層構造だからであり、全体を理解するにはその最小の部分を理解することが不可欠だからだ。詩人のウォレス・スティーヴンズは言語の深い構造的な謎について「部分の総和の中には、部分しかない」[*5]と書いている。ある文の意味を理解するには単語ひとつひとつを残らず理解するしかないが、ひとつの文には単語の総和よりも多くの意味が含まれている。それは遺伝子にもあてはまる。個体というのはもちろん、その遺伝子以上のものだが、個体を理解するには、まずはその遺伝子を理解しなければならない。オランダの生物学者フーゴ・ド・フリースが一八九〇年代に遺伝子という概念に出会ったとき、彼はとっさに、遺伝子という概念は自然界についてのわれわれの理解を変えるにちがいないと悟った。「生物の

† ここでいうバイトとはかなり複雑な概念を指している。馴染みのあるコンピューター・アーキテクチャのバイトだけではなく、より一般的かつ神秘的な概念のことだ。すなわち、自然界のあらゆる複雑な情報というのは、「オン」と「オフ」の状態についての情報だけを含む個々の情報の総和として描写することができる、あるいはコードされているという概念だ。この概念のより詳細な説明と、それが自然科学および哲学におよぼす影響については『インフォメーション　情報技術の人類史』（ジェームズ・グリック／楡井浩一訳、新潮社）を参照されたい。この理論は一九九〇年代に物理学者のジョン・ウィーラーによって最も強力に提唱された。「あらゆる粒子、あらゆる力の場、さらには時空そのものすら、その機能と、意味と、存在そのものをイエスかノーの答え、二値選択、ビッツから引き出している。要するに、あらゆる物理的なものは理論上、情報理論的なのだ」バイト（ビット）は人が考え出したものだが、その根拠となるデジタル情報の理論というのは美しい自然法則なのだ。

世界全体が実のところ、それほど多くはない因子をさまざまに組み合わせたり、並べ替えたりした結果なのである……ちょうど物理学や化学が、もとをたどれば分子と原子に行き着くのと同じように」[*6]

原子も、バイトも、遺伝子もそれぞれのシステムについてのまったく新しい科学的、技術的な理解をもたらした。物質の原子の性質を引き合いに出さなければ、なぜ水素は酸素と混ざると燃えるのかといったような物質のふるまいを説明することはできない。デジタル情報の構造を十分に理解しなければ、アルゴリズムの性質や、データの記憶や破壊といったコンピューティングの複雑性を理解することはできない。「錬金術はその基本単位が発見されないかぎり化学にはなりえない」[*7]とある一九世紀の科学者は書いている。同様に、遺伝子という概念をまず最初に念頭に置くことなしに、生物や細胞の生物学や病理学、さらには行動、気質、病気、人種、アイデンティティ、運命といったものを理解することはできない。

ここで二番目の問題が生じる。原子科学を理解するということは、物質を操作するために（さらには、物質を操作することによって原子爆弾を発明するために）不可欠な前段階だった。遺伝子を理解したことで、われわれはこれまでにないほど巧妙かつ強力に生物を操作できるようになった。遺伝暗号の実際の性質というのは驚くほど単純だということが判明している。われわれの遺伝情報を運ぶ分子はたったひとつであり、暗号もひとつしかない。「遺伝という現象が根本的には非常にシンプルだと判明したことで、われわれは、自然を完全に理解できるという希望を得た」と著名な生物学者であるトマス・モーガンは書いている。「これまでずっと、自然というのは不可解だと言われつづけてきたが、今度もまた、それが幻想だということが判明した」[*8]

われわれはすでに遺伝子を非常に詳しく、深く理解しており、今ではもう試験管の中ではなく、ヒトの細胞の中という本来の場所で遺伝子を調べたり、変化させたりできるようになった。遺伝子は染色体上に存在している。染色体とは細胞の核の中にある長い線状の構造体で、そこには鎖状につながった何万もの遺伝子が含まれている。[†] ヒトの染色体は全部で四六本で、父親と母親から二三本ずつ受け継いでいる。生物の持つ全遺伝情報はゲノムと呼ばれる（ゲノムとは、脚注、注釈、情報、参考文献などがついた全遺伝子の百科事典のようなものである）。ヒトゲノムにはヒトをつくり、修復し、維持するための主な情報を提供する二万一〇〇〇から二万三〇〇〇個の遺伝子が含まれている。過去二〇年のあいだに遺伝子を操作する技術が急速に進歩した結果、われわれは今では、遺伝子が複雑な機能をはたすために時間と空間の中でどのように働いているのかを理解できるようになった。そしてときには、いくつかの遺伝子を意図的に変化させることによってその機能を変化させ、その結果、ヒトの状態や、生理機能や、本質を変化させられるようになった。

説明から操作へと向かうまさにこの移行によって、遺伝学という分野は科学の領域をはるかに超えた広範囲にわたる影響力を持つに至った。遺伝子がヒトのアイデンティティや性的傾向や気質にどう影響を与えているかを理解しようと努めることと、遺伝子を改変させることでヒトのアイデンティティや性的傾向や行動を変化させることを想像するのはちがう。最初の考えに夢中になるのはおそらく、心理学部の教授や、その隣の神経科学研究部の研究者たちだけかもしれないが、将来性と危険性に満ちた二番目の考えは、われわれ全員に関係しているのだ。

本書を執筆しているあいだにも、ゲノムを持つ生物が、ゲノムを持つ生物の遺伝的特徴を変化させる方法を手に入れようとしていた。つまりこういうことだ。二〇一二年から二〇一六年という短い期

† 細菌では、染色体が環状をなしている。

間のあいだに、われわれはヒトのゲノムを意図的かつ永久に変える技術を生み出し（「ゲノム工学」というこの技術の安全性や精度については今後も慎重に調べる必要がある）、それと同時に、ゲノムをもとにして個人の運命を予測する能力を飛躍的に進歩させた（とはいえ、この技術がどの程度の予測能力を持つかはいまだに正確にはわかっていない）。われわれは今ではヒトのゲノムを「読む」こともできるし、三、四年前には想像もつかなかったようなやり方でヒトのゲノムを「書く」こともできるようになった。

分子生物学や、哲学や、歴史学の博士号など持っていなくても、このふたつの出来事が重なれば、人類がいきなり危険な時代に突入するはずだということに気づくはずだ。人間ひとりひとりのゲノムに書かれているのがどんな運命なのかがわかるようになり（たとえそれが確実なものではなく、単なる可能性だったとしても）、われわれがその可能性を意図的に変える技術を手に入れたなら、人類の未来は根本的に変わる。「人間という言葉を使うたびに、批評家はたいていその言葉を無意味なものにする」とジョージ・オーウェルは書いている。私はひょっとしたら大げさすぎるのかもしれないが、われわれが人間のゲノムを理解し、操作する能力を手に入れたなら、「人間」とは何を意味するのかというわれわれの考えは変わってしまうはずだ。

原子は現代物理学の原理的な体系を提供し、物質とエネルギーを支配できる未来がやってくるかもしれないという可能性をわれわれに突きつけた。遺伝子は近代生物学の原理的な体系を提供し、人間の身体と運命を支配できる未来がやってくるかもしれないという可能性を突きつけた。遺伝子の歴史に埋め込まれているのは「不老の探究、運命の突然の逆転というファウスト的な神話、完璧な人間に対する今世紀のわれわれの関心[*9]」だ。しかしそれと同時に、自分たちの仕様書を解読したいという欲求も埋め込まれており、その欲求こそが、本書の中心テーマである。

本書は経時的かつテーマごとに書かれているが、全体的に見れば歴史書である。われわれはまず一八六四年、モラビア地方の小さな町にある、世界から隔離されたような修道院内のメンデルのエンドウマメの庭から出発する。「遺伝子」はそこで発見され、そしてすぐに忘れ去られた（「遺伝子」という言葉が登場したのはそれから何十年もたってからのことだ）。やがて物語はダーウィンの進化論と交差し、イングランドやアメリカの改革論者が遺伝子に夢中になる。彼らが望んでいたのは、ヒトの遺伝を操作することによって、進化と解放を促進することだった。そうした考えは一九四〇年代、ナチスドイツの時代に不気味な頂点に達し、グロテスクな人体実験を正当化するために優生学が利用され、最終的に、強制収容、断種、安楽死、大量殺戮（さつりく）へと至った。

第二次世界大戦後の一連の発見によって、生物学の革命が始まった。遺伝情報の源であるＤＮＡが発見され、遺伝子の「働き」が解明された。「遺伝子は生物の形や機能を生み出すタンパク質をつくるための化学的なメッセージをコードしている」という働きだ。ジェームズ・ワトソン、フランシス・クリック、モーリス・ウィルキンズ、ロザリンド・フランクリンがＤＮＡの三次元構造を解明し、二重らせん構造という象徴的なイメージを生み出した。そして、三文字からなる遺伝暗号が解読された。

一九七〇年代にはふたつの技術によって遺伝学に変革が起きた。遺伝子塩基配列決定とクローニング、つまり遺伝子を「読む」技術と、「書く」技術だ（「遺伝子クローニング」とは、生物から遺伝子を取り出し、試験管の中で操作して遺伝子のハイブリッドを作製し、生きた細胞の中でそのハイブリッドの無数のコピーをつくり出す技術全般を含む）。一九八〇年代、人類遺伝学者はこうした技術を用いて、ハンチントン病や囊胞性線維症（のうほうせいせんいしょう）などの病気に関係する遺伝子の染色体上の位置を突き止めたり、遺伝子を同定したりしはじめた。病気に関係する遺伝子が同定されたことは、新時代の到来の前兆となった。親が胎児の遺伝子を調べ、胎児に有害な遺伝子変異があるとわかった場合には、堕胎することが可能な時代だ（ダウン症候群や、嚢胞性線維症や、テイ・サックス病の出生前診断をすでにおこなったことのある人や、BRCA1、BRCA2遺伝子の検査を受けたことのある人はすでに、遺伝子の診断、管理、最適化の時代に足を踏み入れたのである。これは遠い未来の話ではない。われわれの現在にすでに埋め込まれている話なのだ）。

ヒトのがんでは多数の遺伝子変異が見つかっており、がんを遺伝子レベルでより深く理解できるようになってきた。こうした努力は、ヒトゲノムの全塩基配列を解析する国際的なプロジェクトであるヒトゲノム計画という形で実を結び、二〇〇一年には、ヒトゲノムの下書き版（ドラフト配列）が発表された。ヒトゲノム計画をきっかけに、ヒトの多様性や「正常な」行動を遺伝子レベルで説明するための研究が活発化した。

遺伝子は人種や、人種差別や、「人種の知能」という話題の中に入り込み、政治や文化の最も重要な問題に対する驚くべき答えを提供する。遺伝子はさらに、性的傾向、アイデンティティ、選択についてのわれわれの理解を根本から変え、そうすることで、個人にとって最も差し迫った問題の中心にまで切り込んでくる。†

こうしたそれぞれの物語の中にはさらにいくつもの物語が含まれている。だがそれと同時に、本書はきわめて個人的な物語でもある。私にとってなじみ深い歴史についての物語なのだ。遺伝の重みは私にとって、単なる抽象概念ではない。ラジェッシュとジャグは死に、モニはコルカタの施設に収容されている。だが三人の男の人生と死は、科学者としての、人文学者としての、歴史学者としての、医師としての、息子としての、父としての私の考え方に想像以上に強い影響をおよぼしてきた。大人になってからは、遺伝や家族について考えなかった日は一日もない。

ここでどうしても言っておかなければならないのは、私には祖母に恩義があるということだ。祖母は長年、遺伝のもたらす悲しみを味わいつづけた。結局、悲しみを乗り越えることはできなかったが、子供たちの中で最も弱い者を抱擁し、強者の意志から守った。歴史の荒波を精神的な回復力で乗り越えた。しかし祖母が遺伝の荒波を乗り越えられたのは、精神的な回復力以上の何かがあったからだ。そう、寛大さだ。祖母の子孫である私たちは、祖母のようになれることを願うしかない。本書を祖母に捧げる。

† 遺伝子組み換え生物（GMO）、遺伝子特許の未来、新薬の発見や生合成への遺伝子の利用、新たな遺伝子を持つ種の創造といった話題については、それぞれが一冊の本に値するものであり、本書の範囲を超えている。

第一部

「遺伝といういまだ存在しない科学」

遺伝子の発見と再発見（一八六五〜一九三五）

この遺伝学というまだ存在しない科学（生物学と人類学の境目にある、いまだ採掘されていない知識の鉱山）は実用的な目的という観点からはプラトン時代と同程度しか発展していない。だが実のところ、これまでに存在したどんな化学や物理学よりも、どんな技術や産業の科学よりも、それらの一〇倍は重要なのである。[*1]

——ハーバート・ジョージ・ウェルズ

『つくられつつある人類（*Mankind in the Making*）』

ジャック　わかってるよ。しかし君は悪性の風邪は遺伝しないっていったじゃないか。

アルジャノン　昔はしなかったんだ。ところが今はちがう。科学のおかげですべてがつねに進歩するからね。[*2]

——オスカー・ワイルド『真面目が大切』

壁に囲まれた庭

遺伝の研究者というのはとりわけ、自分の研究テーマについて隅々まで理解しているようで、その核心は理解していないものだ。おそらくは、狭いイバラの茂みの中に生まれ育って、そこを探索しながらその限界にはたどり着けなかったのだろう。つまり、彼らが研究しているのは自分が追究している問題以外のことなのである。[*1]

――G・K・チェスタトン「遺伝について」

大地に問いかけてみよ、教えてくれるだろう。[*2]

――『旧約聖書』(「ヨブ記」一二章八節)

その修道院はもともと、女子修道院だった。聖アウグスチノ修道会の修道士たちはかつて、中世都市ブルノ(チェコ語ではブルノだが、ドイツ語ではブリュン)の中心にある大修道院で暮らしており、(修道士たちがのちによくこぼしたように)丘の頂に立つその石造りの大修道院はもっと広い、贅沢な建物だった。四世紀かけて、大修道院のまわりに街が広がっていった。まずは丘の下へ向かって急速に拡大し、ふもとに到達すると、今度は農園や牧草地からなる平らな土地の上を無秩序に広がっていった。一七八三年、修道士たちは皇帝ヨーゼフ二世らの寵愛を失った。街の中心地区の不動産は修道士たちを住まわせておくには貴重すぎる、と皇帝はぶっきらぼうに宣言し、その結果、修道士たちは追い出され、旧ブルノの丘のふもとにある崩れかけた建物に住むことになった。それだけでもすでに十分に屈辱的だったのだが、もとは女たちのために設計された建物に住まわされるという事実が、彼らの屈辱感をいっそう強めた。廊下には湿ったしっくいの放つ動物のにおいがかすかに漂い、地面は芝生や、イバラや、雑草で覆われていた。肉の貯蔵小屋のようにひんやりとし、刑務所のように殺風景なこの一四世紀の建物の唯一のいいところは、日陰をつくる木と、石段と、一本の長い小道のある長方形の庭だった。修道士たちはそこで散歩したり、ひとり考えごとをしたりした。

修道士たちは新しい環境を最大限に活用した。二階の図書館を修復して勉強部屋をつなげ、松材の読書台と、ランプを備えつけた。自然史、地質学、天文学の最新の本を含む蔵書はしだいに増えていき、やがては一万冊近くになった（幸運なことに、聖アウグスチノ修道会の修道士は、ほとんどの科学は宗教と対立しないと考えていた。実際、この世に神の秩序が働いていることのさらなる証拠だとして、科学を積極的に受け入れていた）[*3]。ワインセラーが地下に設けられ、アーチ形の質素な食堂がその上につくられた。二階には粗末な木の家具を備えつけた一部屋ずつの小室が並び、修道士たちはそこで寝起きした。

一八四三年一〇月、シュレージエン（現在のポーランド南西部からチェコ北東部に属する地域の歴史的名称）の小自作農の息子が修道院の生活を始めた[*4]。まじめな顔つきの小柄な男で、近視で肥満気味だった。信仰生活にはほとんど興味がないと公言していたが、知的好奇心にあふれ、手先が器用で、そして、天性の庭師だった。修道院は彼に、読書したり、学習したりするための一軒の家をあてがった。一八四七年八月六日、彼は司祭に叙階された。本名はヨハンだったが、グレゴール・ヨハン・メンデルに改名された。

修行中の若き司祭にとって、修道院での生活はすぐに決まりきった日常へと落ち着いていった。一八四五年、修道院の教育の一環として、メンデルはブルノ神学大学で神学、歴史、自然科学の講義を受けた。一八四八年の暴動[*5]（フランス、デンマーク、ドイツ、オーストリアで起こった激しい市民革命で、社会、政治、宗教の秩序が覆された）はそのほとんどが、まるで遠くの雷鳴のように彼の脇をただ通り過ぎただけだった。若き日のメンデルのどこを取ってみても、のちの革命的な科学者を彷彿とさせるようなところはなかった。規律正しい、勤勉で慇懃な男であり、しきたりを重んじる男たちの中で暮らす、しきたりを重んじる男だった。権威に対する彼の唯一の抵抗は、教室に学者帽をかぶっていくのを拒むことくらいだったが、結局、上司にたしなめられて、丁重にしたがった。

一八四八年の夏、メンデルはブルノで主任司祭として働きはじめた。誰もが口をそろえて言うことには、彼の仕事ぶりは散々だったらしい。大修道院長が述べているように、「克服できない臆病心にとらわれたまま」[*6]、たどたどしいチェコ語を話し（ほとんどの小教区民の言語はチェコ語だった）、司祭として人々に感銘を与えることもできなければ、貧しい人々に囲まれて働くという重荷にも耐えられなかった。その年のうちに、メンデルは完璧な逃げ道を見つけた。ズノイモ高校で数学と自然科学と基礎的なギリシャ語を教えるという仕事に応募したのだ。[*7]修道院からの支援もあって、彼は選任されたものの、そう簡単にことは運ばず、結局、メンデルが教師としての訓練を受けていないことを知った学校側から、自然科学の高校教師資格試験を受けるようにと言い渡された。

一八五〇年の晩春、メンデルは熱意に駆られたままブルノで筆記試験を受け、そして、落第した。[*8]とりわけ、地質学の点数はひどかった（「無味乾燥で、不明瞭で、言いたいことがわからない」と採点官のひとりはメンデルの地質学のレポートについて不満を述べている）。七月二〇日、うだるような熱波がオーストリアを襲うなか、メンデルは口述試験を受けるためにブルノからウィーンへ向かった。[*9]八月一六日には自然科学の試験を受けたが、今回の成績はさらにひどく、とりわけ生物学は散々だった。[*10] 哺乳類について説明し、哺乳類を分類せよ、という課題に対し、メンデルは不完全ででためな分類をなぐり書きした。分類上のいくつかの区分を書き落としたり、新たにこしらえたりし、カンガルーとビーバー、ブタとゾウを一緒くたにした。「この志願者は専門用語を何ひとつ知らないようだ。すべての動物をドイツ語の口語表現で呼び、生物学の命名法を完全に無視している」と試験官のひとりは書いている。メンデルは今度もまた、落第した。

メンデルは試験結果をたずさえて八月中にブルノに戻った。試験官の判断は明白だった。メンデルが教師となるには、まずは自然科学についてしっかりとした教育を受ける必要があった。修道院の図書館や、壁に囲まれた庭から得られるよりももっと高度な訓練を受けなければならなかった。そこでメンデルは、自然科学を学ぶためにウィーン大学に出願し、修道院側からの手紙や懇願のおかげもあって、無事に合格した。

一八五一年の冬、メンデルは列車に乗り、ウィーン大学に入学した。こうしてメンデルは生物学という問題に向き合うことになり、生物学もまた、メンデルという問題に向き合うことになった。

ブルノからウィーンへと向かう夜行列車は、荒涼とした冬景色の中を走り抜けていった。農地とぶどう園は霜（しも）に覆われ、凍てついた運河は淡青色の細静脈のようで、ときおり目にする農家は中央ヨーロッパの閉ざされた闇にすっぽり包まれていた。凍りかけたターヤ川がゆっくりと流れ、やがてドナウ川に浮かぶマルギット島が見えた。四時間ほどかけて約一五〇キロ移動しただけだったが、翌朝、列車が到着して目を覚ましたメンデルは、新しい宇宙にやってきたような気がした。

ウィーンでは科学はどこまでも刺激的で、活気づいていた。メンデルはインヴァリデン通りの路地裏の下宿からほんの数キロ離れた大学で、ブルノ時代に熱烈に求めていた知的な洗礼を受けた。物理学を教えていたのはかの恐るべきオーストリア人科学者、クリスティアン・ドップラーで、彼はメンデルのよき指導者となり、教師となり、崇拝の対象となった。一八四二年、痩せこけ、辛辣(しんらつ)な話し方をする三九歳のドップラーは数学的な推論を用いて、音の高低（あるいは光の色）というのは一定ではなく、観測者の位置と速度に依存していると主張した。[*11] 観測者へ向かってくる音源から発せられる音は圧縮されて高くなり、反対に、観測者から離れていく音は低く聞こえるのだと。疑り深い人々はそんな彼の主張をあざ笑った。同じランプから放たれる同じ光が、観測者ごとにちがう色に見えるなどということがあるものか。一八四五年、ドップラーはトランペット奏者の一団を列車に乗せて、列車が前方へ向かって走るあいだ、同じ高さの音をずっと吹きつづけるように指示した。[*12] プラットフォームの観衆が半信半疑で耳を傾けていると、列車から実際より高い音が聞こえ、そして列車が通り過ぎたあとは、実際より低い音が聞こえた。

音と光は普遍的な自然の法則にしたがっているとドップラーは主張した。たとえそれが、普通に見たり聞いたりしている一般の人たちの直感とはまったく相容れないとしても。実際、注意深く見たならば、この世界で起きているあらゆる混沌とした複雑な現象というのは、非常に系統立った自然の法則の結果なのだ。本能や知覚によって、われわれがこうした自然の法則を把握できることもときにはある。だが、たいていは、走行中の列車にトランペット奏者を乗せるといったようなきわめて人為的な実験をおこなって初めて理解できる。

メンデルはドップラーがおこなった実演と実験に魅了されたと同時に、やり場のない気持ちにさせられた。メンデルの専攻科目である生物学はまるで雑草が伸び放題の庭のような学問分野であり、そこには系統化原則など何ひとつないように感じられたからだ。確かに表面的には、たくさんの秩序があるように見えた。というか、たくさんの「目(もく)」があるように見えた。生物学において支配的な学問分野は分類学、すなわち、あらゆる生物を別々のカテゴリーに分類し、さらに亜分類するという入念な試みだったからだ。界、門、綱、目、科、属、種といったように。しかしこうした分類は、一七〇〇年代半ばにスウェーデンの植物学者カール・リンネが考案したもので、完全に記述的であって、機序にもとづいたものではなかった。*13 地球上の生物をどう分類すればいいか記述してはいたが、その分類の根拠となる理論には触れていなかったのだ。生物学者はこう尋ねたかったはずだ。なぜ生き物はこんなふうに分類されるのだろう？　こうした恒常性や、カテゴリーに対する忠実さを保持しているものはなんなのだろう？　ゾウがブタになったり、カンガルーがビーバーになったりしないようにしているものはなんなのだろう？　遺伝のメカニズムとはなんなのだろう？　なぜ瓜の蔓に茄子はならぬのだろう？

何世紀ものあいだ、科学者や哲学者は「類似」という問題に心を奪われてきた。紀元前五三〇年ごろ、クロトン（イタリア共和国カラブリア州東部にある都市。現在の名は「クロトーネ」）に住む古代ギリシャの学者（科学者でもあり、神秘主義者でもあった）ピタゴラスは、親と子の類似性を説明する最古の、そして最も広く受け入れられた説を提唱した。ピタゴラスの説の中心にあったのは、遺伝情報（「類似性」）というのは主に男性の精子によって運ばれるという考えだった。精子が男性の体内を駆けめぐって情報を集め、それぞれの身体部分から神秘的な気体を吸収するという考えだ（目からは色を、皮膚から肌質を、骨から長さを、というように）。男性の一生のあいだに、精子はまるで身体のあらゆる部分についての移動図書館のようになっていくにちがいないとピタゴラスは考えた。自分自身を濃縮した蒸留液のように。

この精子の持つ重要な自己情報は性交の際に女性の体内に送られ、子宮内で母親から栄養を受けて胎児へと成長すると彼は説いた。生殖においては（ほかのどの生産活動もそうだが）、男性の役割と女性の役割ははっきりと区別されている。父親は胎児をつくるために必須な情報を提供し、母親の子宮は父親からのデータが子供へと姿を変えられるように栄養を提供する。最終的に「精子論」と名づけられたこの理論は、胎児のあらゆる特徴を決定するうえでの精子の中心的な役割を強調していた。

　ピタゴラスの死から数十年後の紀元前四五八年、悲劇詩人のアイスキュロスはこの奇妙な論理を用いて、母殺しに対する歴史上最も風変わりな法的弁護をおこなった。アイスキュロスの『慈みの女神たち』の中心的テーマは、母親であるクリュタイメストラを殺したアルゴスの王子オレステスに対する裁きである。たいていの文化では、母殺しは究極の道徳上の堕落とみなされているが、『慈みの女神たち』では、殺人の裁判においてオレステスの弁護人に選ばれたアポロンが驚くほど独創的な主張を展開する。オレステスにとって、母親は他人にすぎないのだとアポロンは言う。妊娠中の女性というのは人間の栄誉ある保育器にすぎず、静脈内の袋が臍帯をとおして子供に栄養素を滴下している。すべての人間の祖先は父親であり、父親の精子が「類似性」を運んでいる。「真の親というのは子供を宿す女性の子宮ではない[*14]」とアポロンは同情的な市民の裁判官たちに向かって言う。「母親の役目は、新たに蒔かれた種子を育てることだけだ。男こそが親であり、オレステスにとって母親は胚芽を蓄える役割しか持たない[*15]」

　ピタゴラスの弟子たちは、男性があらゆる「遺伝」を提供し、女性が子宮の中で最初の「環境」を提供するというこの遺伝理論の明らかな矛盾について、とくに気にしなかったようだ。というよりも実際には、この説に満足していたようだった。ピタゴラスは三角形の神秘的な幾何学に取り憑かれていた。彼は三平方の定理（直角三角形の二辺の長さがわかれば残りの一辺の長さもわかる）をインドとバビロニアの幾何学者から学んだ[*16]のだが、その定理は彼の名前と密接に結びつけられて「ピタゴラスの定理」と呼ばれるようになり、彼の弟子たちは、自然界のあらゆる場所にこうした数学的パターン（「ハーモニー」）が潜んでいることの証拠として、この定理を持ち出すようになった。三角形のレンズで世界を見ようと努力していたピタゴラス学派の人々は、遺伝にも三角形のハーモニーが働いていると主張した。母親と父親はそれぞれが一辺であり、子供は三番目の辺、すなわち両親の二辺がつくる直角に相対（あいたい）する生物学的な斜辺だった。ちょうど直角三角形の斜辺が数学の公式によって導き出されるように、子供もまた、両親それぞれの貢献から導き出される。つまり父からの遺伝と、母からの環境によって。

ピタゴラスの死から一世紀後の紀元前三八〇年、著書を執筆中だったプラトンはこの隠喩に魅了された。[17] 彼の著書である『国家』の中の最も興味深い箇所（そこではピタゴラスの言葉も引用されている）のひとつで、プラトンは、もし両親から子供を数学的に導き出すことができるのならば、少なくとも原理上は、その公式を巧妙に変化させられるはずだと主張した。[18] 妊娠のタイミングも、両親の貢献も完璧だったなら、完璧な子供が導き出されるはずだ。妊娠の「定理」は存在するのであり、発見されるのを待っているだけなのだ。定理が発見され、その定理が規定する組み合わせが実行されたなら、どんな社会であれ、最適な子供ばかりが生まれてくるはずだ。つまり数秘術的な優生学のようなものが解き放たれるはずだ。「守護者が誕生の法則に無頓着で、花嫁と花婿を時宜を得ずして結びつけたなら、その子供は美しくもならなければ、幸福にもならないだろう」[19] とプラトンは結論づけた。社会の守護者であるエリート支配階級が「誕生の法則」を解明したならば、調和のとれた「幸運な」結婚しかおこなわれなくなるはずだ。遺伝子の理想郷が誕生し、その結果、政治的な理想郷が誕生するはずだ。

ピタゴラスの遺伝理論を系統的に覆すためには、アリストテレスの綿密かつ分析的な思考を必要とした。アリストテレスはべつに女性を擁護したいと強く思っていたわけではなかった。しかし、理論構築の土台には証拠が必要だと信じていた。アリストテレスはまず生物界から得られた実験データを使って、「精子論」の利点と問題点を分析することから始めた。その結果を簡潔にまとめた研究書『動物発生論』[*20]は、プラトンの『国家』が政治哲学の教科書になったのと同様に、人類遺伝学の教科書となった。

アリストテレスは遺伝がもっぱら男性の精液や精子で運ばれるという考えを却下している。子供というのは母親からも祖母からも特徴を受け継ぐものであり（父親と祖父から特徴を受け継ぐのとまったく同じことだ）、そうした特徴というのはときに世代を飛び越える。ある世代では消えた特徴が、次の世代ではまた現れることもあるのだ。さらに、次のように書いている。「奇形からは奇形[*21]（足の異常からは足の異常、盲目からは盲目[*22]）が生まれ、一般に異常な点が（親に）似ていて、しばしばまた、瘤（こぶ）や傷痕のような（親と）同類の徴（しるし）を持った者が生まれてくる。すでにこういったものが三代目に、ふたたび現れた例があり、ある人の腕に焼き印があったが、息子にはなくて、孫の同じ箇所に、あまりはっきりしてはいないけれども、あると思われた……黒人と姦通（かんつう）したエーリスの女の場合のように、何代もたってから（類似性が）ふたたび現れることもある。すなわち、彼らの娘は黒人ではなく、その娘の子が黒人であった」。祖母から鼻の形や肌の色（父親と母親にはない特徴）を受け継いだ孫息子が生まれる場合もあり、そうした現象はピタゴラスの提唱する父系遺伝では説明できなかった。

アリストテレスは、精子が体内を駆けめぐって遺伝情報を集め、身体の各部分から秘密の「指示」を受け取るというピタゴラスの「移動図書館」説に異議を唱えた。「男性はひげや白髪（しらが）といったような特徴が現れる前に子供をもうける」[*23]とアリストテレスは抜け目なく指摘している。にもかかわらず、そのような特徴を子供へと受け渡すのだ。遺伝によって伝わる特徴には、歩き方や、宙を見つめるときの表情や、心の状態などのように、身体的なものではないものも含まれる。そうした特徴は物質ではないため、精子の中に物質として入ることはできない、と彼は主張した。そして最後に、最も明白な主張でピタゴラスの説を攻撃した。ピタゴラスの説では女性の身体を説明することはできないではないか。父親の精子はどのようにして、娘の「生殖器」をつくるための指示を「吸収する」のだ？父親の身体にはそうした部位がまったくないというのに。ピタゴラスの説を用いれば、発生についてのあらゆる側面を説明できるかもしれない。だが最も重要な点、すなわち性器について説明することはできないのだ。

　ピタゴラスの説の代わりに、アリストテレスは当時にしてはきわめて過激なべつの説を提唱した。[24]ひょっとしたら女性も、男性と同じく胎児に実際の物質（女性の精液のようなもの）を提供しているのではないだろうか。そして胎児は、男性と女性が提供する物質相互の貢献によって形づくられるのではないか。アリストテレスは男性が提供するものを「動きの原則」と比喩的に呼んだ。ここでいう「動き」とは、「運動」という意味ではなく、「指示」あるいは「情報」、現代の言い方をするならば、コードである。性交の際に交換される実際の物質というのは実のところ、よりあいまいで不可思議なものの代用物にすぎない。実際、物質というのはそれほど重要ではないのだ。男性から女性に受け渡されるのは物質ではなく、メッセージなのだから。男性の精液は建物の設計図のようなもの、大工の手仕事のようなもの、つまり子供をつくるための情報を運んでいるのだ。「大工が木材を組み立てているときに、大工の手から物質が出てきたりはしない」とアリストテレスは書いている。「しかし大工から木材へと、大工の動きをとおして形や構造が伝えられる……それと同じように、遺伝は精液を道具として使っている」[25]

一方、女性の精液は、胎児の身体の原材料を提供する。それは大工にとっての材木のようなものであり、建物にとってのしっくいのようなもの、生命の材料と詰め物だ。アリストテレスはまた、女性が提供する実際の物質は月経血だと主張し、男性の精液が月経血を子供の形にすると説いた（彼のこの主張は今聞くとずいぶん異様なものに思えるが、実はここでも、アリストテレスの緻密な論理が働いていた。彼は月経血の消失と受胎が同時に起きる点に注目し、胎児は月経血でつくられるのではないかと考えたのだ）。

男性と女性が提供するものを「メッセージ」と「物質」に分けた点こそまちがっていたが、アリストテレスは遺伝の性質の本質的な真実を抽象的につかんでいた。彼が見抜いたように、遺伝の伝達とは本質的には情報の伝達なのであり、伝達された情報はその後、生物をゼロからつくり出すために使われる。メッセージが物質になるのだ。そして生物が成熟すると、男性の精子（あるいは女性の精子）をつくり、物質をふたたびメッセージにする。そこに介在しているのはピタゴラスの三角形というよりも、円、すなわちサイクルだ。形が情報を生み、情報が形を生む。何世紀ものちに、マックス・デルブリュック（アメリカの生物物理学者、一九六九年にノーベル医学生理学賞を受賞）はこう冗談を言った。アリストテレスは死後にノーベル賞を授与されるべきだ。DNAを発見したのは彼なのだから。[26]

しかし遺伝が情報として伝達されるなら、その情報はどのようにして暗号化されるのだろう？ 暗号という言葉の由来は「筆記者が文字を記した木の髄」という意味のラテン語の *caudex* である。それでは、遺伝の *caudex* とはなんなのだろう？　何が、どのように書き記されているのだろう？ 物質はどのようにパッケージされて、ひとつの身体からべつの身体へと運ばれるのだろう？　何が情報をコードし、何がそれを翻訳して子供をつくるのだろう？

　これらの疑問に対する最も独創的な答えは、きわめてシンプルなものであり、そこからは暗号という概念がすっかり省かれていた。それは次のようなものだ。精子の中にはすでに小さな人間が入っている。完全な人間の形をした極小の胎児が身体をまるめて小さく縮まっており、いずれ膨らんで赤ん坊になるのを待っている。この説はさまざまに形を変えて中世の伝説や民話の中に登場した。一五二〇年代には、神聖ローマ帝国のアインジーデルン出身の錬金術師パラケルススがこの「精子の中の極小人間説」にもとづいて次のように主張した。人間の精子を馬糞と一緒に熱し、通常の妊娠と同じ四週間にわたって泥の中に埋めておくと人間ができるが、その人間には怪物のような特徴が備わっている。正常な子供を妊娠するということは、極小人間であるホムンクルスが父親の精子から母親の子宮へと移されることにすぎず、極小人間は子宮の中で胎児サイズまで膨らむ。暗号などない。小型化されるだけだ[*27]、と。

「前成説」と呼ばれるこの考え方には奇妙な魅力があった。永遠の繰り返し、という魅力だ。ホムンクルスは成熟し、自分自身の子供をつくる。だがそのためには、自分の中にあらかじめミニ・ホムンクルスを住まわせておかなければならない。無限に重なったロシアのマトリョーシカ人形のように、人間の中に小さな人間が入っており、現在の人間から最初の人間であるアダムまでが入れ子状に連なっている。さらには現在の人間から未来の人間までも連なっているのだ。中世のキリスト教徒は、人間の連なりというこの考えを用いれば、原罪を最も強力に、かつ独自に説明できると考えた。あらゆる人間の中に未来の人間がすべて入っているのだとしたら、われわれはみなアダムの身体の中に物理的に存在していたということになる。ある神学者が述べているように、アダムが罪を犯したその決定的な瞬間に、私たちは「〝最初の父〟の腰のあたりに漂っていた[*28]」ということになるのだ。ゆえに、罪深さはわれわれが生まれる何千年も前からすでにわれわれの中に埋め込まれていたのであり、アダムの腰から彼の子孫へと受け継がれていったのだ。われわれはみな罪を背負っているが、その理由は、われわれの遠い祖先が遠くの庭で誘惑に負けたからではなく、われわれひとりひとりがすでにそのときアダムの体内に存在し、果実を実際に味わったからなのだ。

前成説のふたつめの魅力は、それが暗号の解読という問題を省いている点だった。たとえ昔の生物学者がコードという概念（ピタゴラスが説いたように、浸透によって、人間の身体をなんらかの暗号に変換するという概念）を思い描くことができたとしても、暗号を解読して人間をつくるという、その反対の過程についての考えにはたじろいだ。なぜ人間のような複雑なものが精子と卵子の結合から出現するのか？　だがホムンクルスは、こうした概念的な問題を省略していた。子供の構造があらかじめできあがっているのなら、あとはその構造が拡大するだけでよかった。生物学的に膨張するだけでいいのだ。翻訳のための鍵も暗号も必要なかった。人間を発生させるには、水を与えるだけでいいのだ。

その説はあまりに魅惑的で、あまりに鮮明なイメージを与えたため、顕微鏡が発明されたからといって、ホムンクルス説が致命的な一撃を食らうことはなかった。一六九四年、オランダの物理学者で顕微鏡学者のニコラース・ハルトゼーカーは、膝を抱えて身体をまるめた恰好で精子の中に収まっている、大きな頭部を持つホムンクルスの図を描いた[*29]。一六九九年にはべつのオランダの顕微鏡学者が、人間の精子の中に漂う多数のホムンクルスを発見したと主張した。「月の表面に人間の顔が見える」といったような擬人化ファンタジーの例に漏れず、ホムンクルス説は想像力のレンズで拡大され、一七世紀をとおしてホムンクルスの絵が次々と描かれた。精子の尾部が人間の毛髪になっているものもあれば、精子の頭部が小さな人間の頭蓋になっているものもあった。一七世紀の終わりには、前成説は人間と動物の遺伝を説明する説の中で最も論理的かつ筋の通ったものだとみなされるようになった。

大きな木が小さな挿し木から生まれるように、人間は小さな人間から生まれる。「自然界には無からの発生という現象はない」[30]とオランダの科学者ヤン・スワンメルダムは一六九九年に書いている。「生長があるのみだ」

　しかし人間の中に小さな人間が限りなく含まれているという説に誰もが納得したわけではなく、前成説に対抗する説として、次のような説が提唱された。すなわち、胚発生の過程で胎児の中にまったく新しい部分が形成されているにちがいない、というものだ。すでに構造ができあがった人間が縮んだ状態でただ膨張するのを待っているはずはなかった。人間というのは精子と卵子の中に含まれる特定の指示にもとづいてゼロから発生しているはずだった。四肢、胴体、脳、目、顔、さらには気性や性質といったものですら、ひとつの胚がヒトの胎児へと成長していくにつれて新たにつくり出されているはずだ。発生は起きている……そう、生成によって。

　胎児や、その最終的な形である個体はどのような刺激や指示を受けて精子と卵子から発生するのだろう。一七六八年、ベルリンの発生学者カスパル・ヴォルフはその疑問への答えとして、受精卵を段階的に人間へと成熟させるための指針が存在すると主張し、その指針に名前をつけた[31]。アリストテレスと同じようにヴォルフも、胚にはなんらかの暗号化された情報、つまりコードが含まれていると考えたのだ。単なる小さな人間ではなく、人間をゼロからつくるための指示が含まれているはずだと。だがヴォルフは結局、そのあいまいな「指針」にラテン語の名前をつけただけで、それ以上の具体的な説明をすることはできなかった。さまざまな指示が受精卵の中で混じりあっており、やがて指針となって、見えざる手のように受精卵を人間へと形づくっていくのだとほのめかしただけだった。

生物学者や、哲学者や、キリスト教神学者や、発生学者は一八世紀をとおして、前成説と「見えざる手」とのあいだで激しい議論を闘わせた。だがそうした議論を冷ややかに眺める者がいたとしても、その人をとがめることはできない。結局のところ、そのような議論は今に始まったものではなかったからだ。一九世紀のある生物学者は「今日(こんにち)互いに対立している説はどちらも何世紀も前から存在していた」とこぼしているが、その意見は正しかった。実際、前成説というのは、精子が新しい人間をつくるためのすべての情報を運ぶというピタゴラスの説とたいして変わらなかった。そして、「見えざる手」のほうも、遺伝というのは物質をつくり出すためのメッセージという形で運ばれるというアリストテレスの考えを金箔(きんぱく)で飾ったものにすぎなかった（胚をつくるのための指示を運んでいるのが「手」に変わっただけだ）。[*32]

やがて、どちらの説も見事に立証され、そして見事に覆された。アリストテレスもピタゴラスも部分的に正しく、部分的にまちがっていた。一八〇〇年代初頭には、遺伝学と発生学という分野全体が概念的な袋小路にぶつかってしまったかに見えた。世界的に偉大な生物学者たちも、遺伝という問題についてしばらく熟考したあとは、二〇〇〇年前にギリシャに住んでいたふたりのギリシャ人の謎めいた説以上にその分野を進展させはしなかった。

「謎の中の謎」

……ジャングルのアルビノの猿の心に行き着くまで
あらゆるものは闇雲に転がっている
それでもやはり猿は手探りし、失敗する
ある年にダーウィンが地上に現れるまで[*1]
——ロバート・フロスト「たまたま故意に（Accidentally on Purpose）」

一八三一年の冬、メンデルがまだシュレージエンの学生だったころ、修行中の若き聖職者チャールズ・ダーウィンは一〇門の砲を搭載したチェロキー級ブリッグ、ビーグル号に乗船してイングランド南西のプリマス港を出港した。[*2] 著名な医師を父と祖父に持つダーウィンはそのとき二二歳だった。父親譲りの角張ったハンサムな顔立ちと母譲りの滑らかな肌、そして何世代にもわたるダーウィン家の特徴である垂れ下がった濃い眉が印象的だった。エディンバラで医学を学んだものの、「手術室で耳にする、ひもで縛られ、血と骨粉にまみれた子供の叫び声」[*3]に耐えきれずに、半ば逃げるようにして医学から離れ、ケンブリッジ大学クライスト・カレッジで神学を学びはじめた。[*4] だがダーウィンの興味の対象は神学の域をはるかに超えていた。シドニー通り沿いのたばこ屋の階上の部屋で、彼は昆虫を集めたり、植物学や地質学を研究したり、幾何学や物理学を学んだりし、神や、聖なる介入や、動物の創造について熱い議論を展開した。[*5] 神学や哲学よりも自然史にひきつけられた彼は、植物学者で地質学者でもある聖職者のジョン・ヘンズローの弟子となった。[*6] ヘンズローはケンブリッジ大学植物園の園長をつとめており、ダーウィンは屋外の広大な自然史博物館であるその植物園で、植物や動物の収集、識別、分類について初めて学んだ。

学生時代のダーウィンをとりわけ夢中にさせた本が二冊あった。ひとつはダルストンの元教区牧師ウィリアム・ペイリーが一八〇二年に出版した『自然神学』[*7]で、ダーウィンはペイリーの主張に深い共感を覚えた。その本の中で、ペイリーはこう書いている。荒れ地を歩いているひとりの男が地面に落ちている時計に気づいたとする。男は時計を拾い上げ、中を開けてみる。するとそこには歯車でできた複雑な構造があり、それらが回転することによって、時を伝える機械が生み出されている。このような複雑な機械について説明するには、時計職人の存在がどうしても必要だ。ペイリーは、それと同じ理論が自然界にもあてはまると考えた。「頭をまわす際に中心となる軸や、股関節腔の中の靭帯」といったような、ヒトをはじめとする生物の各器官の精巧な構造から考えうるのは、ただひとつの事実だ。あらゆる生物はきわめて有能な設計者、つまり聖なる時計職人である神によってつくられたのだ。

二冊目の本は一八三〇年に出版された天文学者ジョン・ハーシェル卿の『自然史哲学研究に関する予備的考察』[*8]で、ハーシェルはその本の中で、過激なまでに斬新な考えを提唱していた。自然界は一見きわめて複雑に見えるが、科学を用いれば、そうした表面的には複雑に見える現象を原因と結果に分けることができる。動きは物体に力が加えられた結果であり、熱はエネルギー移動に関係しており、音は空気の振動によって生まれる。化学的な、そして最終的には生物学的な現象も、原因と結果のメカニズムで説明することができるはずだとハーシェルはほぼ確信していた。

ハーシェルがとりわけ強く興味をひかれたのは生物の創造であり、彼の整然とした思考は、その問題を根本的なふたつの部分に分けた。ひとつめは、生命が存在しないところからの生命の創造、つまり無からの発生だった。だが彼はこの点に関して、神による創造という教理に挑むことができず、こう書いている。「あらゆる物の起源までさかのぼり、創造について熟考するのは自然哲学者の仕事ではない」[*9] 器官や個体は物理や化学の法則にしたがっている可能性があるが、生命そのものの創造はそうした法則では決して説明できないと考えたのだ。まるで、神がアダムにエデンの小さな研究室を与えたあとで、庭の塀の外をのぞくことを禁じたかのように。

しかしふたつめの問題は、より扱いやすいとハーシェルは考えた。いったん生命がつくられたあと、どんな過程が作用して、自然界の多様性を生んでいるのだろうか？　たとえば、ある動物の種からどのようにして、べつの新しい種が生まれたのだろうか？　言語を研究する人類学者は、古い言語から新しい言語が生まれる過程には単語の変化が介在することを実証していた。たとえば、サンスクリットとラテン語はともにインドヨーロッパ語族の言語が変化したものであり、英語とフラマン語は共通の起源を持っていた。地質学者は岩や、深い割れ目や、山といった現在の地球の形状はかつて存在した要素が変化した結果、生まれたと提唱していた。「過ぎ去った時代の壊れた遺物には、理解可能な記録が消えずに残っている」[*10] とハーシェルは書いているが、それは鋭い洞察だった。科学者は「壊れた遺物」を調べることで現在と未来を理解することができると彼は考えたのだ。ハーシェルは種の起源の正しいメカニズムを理解していたわけではなかったが、彼が投げかけた疑問は的を射たものだった。彼はその疑問を「謎の中の謎」[*11] と呼んだ。

ケンブリッジ大学のダーウィンをとりこにした自然史というのは、ハーシェルの「謎の中の謎」の解明を目指したものではなかった。猛烈な探究心を持つギリシャ人は、生物の研究は自然界の起源に密接に関連していると考えていたが、中世のキリスト教徒はすぐに、そうした路線で生物を探究しつづけたなら、いずれかんばしくない説にたどり着くだけだと気づいた。「自然」はあくまでも神が創造したものであり、キリスト教の教義に反しないためには、自然史学者たちは自然の歴史を創世記という観点から語らなければならなかった。

植物や動物を識別したり、名づけたり、分類したりして、自然を記述的に分析することはまったく問題なかった。自然の驚異を記述することは事実上、万能の神によって創造された生物の無限の多様性を祝福しているのと同じだったからだ。だが自然のメカニズムを分析したならば、神による創造という根本的な教義に疑問が投じられるおそれがあった。動物がいつ、なぜ、どんなメカニズムや力によって創造されたのかと問いかけることは、神による創造という神話に異議を唱えることであり、危険なまでに異端に近づくことだった。一八世紀末に自然史という分野にたずさわっているのが主に教区牧師、聖職者、大修道院長、執事、修道士などの牧師博物学者と呼ばれる人々[*12]だったことは驚くに値しない。そうした人々は庭を耕したり、動植物の標本を集めたりして神の被造物の驚異のために奉仕したが、その根本的な前提に疑問を投げることはなかった。教会はそのような科学者に安全な隠れ家を提供し、それと同時に、彼らの好奇心の芽を効果的に摘んだのだ。好ましくない種類の研究に対する禁止令のあまりの厳しさに、牧師博物学者は創造の神話について問うことすらしなかった。教会と心理状態は完璧に切り離されており、その結果、自然史という分野は奇妙にゆがんでしまった。植物や動物の種を分類する学問である分類学ばかりが栄える一方で、生物の起源について問うことは禁断の領域として退けられた。自然史は歴史を持たない自然についての研究へと退化してしまった。

ダーウィンが問題視したのは自然を静的にとらえるこうした考え方だった。物理学者が空中のボールの動きを記述する場合と同じように、自然史学者は自然界の状態を原因と結果という観点から記述しなければならないと彼は考えた。ダーウィンの類いまれな破壊的能力とは自然を事実としてではなく、過程として、進行中のものとして、歴史としてとらえる能力にほかならず、それはメンデルに備わった能力と同じだった。自然界を取り憑かれたように観察したふたりの男、ダーウィンとメンデルは「自然」はどのように生まれたのかという同じ質問を異なる形で投げかけることによって決定的な大ジャンプをした。メンデルの質問は顕微鏡的だった。生物はいかにして子に情報を伝えるのか？ダーウィンの質問は巨視的だった。生物は何世代も経るあいだにいかにして自らの特徴についての情報を変化させるのか？　やがてこのふたつの視点が収束して、近代生物学における最も重要な統合と、ヒトの遺伝についての最も力強い説明がもたらされることになる。

一八三一年八月、ケンブリッジ大学を卒業した二カ月後、ダーウィンは師であるジョン・ヘンズローから手紙を受け取った。[*13] 手紙によれば、南米での実地「調査」がおこなわれることになり、その調査旅行には、標本採集を手伝う「紳士科学者」が必要だということだった。ダーウィンはどちらかといえば科学者というよりもただの紳士だったが（まだ主要な科学論文を発表したことはなかった）、自分は適任だと感じ、ビーグル号に乗船することに決めた。「一人前の博物学者」としてではなく、「採集と、観察と、どんなものであれ、自然史的観点から注目すべきものについて記録する資質を十分に持った」修業中の科学者として。

一八三一年一二月二七日、ビーグル号は七三人の船員を乗せて出港した。[*14] 嵐を無事にくぐり抜け、テネリフェ島に向かって南に針路をとった。一月初めには、カーボベルデに向かっていた。船はダーウィンが思っていたよりも小さく、風は思っていたよりも危険だった。海は絶えず彼の下で激しく揺れていた。ダーウィンは孤独を抱え、吐き気を催し、脱水症状を起こしており、レーズンとパンでなんとか生き延びていた。その月に、彼は日記を書きはじめた。海水でごわごわになった調査地図の上のハンモックに横たわって、ジョン・ミルトンの『失楽園』(彼の今の状態にあまりにぴったりだった)や、一八三〇年から三三年にかけて出版されたチャールズ・ライエルの『地質学原理』[*15]など、船旅の友として持ってきた数冊の本を熟読した。

とりわけ印象深かったのはライエルの本だった。その本の中でライエルは、巨礫(きょれき)や山などの複雑な地質学的形状は膨大な時間をかけて生み出されたという[*16]、当時にしてはかなり過激な説を提唱していた。神の手によってではなく、浸食、堆積、沈殿といった緩やかな自然のプロセスによってつくられたのだと。聖書に書かれているような大洪水が実際に起きたわけではなく、普通の洪水が何度も起きたのだ。神は激変によってではなく、何百万回も少しずつ削るようにして地球を形づくったにちがいない。ゆっくりと加えられる自然の力が地球を形づくり、自然を形成するというライエルの中心的な考え方は、ダーウィンを大いに刺激した。一八三二年、依然として「吐き気がし、気分が優れない」ダーウィンを乗せた船は、南半球に入った。風向きが変わり、潮の流れが変わり、そして、新しい世界が眼前に現れた。

師が予想したとおり、ダーウィンは優れた標本の収集家であり、観察者だった。ビーグル号が南米の東海岸を南下し、モンテビデオ、バイアブランカ、プエルトデセアドなどに立ち寄るたびに、ダーウィンは入り江や熱帯雨林や崖をくまなく探しまわって、動物の骨、植物、動物の皮、石、貝を大量に持ち帰った。船長は「がらくたにしか見えない積み荷」だと不平を言った。生物の標本だけでなく、古代の化石も見つかり、ダーウィンは甲板にそうしたものをずらりと並べて独自の比較解剖学の博物館をつくった。一八三二年九月、プンタ・アルタ近くの灰色の崖と泥の低地を探検していたときに、彼は驚くべき自然の墓地を見つけた。[17]目の前に、絶滅した巨大な哺乳類の化石化した骨が散らばっていたのだ。ダーウィンはあたかも熱狂的な歯医者のように、岩から顎の化石をほじくり出した。翌週に再度訪れ、今度は石英の中から大きな頭蓋骨を取り出した。それはメガテリウムという名の巨大なナマケモノの頭蓋骨だった。[18]

その月、ダーウィンは小石や岩の中に散在している骨をさらに発見し、一一月には、ウルグアイの農民に一八ペンスを払って、かつてその土地の上を歩きまわっていた絶滅哺乳類（リスのような大きな歯を持つ、トクソドンという名のサイに似た哺乳類）の巨大な頭蓋骨を手に入れた。「私はとてもついている。巨大な哺乳類の標本をいくつか採取できたうえに、初めて発見されたものも多い」ブタ並みの大きさのモルモットの骨、戦車のようなアルマジロの鱗甲板、ゾウくらいの大きさのナマケモノの巨大な骨などをさらにいくつか集め、木箱に詰めて、イングランドへ持ち帰った。

ビーグル号はティエラ・デル・フエゴ（南米南端部に位置する諸島）の顎のような形の先端をまわって南米の西海岸を北へ進んだ。一八三五年にはペルーの海岸都市リマを出発し、[19]エクアドル本土より約九〇〇キロメートル西にある、火山活動でできた黒焦げの群島、ガラパゴス諸島へと向かった。その群島では「黒く……割れた溶岩が陰鬱に積み重なり、悪魔の巣窟のような海岸を形づくっていた」と船長は書いている。まさに、エデンの園の地獄版といった感じだった。孤立し、手つかずで、乾き切った岩石が広がり、「おぞましいイグアナ」やカメや鳥が凝固した溶岩の上に群がっていた。島は全部で一八島あり、船はそれらの島を順番にめぐった。島に着くと、ダーウィンは陸へ上がって溶岩の上を歩き、鳥や、植物や、トカゲを採取した。どの島にも独自のカメが生息しているようで、一行はそうしたカメの肉を毎食のように食べた。五週間のあいだに、ダーウィンはフィンチや、ツグミや、クロウタドリや、グロスビークや、ミソサザイや、アホウドリや、イグアナの死骸に加え、海や陸の植物をいくつも採取した。船長は顔をしかめ、首を振った。

一〇月二〇日、一行はタヒチに向けて出発した。[20] ビーグル号の船室で、ダーウィンは採取した小鳥の死骸を系統的に分析しはじめた。とりわけ彼を驚かせたのはツグミだった。二、三種類の亜種があったが、それぞれの亜種の特徴は明確に異なっており、どの亜種もある特定の島でしか見つからなかった。ダーウィンがそこで何気なく走り書きした文章は、彼の生涯で最も重要な科学的文章となる。「どの亜種も、それぞれの島だけに生息している」ほかの動物でも同じパターンが見られるのだろうか、と彼は考えた。たとえば、カメでも？　どの島にも、それぞれの島に固有のカメが生息しているのだろうか？　彼はカメについても分析しようとしたが、遅すぎた。ほかの乗組員と一緒に昼食に食べてしまったからだ。


五年の航海のあとでイングランドに戻ったダーウィンはすでに自然史学者のあいだでちょっとした有名人になっていた。彼が南米から持ち帰った戦利品である大量の化石は木箱から出され、保存され、目録がつくられた。それだけで博物館がひとつできそうだった。剥製師で鳥専門の画家でもあるジョン・グールドが鳥の分類を引き受けた。地質学者のライエル自身も、地質学協会の会長演説の際にダーウィンの標本を展示した。イングランドの自然史学者たちの頭上をあたかも貴族のハヤブサのように旋回していた古生物学者のリチャード・オーウェンも、イングランド王立外科医師会から降下して、ダーウィンの持ち帰った化石の骨の検証と分類を受け持った。

しかしオーウェンと、グールドと、ライエルが南米の宝に名前をつけ、分類しているあいだにも、ダーウィンの思考はべつの問題へと向かっていた。小さな特徴にもとづいて生物を多くのグループに分類するのではなく、共通の特徴をもとに生物を大きなグループにまとめるのを好んだ彼は、より根本的な解剖学的特徴を探していた。彼にしてみれば、分類や学名命名法というのは目的のための手段にすぎなかった。その鋭い直感で、ダーウィンは標本の背後にあるパターン、すなわち体系の規則性を見定めようとした。生物を界や目に分類するのではなく、生物界を貫いている秩序を見定めようとしたのだ。メンデルがウィーンで高校教師資格試験を受ける際に悩まされることになるのと同じ質問が、一八三六年にダーウィンの頭に取り憑いて離れなくなった。生物はなぜ、こんなふうに分類されるのだろう？

その年、ふたつの注目すべき事実が明らかになった。ひとつめは、オーウェンとライエルが化石を調べていくうちに、発見された化石のほとんどが、発見場所に現在も生息している動物の、すでに絶滅した巨大なバージョンの化石だということがわかったのだ。小さなアルマジロが茂みのあいだを歩いているまさにその同じ渓谷で、その昔、大きな鱗甲板を持つアルマジロが歩きまわっていた。小さなナマケモノが現在生息している場所で、その昔、巨大なナマケモノが食べ物を探していた。ダーウィンが土壌から採取した大きな大腿骨はゾウ並みに巨大なリャマのもので、その現代版の小さなリャマは南米固有の種だった。

ふたつめの奇妙な事実に気づいたのはグールドだった。一八三七年の初春、グールドは、ミソサザイ、アメリカムシクイ、クロウタドリ、そして「グロスビーク」の変異体だとしてダーウィンが自分に送ったそれぞれの標本は、実際にはそうではなかったとダーウィンに告げた。ダーウィンは分類をまちがえていたのだ。それらはすべてフィンチで、じつに一三もの種が存在していた。くちばしも、かぎ爪も、羽もあまりにちがっていたため、訓練された目しか、その背後にある共通点を見いだすことはできなかった。喉の細い、ミソサザイに似たアメリカムシクイと、ハムのような首とペンチのようなくちばしを持つクロウタドリは解剖学的な親類、つまり同じ種の変異体だった。アメリカムシクイのようなフィンチの餌は果物と虫で（フルートのような形のくちばしはそのためだと思われた）、スパナのようなくちばしを持つフィンチは地面をあさっては種子を砕いて食べた（くるみ割りのようなくちばしはそのためだった）。ツグミにもそれぞれの島に固有な三つの種が存在した。フィンチはそこらじゅうにいた。まるでそれぞれの島が特有のバーコードを持った固有の変異体を生み出しているかのようだった。

ダーウィンはどのようにしてそうしたふたつの事実に折り合いをつけたのだろう？　彼の思考の中ではすでに、ある考えの概要ができあがりつつあった。きわめてシンプルでありながら、あまりに過激なために、今まで誰にも検証されたことのない考えだ――「もしすべてのフィンチが共通の祖先の子孫だとしたら？」今日の小さなアルマジロは巨大なアルマジロの子孫なのではないか？　現在の地球の地形というのは何百万年ものあいだに蓄積した自然の力の結果だとライエルは主張していたではないか。一七九六年、フランスの物理学者ピエール＝シモン・ラプラスは、今日の太陽系ですら、何百万年ものあいだに物質が徐々に冷えて凝縮した結果、生じたものだと提唱していた（ナポレオンから「なぜその説からは神が露骨に消されているのか」と尋ねられたラプラスは、歴史的なまでに厚かましい返事をした。「その仮説は必要なかったからです」）。だとしたら、現在の動物もまた、長い年月のあいだに蓄積した自然の力の結果なのではないだろうか？

ダーウィンは一八三七年七月、マールボロ・ストリートの息が詰まりそうなほど暑い書斎で、時間の経過とともに動物がどう変化するかという点について思いつくままに新しいノート（いわゆる、Bノート）に書き綴っていった。彼の書き込みは暗号めいており、自由で、未検証のものだった。彼があるページでひとつの図を描くと、その図が思考にこびりついた。神による創造を中心にしてあらゆる動物がそこから放射状に存在しているのではなく、「木」の枝や大きな川の支流のように、祖先の幹が枝分かれして、その枝がさらに小さな枝に分かれていき、やがて現在の数十の動物になったのではないのだろうかと彼は考えた。[*21] 言語のように、地形のように、ゆっくりと冷えていった宇宙のように、動物も植物も、ゆっくりとした持続的な過程をとおして、昔の形から進化していったのではないのだろうか。

そうした考えが明らかな神への冒瀆であることはダーウィンも承知していた。キリスト教の種形成の概念では、神が絶対的な中心に据えられており、神によってつくられたすべての動物が創造の瞬間に外に向かって放たれたとされていた。しかしダーウィンの絵には、そもそも中心というものがなかった。一三種類のフィンチは神の気まぐれによってではなく、「自然進化」によってつくられたのだと彼は考えた。祖先のフィンチから下流へと、外側へと枝分かれしていったのだ。現在のリャマも同様に、巨大な祖先の獣から進化して生まれたのだ。あとから思いついたように、彼はページの上に「私が思うには」とつけ足している。[*22] あたかもこれを境に、生物学的・神学的思考の本土から旅立つことをほのめかしているかのように。

だが神の力が働いていないとしたら、種の起源の背後にはどんな力が働いているのだろう？ どんな推進力が、荒れ狂う種形成の小川を介して、そう、たとえば一三種類のフィンチの進化をもたらしたのか。一八三八年の春、ダーウィンが新しい日記（えび茶色のCノート）に取りかかったころには、この推進力の性質について、彼の頭の中には多くの考えが生まれていた。[*23]

答えの最初の部分は、シュルーズベリーとヘレフォードで過ごした子供時代からずっと彼のすぐそばにあった。地球をおよそ一三万キロも旅をして、彼は単にその答えを再発見したにすぎなかった。

それは変異体と呼ばれるもので、動物がときおり誕生させる、親のタイプとは異なる特徴を持つ子を指す。農家の人たちは大昔からこの変異体を利用しており、交配や交雑によって自然変異体をつくっては、そうした変異体を選択するという作業を繰り返してきた。イングランドでは、畜産家が新種や変異体の繁殖をきわめて洗練された科学にまで磨き上げており、たとえば、ヘレフォードの短角牛(たんかく)はクレイヴンのロングホーン(長い角を持った牛)とはほとんど似ていなかった。ガラパゴスからイングランドにやってきた(ダーウィンの逆だ)好奇心旺盛な博物学者がいたとしたら、それぞれの地域に固有の牛が生息しているという事実を知って驚いたかもしれない。だがダーウィンや牛の繁殖者は、そうした繁殖は偶然起きたわけではないことを知っていた。同じ祖先から生まれた変異体を選択的に交配させるという作業をとおして、人為的におこなわれたのだ。

変異体と人為的な選択を巧みに組み合わせることによって、驚くべき結果がもたらされることをダーウィンは知っていた。雄鶏やクジャクに似たハトをつくることもできれば、イヌを短毛にも、長毛にも、雑色にも、まだら模様にも、がに股にも、無毛にも、短い尻尾にも、獰猛(どうもう)にも、おだやかな性質にも、内気にも、警戒心の強い性格にも、好戦的にもすることができた。しかしウシやイヌやハトの選択をおこなったのは人間の手だった。ではいったいどんな手が、遠くの火山島で多種多様なフィンチが生まれるように、南米の平野で巨大なアルマジロから小さなアルマジロが生まれるように導いたのだろう?

ダーウィンは、自分が今では既知の世界の危険な端を異端へ向かってひっそりと進んでいることを自覚していた。そうした見えざる手を神に帰することは簡単だった。だが一八三八年一〇月に、同じく聖職者のトマス・ロバート・マルサスの本が彼にもたらした答えは、神とはまったく無関係なものだった。[*24]

トマス・ロバート・マルサスは、昼間はサリーのオークウッド教会で副牧師として働いていたが、夜には隠れ経済学者として活動していた。彼が真の情熱を注いでいたのは、人口と成長についての研究だった。一七九八年、マルサスは匿名で、『人口論』と題した扇動的な論文を発表し、その中で、人口の成長は必ず、それを養う資源の成長を上まわると論じた[*25]。人口が増加するにつれ、生活資源は枯渇し、人間同士の争いは激しくなる。限りある資源は人口の本質的な増加傾向に追いつかない。人口の自然な傾向には必然的に欠乏が伴う。やがて世界の終末をもたらすような力が働いて（「季節的な流行病、疫病、伝染病が次々と襲いかかっては、何千、何万という人間をなぎ倒し[*26]」）、「人口を世界の食糧」に釣り合わせる。こうした「自然選択」を生き延びた者たちは、ふたたび残酷なサイクルを始める。ひとつの飢饉からべつの飢饉へと、シーシュポスの徒労は終わらない。

ダーウィンはマルサスの論文の中に、袋小路を突破する答えをすぐに見つけた。この生存のための闘いこそが、見えざる手だったのだ。死こそが自然の選択者であり、残酷な形成者だった。「すぐにわかった[*27]」と彼は書いている。「（自然選択という）状況のもとでは有利な変異体が生き残り、不利な変異体が死に絶え、その結果、新しい種が形成されるのだ[†]」

ダーウィンは今では彼の主要な説の骨格をつかんでいた。それは以下のようなものだった。動物の繁殖の際には親とはちがう変異体が生まれる[‡]。同種の個体同士はつねに、限られた資源をめぐって争っている。たとえば飢饉などが起きて、こうした資源が枯渇した場合には、新しい環境によりうまく適応できる変異体が「自然選択され」、環境に最もうまく適応できるもの、つまり「適者」が生き残る（「適者生存」という言葉はマルサス派の経済学者であるハーバート・スペンサーから拝借したものである[*28]）。こうして生き残った動物同士が繁殖して自らの仲間を増やすことで、同じ種の中で進化が起きる。

プンタ・アルタの入り江やガラパゴスの島々で、こうした過程が進行していくさまがダーウィンにはもうほとんど見えるようだった。それは永遠に長い映画が早送りされて一〇〇〇年が一分に圧縮されたかのような光景だった。フィンチの群れは果物を食べ、やがて、増えすぎてしまう。やがて厳しい季節（すべてを腐らせてしまうモンスーンか、あるいは乾き切った夏）が島に到来し、餌となる果物が激減する。そのフィンチの大集団のどこかで、植物の種子を砕くことのできる不格好なくちばしを持った変異体が誕生する。飢饉がフィンチの世界に襲いかかると、この不格好な大きいくちばしを持つフィンチだけが固い種子を食べて生き延びる。そのフィンチは子孫をつくり、やがて、新種のフィンチが誕生し、奇形の種が正常の種となる。病気、飢饉、寄生虫といった新たなマルサス的限界が課せられるたびに、べつの種が有利になり、集団の構成が変化する。奇形の種が新しい正常の種となり、かつての正常の種は死に絶える。こうして、奇形から奇形へと進化は進んでいく。

一八三九年の冬には、ダーウィンは自説の概要をまとめていた。その後の数年にわたって、彼は取り憑かれたように自説に何度も手を加えた。化石の標本を扱うときのように、「整然としていない部

---

† ダーウィンはここで重要な段階を見落としている。多様性や自然選択といった考え方は、あるひとつの種の中で進化が起きるメカニズムに関して説得力のある説明を提供しているものの、種形成自体についてはなんの説明もしていない。新しい種が誕生するためには、個体が交雑によって子孫をつくれなくなるような状況が必要だ。新種というのはたいてい、動物が物理的な障壁などによって永続的に孤立し、その結果、他の種とのあいだに生殖の不適合が生じることによって誕生する。これについては後述する。

‡ こうした変異体がどのようにつくられるのか、ダーウィンにははっきりとはわからなかった。それについても後述する。

分」を整理したり、さらに整理しなおしたりしたが、結局、自説を論文として発表するまでには至らなかった。一八四四年、自らの主張の最も重要な部分だけを抜き出して二五五ページのエッセイにまとめ、[29]ある友人に個人的に送ったが、そのエッセイを出版することはなかった。その代わり、フジツボの研究に熱中し、地質学の論文を執筆し、海獣類を解剖し、家族の世話をした。彼のお気に入りだったいちばん上の子供であるアニーが感染症にかかって亡くなると、ダーウィンは悲しみに打ちひしがれ、無気力になった。クリミア半島で激しい戦争が勃発し、男たちは戦線に送り出され、ヨーロッパは恐慌に陥った。あたかもマルサスの生存のための闘いが現実世界で起きたかのようだった。

ダーウィンが初めてマルサスのエッセイを読み、種形成について明確な考えを持ちはじめてから一五年が経過した一八五五年の夏、若き博物学者のアルフレッド・ラッセル・ウォレスが《アナルズ・アンド・マガジン・オブ・ナチュラルヒストリー》にダーウィンの未発表の説ときわどいほどに近い内容の論文を発表した。[30]ウォレスとダーウィンの社会的、イデオロギー的な背景はまったくちがっていた。紳士生物学者であり、ほどなくイングランドで最も裕福な自然史学者となるダーウィンとはちがって、ウォレスはモンマスシャー州の中流階級の家に生まれた。[31]書斎の肘掛け椅子ではなく、レスターの公立図書館（マルサスの本はイングランド本土の知識人のあいだで広く回覧されていた）の固いベンチに座って、彼もまた人口についてのマルサスの本を読んでいた。[32]そしてダーウィンと同じく、ブラジルへ船旅をして標本や化石を集め、生まれ変わったのだった。[33]

一八五四年、海難事故でわずかな所持金と収集したすべての標本を失ったウォレスは、東南アジアの端に位置する火山島の集まりであるマレー諸島へ向けてアマゾン流域から移動した。[34]そこで彼はダーウィンと同じく、同種でも、海で隔てられた場所に生息する個体同士の特徴がかなりちがっていることに気づいた。一八五七年の冬には、ウォレスはこうした島々で個体差を生み出しているメカニズムについての一般的な理論を組み立てはじめていた。その春、熱による幻覚に悩まされながらベッドで横になっていたときに、彼は自分の理論の最後の一ピースを見つけた。マルサスの本を思い出したのだ。「答えは明らかに……最も環境に適応した（変異体）が生き延びる……そのようにして、動物集団の構成は環境の要求どおりに修正されていくにちがいない」[35] 多様性、変異、生存、選択といった彼の思考を表す言葉すら、ダーウィンの言葉にはっとするほど似ていた。いくつもの海と大陸に隔てられ、まったく異なる知性の風波にもまれたふたりの男がたどり着いたのは同じ港だったのだ。

一八五八年六月、ウォレスはダーウィンに自然選択による進化についての自説の概要をまとめた草稿を送った。[36] ダーウィンはウォレスの理論と自分の理論との類似に驚いた。焦った彼は、すぐに旧友のライエルに自分の原稿を送った。抜け目のないライエルは、ダーウィンとウォレスがふたりともその発見の功績者として認められるように、その夏のロンドン・リンネ協会の会合でふたつの論文を同時に発表するようにとダーウィンに助言した。一八五八年七月、ダーウィンとウォレスの論文はロンドン・リンネ協会で共同の研究発表として読み上げられ、公の場で議論された。[37] だが、聴講者はどちらの研究にもとくに感銘を受けなかった。翌年の五月、リンネ協会の会長はふと思いついたようにこう言った。「去年はこれといって注目すべき発見は何もなかった」[38]

ダーウィンは今では、以前から出版しようと考えていた大著に研究結果を残らず盛り込んで完成させることに集中していた。一八五九年、出版業者のジョン・マレーに連絡して、ためらいがちにこう言った。「あなた方がこの本の出版を引き受けたことを後悔しないように、私の本が売れることを心から願っています」[39]。一八五九年一一月二四日の真冬並みに寒い朝、チャールズ・ダーウィンの『種の起源』がイングランドの書店に並んだ。価格は一五シリング。初版部数は一二五〇部だった。ダーウィンが驚きとともに書いているように、「初日に完売した」[40]

発売直後といっていいほどすぐに、熱狂的な書評が次々と現れた。『種の起源』の最初期の読者ですら、その本に含まれる途方もなく大きな意味に気づいたのだ。「ダーウィン氏が述べた結論は、もしそれが立証されたなら、自然史の根本原理に大革命を起こすだろう」[41]とある評論家は書いている。「要するに彼の研究は、これまで世の人々にもたらされた研究成果の中で最も重要なもののひとつだということだ」[42]

ダーウィンは同時に、彼に批判的な人々の感情をあおった。おそらくは意図的に、彼はヒトの進化について自説が暗示していることには触れていない。『種の起源』の中で、ヒトの進化について書かれている唯一の箇所は、「ヒトの起源と歴史について光が投じられるかもしれない」[43]という一文であり、それは世紀の控えめ表現と言っても差しつかえないだろう。だがダーウィンの友人でもありライバルでもある化石分類学者のリチャード・オーウェンは、ダーウィンの理論の哲学的含意をすぐさま見抜いた。もし種の進化がダーウィンの説どおりに起きるのなら、ヒトの進化についてそれが意味することは明白だった。「ヒトはサルが変化したものなのかもしれない」あまりに不快な考えだったために、オーウェンはそれについて熟考することすらできなかった。十分な実験的証拠による裏づけもなしに、ダーウィンは歴史上最も大胆な生物学理論を提唱した、とオーウェンは書いている。ダーウィンが提供したのは果実ではなく、「知的な殻」[44]にすぎない、と。そして（ダーウィン自身の言葉を引用して）こう不満を表している。「とても広い空白を想像で埋めなければならないということだ」[45]

「とても広い空白」[*1]

さて、ダーウィン氏はこれまでに……ジェミュールの蓄えが枯渇するまでにどれくらいの時間がかかるか考えたことがあるのだろうか？……そのことについて少しでも考えてみたならば、「パンゲン説」[*2]などというものを彼が夢見ることはなかったのではないかという気がする。

——アレクサンダー・ウィルフォード・ホール、一八八〇年

ヒトがサルに似た祖先から進化した可能性について、ダーウィンがとくに思い悩んでいなかったという事実は、彼がいかに科学的に大胆だったかを示している。彼がそれよりもずっと思い悩んでいたことが自分の理論の完全性だったという事実は、彼がいかに科学的に誠実だったかを表している。自分の理論を完璧なものにするには、とりわけ「広い空白」を埋めなければならなかった。遺伝という空白だ。

遺伝の理論は、進化論の末梢にあるわけではなく、きわめて重要な理論だということにダーウィンは気づいた。ガラパゴスの島で大きなくちばしを持つフィンチが自然選択によって出現するためには、一見矛盾するふたつの事実が同時に真実でなければならなかった。ひとつめは、短いくちばしの「正常な」フィンチがときおり大きなくちばしの変異体（怪物や奇形の種）をつくり出さなければならな

いという事実だ（ダーウィンはそれらを「変種（スポート）」と呼んだ。自然界というのは途方もなく気まぐれだということを示唆する刺激的な言葉だ。ダーウィンは、進化を促進させるものは自然の目的意識ではなく、ユーモアのセンスだということを理解していたのだ）。ふたつめは、いったん生まれたら、大きなくちばしのフィンチは自分の特徴を子に伝え、そうすることによって、変異体を子孫に定着させなければならないという事実だった。これらふたつの事実のうちどちらか一方がうまくいかなくても（変異体がつくられないか、変異体が子孫に伝わらないか）、自然は溝にはまってしまい、進化の歯車は止まってしまう。ダーウィンの理論が機能するためには、遺伝は不変と不定、安定性と多様性という性質を同時に持っていなければならないのだ。

　こうした相反する性質を持ちうる遺伝のメカニズムについて、ダーウィンは絶え間なく考えつづけた。ダーウィンの時代において、最も一般的に受け入れられていた遺伝のメカニズムは、一八世紀のフランスの生物学者ジャン＝バティスト・ラマルクが提唱した理論だった。ラマルクの考えでは、遺伝形質は、メッセージや物語が受け渡されるのと同じ方法で、親から子へ指示という形で受け渡されるとされていた。[3] ラマルクは、動物はある形質を強くし、べつの形質を弱くすることによって（「その形質がそれまでに使われてきた時間の長さに比例した力を持たせることによって」[4]）、周囲の環境に適応すると信じていた。固い種子を食べざるをえなくなったフィンチは、くちばしを「強くする」ことによって環境に適応した。時間の経過とともに、フィンチのくちばしはより硬く、ペンチのような形になった。環境に適応したそうした特徴はその後、フィンチの子に指示という形で伝えられ、両親によって固い種子に前適応した子のくちばしもまた硬くなる。同様の理論で、レイヨウは、高いところにある木の葉を食べるためには首を長くしなければならないと気づく。ラマルクの提唱した「用不用説」にしたがって、レイヨウの首は長くなり、レイヨウの子もまた長い首の形質を受け継ぎ、その結果、キリンが誕生する（身体が精子に「指示」を与えるというラマルクの説と、精子があらゆる器官からメッセージを集めるというピタゴラスの概念の類似性に注目したい）。

ラマルクの考えの魅力的なところは、それが動物の発達に関する心強い物語を提供したという点にある。あらゆる動物が自分のまわりの環境に適応していき、そうすることによって、進化のはしごを完璧に向かってゆっくりと登っていくという彼の説では、進化と適応がひとつの持続的なメカニズムとしてまとめられていた。適応こそが進化だったのだ。その考えは直感的に受け入れやすいだけでなく、都合がいいことに、神聖でもあった。というよりも、生物学者の考えにしてはこれ以上ないくらい神聖性に近いものだった。最初は神によってつくられたものの、動物たちはなおも、絶えず変化する自然界の中で自らの形態を完璧なものにできる可能性を秘めていた。存在の神聖なる連鎖は依然として存在していた。それどころか、この説には、それまでにないくらいしっかりと存在していた。適応による進化の鎖の端には、最もうまく適応した、最適な形態を持つ、すべての哺乳類の中で最も完璧な哺乳類であるヒトがいたからだ。

ダーウィンの考えは明らかにラマルクの進化論とはちがっていた。キリンというのは、首を長くする必要に迫られたレイヨウが変化したものではなかった。簡単に言うならば、キリンが誕生したのは、祖先のレイヨウからたまたま長い首を持つ変異体が生まれ、それが飢饉などの自然の力によって選択された結果なのだ。それでもダーウィンは遺伝のメカニズムについてなおも頭を悩ませつづけた。それでは、長い首を持つレイヨウを最初につくったものはなんだったのだろう？

ダーウィンは進化にも適用できるような遺伝理論を思い描こうと努力した。しかしここで、彼の知性の重大な欠点がはっきりとしてきた。ダーウィンは実験主義者としての才能にあまり恵まれていなかったのだ。後述するように、メンデルは天性の庭師だった。植物を栽培したり、種子を数えたり、形質を区別したりする才能に長けていた。一方のダーウィンはもっぱら庭を掘り起こした。植物を分類し、標本を整理し、分類した。メンデルに備わっていたのは生物を操作したり、注意深く選んだ亜品種を交雑させたりして仮説を検証する実験の才能だったのに対し、ダーウィンに備わっていたのは自然史の才能だった。自然を観察することによって歴史を組み立てていく才能だ。修道士であるメンデルが得意だったのは分離することだったのに対し、かつて聖職者を目指したダーウィンが得意だったのは統合することだった。

しかし自然を観察することと、自然を相手に実験をすることはまったくちがっていた。一見したところ、自然界のどこにも、遺伝子の存在を示唆する部分はない。実際、遺伝をつかさどる粒子という考えを見いだすには、奇妙に歪曲した実験をおこなわなければならないのだ。実験という方法で遺伝理論に到達することができなかったダーウィンは、まったくの理論的土壌から遺伝理論を呼び起こさなければならなかった。彼は二年近くのあいだその概念に必死で取り組み、危うく神経症になりかけるほどに自分を追い込み、[*5]ようやく、適切な理論を発見したと確信するに至った。彼は、すべての器官の細胞が遺伝情報を含む小さな粒子をつくっているのではないかと考え、その粒子を「ジェミュール」[*6]と名づけた。ジェミュールは両親の身体の中を駆けめぐっている。動物や植物が繁殖できるまでに成熟した段階で、ジェミュールの中に蓄積された情報が生殖細胞（精子と卵子）に集まる。このようにして身体の「状態」についての情報は受胎をとおして親から子へと伝わる。ピタゴラスの説と同様にダーウィンのモデルでも、すべての生物が器官や構造をつくるための情報を小型化された形で持っているとされていたが、ダーウィンの説では、情報は分散して存在していた。個体というのはあたかも議会の投票でつくられるようなものであり、手から分泌されるジェミュールは新しい手をつくるための指示を含んでおり、耳からまき散らされるジェミュールは新しい耳をつくるための暗号を運んでいるとされていた。

父親と母親からのジェミュールに含まれるこうした情報は、発達中の胎児にどのように適用されるのだろう。その点に関して、ダーウィンは古い考えへと戻った。父親と母親からの情報が胎児の中で出会い、絵の具の色のように混じりあうと考えたのだ。「融合遺伝」というこの考えはすでに多くの生物学者にとってなじみ深いものであり[*7]、父親と母親の特徴が混じりあうというアリストテレスの説を言い換えたものにすぎなかった。どうやらダーウィンは今度もまた、すばらしい統合を成し遂げたように見えた。対極に位置する生物学のふたつの説、ピタゴラスのホムンクルス（ジェミュール）と、アリストテレスの概念であるメッセージと混合（融合）とを統合させたのだから。

ダーウィンはこの理論を、パンゲン説と名づけた[*8]。「すべてからの発生」という意味だ（すべての器官がジェミュールに情報を渡していると考えたからだ）。『種の起源』が出版されてから一〇年近くが過ぎた一八六七年、彼は新しい原稿『家畜・栽培植物の変異』[*9]の執筆に取り組みはじめ、その中で遺伝について詳説した。「これは性急で雑な仮説だけれど[*10]」とダーウィンは友人の植物学者エイサ・グレイへの手紙の中で正直に述べている。「この説は私の心に大きな安堵をもたらすのだ……パンゲン説は狂った夢と呼ばれるだろうが、私は心の底で、その説には偉大なる真実が含まれていると信じている[*11]」

しかしダーウィンの「大きな安堵」が長続きすることはなかった。彼はほどなく、「狂った夢」から覚めることになる。その夏、『家畜・栽培植物の変異』が本にまとめられているあいだ、『種の起源』が《ノース・ブリティッシュ・レビュー》で取り上げられた。その書評の中に埋められていたのは、ダーウィンが一生のあいだに出くわす中で最も強力な、パンゲン説に対する反対論だった。

　その書評を書いたのは、ダーウィンに対する批判者としては意外な人物だった。エディンバラのフリーミング・ジェンキンという名の数学者兼電気技術者、さらには発明家でもある人物で、それまで生物学について書評を書いたことはほとんどなかった。優秀だがとげのある物言いが特徴的なジェンキンの興味は、言語学、電気工学、機械学、算術、物理学、化学、経済と多岐にわたっていた。大変な読書家で、ディケンズ、デュマ、オースティン、ジョージ・エリオット、ニュートン、マルサス、ラマルクなどの著作を広く読んだ。たまたまダーウィンの本に出くわすと、彼はそれを熟読し、そこに含まれた意味をすぐに理解し、そして即座に、致命的な欠陥を見つけた。

　ダーウィンの説についてジェンキンが納得できない点は以下のようなものだった。もしすべての世代で遺伝形質が「融合」しつづけるのなら、どんな変異体であれ、それが交雑によってしだいに薄められていくのを防いでいるものはなんなのだろう？「（変異体は）やがて数の中に埋もれていくはずだ」とジェンキンは書いている。「そして数世代ののちには、その特殊性は消えるにちがいない[*12]」例として、ジェンキンはある物語を考え出した。当時はごくあたりまえだった人種差別主義の色に濃く染められた物語だ。「ひとりの白人男性が難破し、黒人の住む島に漂着したと仮定しよう……難破したこの英雄はおそらく王になるだろう。生き残りをかけて数多くの黒人を殺し、数多くの妻と子供を持つはずだ」

　だがもし遺伝子同士が融合するならば、ジェンキンの「白人男性」には、少なくとも遺伝という意味においては悲運が待ち受けていることになる。黒人の妻から生まれた彼の子供は、男の遺伝的要素を半分受け継いでいると予想される。孫は四分の一を、ひ孫は八分の一を、玄孫（やしゃご）は一六分の一を。やがて彼の遺伝的要素は薄まり、数世代ののちには完全に消えてしまう。たとえ「白人の遺伝子」が最も優れていたとしても（ダーウィンの言を借りるなら、「最適」だったとしても）、融合の結果としてもたらされる避けがたい減衰を止めることはできない。最終的に、孤独な白人の王は遺伝の歴史から消え去る。たとえ彼が同世代のどの男よりも多くの子供をつくり、彼の遺伝子が生存に最も適していたとしても。

ジェンキンの物語の詳細は醜悪だったが（おそらく意図的にそうしたのだろう）、その概念的な要点は明白だった。もし遺伝という現象に変異体を維持する（変化した形質を固定する）機能がないのなら、変化した形質はすべて、融合によって消えてなくなる。次世代に自分の形質を確実に受け渡すことができないかぎり、奇形種はずっと奇形種のままなのだ。プロスペロー（シェイクスピアの『テンペスト』の主人公。絶海の孤島に暮らす元ミラノ大公）は孤島でいとも簡単にキャリバン（島にすむ怪獣）を一匹つくり出し、さまよわせることができるが、融合遺伝はキャリバンにとって、自然の遺伝的牢獄となる。たとえキャリバンが交尾したとしても（まさに、交尾したその瞬間に）、その遺伝的特徴は正常の海に消えるのだ。融合とは永遠に希釈することと同じであり、そうした希釈が続くかぎり、進化したどのような情報も保持されることはない。絵を描くとき、画家はときおり筆を水につけて絵の具の色を薄める。水はまず青色になるが、水に溶ける絵の具の色が増えるにつれて、水の色はしだいに汚れた灰色になり、その後はどんな色を加えても、灰色のままだ。それと同じ原則が動物や遺伝にあてはまるとしたら、変化した生物の明白な特徴を保持できるのはどのような力なのだろう？　ジェンキンならこう尋ねただろう？　なぜすべてのダーウィン・フィンチがしだいに灰色になっていかないのだろう？†

ダーウィンはジェンキンの論法に深い衝撃を受けた。「フリーミング・ジェンキンは私を大いに困らせた」と彼は書いている。「しかし、彼の書評はほかのどんなエッセイや書評よりも有益だった」

ジェンキンの論理の正しさは否定しようがなかった。[*13] 自分の進化論を救うには、ダーウィンはそれに適合する遺伝理論を見いださなければならなかった。

それでは、遺伝にどんな特徴があればダーウィンの問題は解決するのだろう? ダーウィンが提唱するような進化が起きるためには、情報が薄められたり、拡散したりすることなく保持されるような能力が遺伝のメカニズムに含まれていなければならない。その能力とは融合ではなかった。情報の原子が存在しなければならなかった。親から子へと移動する、不溶性で消えない個別の粒子だ。

遺伝という現象にこのような不変性があるという証拠は存在するのだろうか? もしダーウィンが彼の膨大な蔵書を注意深く探したなら、ブルノに住むほとんど無名の植物学者の書いた、ぱっとしない論文への言及に目を留めたかもしれない。一八六六年に無名の雑誌に掲載された「植物の交雑実験」[*14]という控えめなタイトルのその論文には、ドイツ語がびっしりと並んでいたうえに、ダーウィンがとりわけ嫌っていた数表がいくつもあった。それでも、ダーウィンはあと一歩でその論文を読むところだった。一八七〇年代初めに、植物の交雑に関するある本を読みながら、彼は五〇ページと、五一ページと、五三ページと、五四ページに膨大な書き込みをしていたのだ。[*15] しかしなぜか、エンドウマメの交雑実験に関するブルノで発表された論文について詳細に論じられている五二ページにはなんの書き込みもなかった。

もしダーウィンがエンドウマメの論文を実際に読んだなら（とりわけ、『家畜・栽培植物の変異』を書きながら、パンゲン説をつくりあげようとしていた最中に）、その論文は彼に、自らの進化論を理解するための決定的な洞察を与えたはずだった。彼はおそらく、そこに含まれた意味に魅了され、その研究者がおこなったやさしさあふれる作業に感銘を受け、その論文の持つ奇妙な説得力に胸を打たれたにちがいなかった。直観的な知性によって、進化論を理解するための理論が含まれていることをすぐに見抜いたはずだ。さらに、その論文の著者が自分と同じ聖職者であり、自分と同じように神学から生物学へと壮大な旅をして、そしてまた自分と同じように地図の端から落っこちた人物だということを知って喜んだはずだ。その人物とは、聖アウグスチノ修道会の修道士、グレゴール・ヨハン・メンデルだった。

† 「灰色のフィンチ」の謎の一部を解く鍵は地理的な隔離にあったかもしれない。つまり、交雑が制限されたからだ。だがひとつの島にすむすべてのフィンチがなぜ、単一の特徴を持つフィンチへと徐々に近づいていかなかったのかという問題は依然として残ったままだった。

「彼が愛した花」[*1]

われわれが明らかにしたいのは物質とその力（の性質）である。形而上学はわれわれわれの興味の対象ではない。[*2]

——一八六五年にメンデルの論文が最初に口頭で発表された、ブルノ自然協会の宣言

生物界全体が、比較的少ない因子の無数の組み合わせと並べ替えの結果だといえる。遺伝の科学はそうした因子、すなわち単位を今後研究していかなければならない。物理学や化学が分子や原子へと帰着するように、生物界の現象を説明するために、生物学もまた、そうした単位を理解しなければならないのだ。[*3]

——フーゴ・ド・フリース

一八五六年の春、ダーウィンが進化についての自らの著作を書きはじめようとしているときに、グレゴール・メンデルは一八五〇年に落第した教師資格試験に再挑戦するためにウィーンに戻る決意をした。[*4]今回は前回よりも自信があった。なにしろウィーン大学で二年間、物理学と、化学と、地質学と、植物学と、動物学を学んだのだから。一八五三年には修道院に戻っており、ブルノ実科学校の代

用教員として働きはじめていた。その学校を運営している修道士たちは試験や資格を重視しており、そろそろメンデルも資格試験に再挑戦してもいいころだった。彼は試験に申し込んだ。

残念ながらこの二度目の挑戦もまた、散々な結果に終わった。おそらくは緊張のせいで、メンデルはその日、具合が悪かった。ウィーンに着いたときには頭痛がし、最悪な気分だった。おまけに、三日間にわたる試験の初日に植物学の試験官と口論になった。何について意見が食いちがったのかは不明だが、種形成や、変異や、遺伝に関することだった可能性が高い。メンデルは試験を終えることができなかった。代用教員という自らの運命を受け入れて、ブルノに戻り、そして二度と資格試験を受けることはなかった。

その夏の終わり、まだ試験の失敗の痛手が癒えぬまま、メンデルはエンドウマメを植えた。エンドウマメを植えたのはそれが初めてではなく、もう三年ものあいだ、ガラスの温室でエンドウマメを育てていた。近くの農家から三四品種のエンドウマメを入手し、花の色や種子の形状などがまったく同じ子をつくる、いわゆる「純系」に相当する品種を選び出した[†]。瓜の蔓に茄子はならぬように、その純系のエンドウマメは「例外なく形質が安定していた」[*5]と彼は書いている。こうして彼は、実験材料を手に入れたのだ。

純系のエンドウマメは、世代を経ても変化しない明確な形質を持っていた。同じタイプのエンドウマメ同士をかけ合わせると、背の高いものからは必ず背の高いものが、背の低いものからは必ず背の

† ブルノやその近郊の農家が長年のあいだ抱いてきた繁殖についての興味が、メンデルの研究を助けた。大修道院長のシリル・クナップも交配実験に関心を持った。

低いものが現れた。まるい種子しかつくらない株もあれば、しわのある種子しかつくらない株もあった。熟していない鞘は緑色か、鮮やかな黄色のどちらかで、熟した鞘はくびれているか、膨れているかのどちらかだった。彼は純系の七つの形質のリストをつくった。

1　種子の形状（しわがあるか、まるいか）
2　種子の色（黄色か、緑色か）
3　花の色（白か、紫か）
4　花の位置（茎の上部か、葉のつけ根か）
5　鞘の色（緑色か、黄色か）
6　鞘の形（膨れているか、くびれているか）
7　背の高さ（高いか、低いか）

同じ言葉に二種類のスペルがあるように、同じ上着にふたつの色があるように、どの形質にも少なくともふたつの変異体があることがわかった（メンデルはひとつの形質につきふたつの変異体しか実験しなかったが、自然界には、白、紫、モーブ色、黄色の花をつける植物など、多数の変異体を持つ形質がある）。のちの生物学者はそのような変異体を、ギリシャ語の *allo*（大ざっぱな意味で、ふたつの亜種を表す語）に関連づけて、対立形質（アレル）*allele* と呼んだ。紫か白かは花の色の対立形質であり、高いか低いかは背丈の対立形質だった。

純系のエンドウマメは彼の実験の出発点にすぎず、遺伝の性質を明らかにするためには、雑種をつくらなければならないことをメンデルは知っていた。「庶子」（ドイツ人植物学者がよく使う言葉で、実験的につくられる雑種を指す）だけが、純血とはなんなのかを解き明かすことができるのだ。現在一般的に信じられている話とはちがって、メンデルは実際に、自分の実験の持つ重大な意味をはっきりと認識していた。[*6] 自分の疑問は「生物の進化の歴史」[*7] にとって重要なものである、と彼は書いている。そして驚くべきことに、遺伝の最も重要な特徴を調べるための実験材料をたったの二年でつくったのだ。メンデルの疑問とは、簡単にいえば次のようなものだった。背の高いものを低いものと交雑させたら、中くらいの背丈のエンドウマメができるのだろうか？　ふたつの対立する形質（背が高いか、低いか）は融合するのだろうか？

雑種をつくる作業はじつに退屈だった。エンドウマメは通常、自花受粉する。葯（雄しべの先端にある、花粉をつける部分）と柱頭（雌しべの頂部の花粉が付着するところ）は花のつぼみの中で成熟し、葯についた花粉が直接柱頭に付着する。異花受粉はそれとはまったくちがう。メンデルは雑種をつくるために、それぞれの花の葯を切り取って、葯についたオレンジ色の花粉をべつの株の柱頭へと移した。絵筆とハサミを手にかがんで、花を切ったり、花粉をつけたりしながら、たったひとり屋外で作業した。いつも帽子をハープにかけていたので、彼が庭に行くたびに、ぽろんとひとつ、澄んだ音があたりに響いた。それが彼にとっての唯一の音楽だった。

修道院のほかの修道士たちがメンデルの実験についてどれくらい知っていたのか、どれくらい関心があったのかは定かではない。一八五〇年代初頭、メンデルは白と灰色の野ネズミを使う大胆な実験を試みたことがあった。マウスの雑種をつくろうとして、自室でこっそりマウスを繁殖させたのだ。メンデルが何を思いついても、たいていは大目に見ていた大修道院長も、今度ばかりは苦言を呈した。遺伝を理解するために修道士がマウスを交尾させるというのは、聖アウグスチノ修道会の修道士といえども、いささかいかがわしすぎる。そこでメンデルは植物を使うことに決め、野外の温室に実験室を移した。大修道院長は黙認した。マウスは容認できなかったが、エンドウマメのほうは温かい日で見守った。

一八五七年の晩夏には、大修道院の庭で最初の雑種のエンドウマメが紫と白の花を咲かせた。[*8]メンデルは花の色を記録し、蔓に鞘ができると、鞘を割って中の種子を調べた。それから新しい雑種をつくることに着手し、背の高いものと低いもの、黄色い花のものと緑色の花のもの、しわのある種子のものとまるい種子のものとをかけ合わせた。さらに、雑種同士をかけ合わせて、雑種の雑種をつくることを思いついた。実験はこのようにして、八年にわたって続けられた。そのころには、温室から教会堂の脇の小さな一画（食堂と接する六×三平方メートルの長方形の畑で、メンデルの部屋から見えた）へと栽培場所を移していた。風が吹いて自室の窓にかかった日よけが持ち上がると、まるで部屋全体が巨大な顕微鏡になったように感じられた。メンデルのノートは何千回分もの交雑実験のデータを示す表や走り書きで埋めつくされており、彼の親指は鞘のむきすぎでしびれていた。

「ごく些《さ》細《さい》な考えが、人の人生全体を満たす」[*9]と哲学者のルートヴィヒ・ウィトゲンシュタインは書いているが、実際、メンデルの人生は種まき、受粉、開花、鞘、数を数えること、反復といった、きわめて些細な考えで満たされているようだった。作業は耐えがたいほどに退屈だった。しかし小さな考えが大きな原則へと開花することはまれではないとメンデルは知っていた。一八世紀にヨーロッパでわき起こった力強い科学革命がなんらかの遺産を残したとしたら、それは次のようなものだった。自然界を貫いている法則は同一であり、至るところに行きわたっている。木の枝からニュートンの頭へとリンゴを落とした力は、軌道に沿って惑星を導いている力と同じだった。もし遺伝にも、普遍的な自然の法則があるのなら、その法則は、エンドウマメの発生だけでなくヒトの発生にも影響を与えているにちがいなかった。メンデルの庭の一画は確かに狭かったが、彼はそのサイズを自分の科学的野望のサイズと混同したりはしなかった。

「実験の進行はきわめて遅い」とメンデルは書いている。「最初はある程度の忍耐力が必要だったが、ほどなく私は、いくつかの実験を同時におこなうことで事態が改善することに気づいた」多数の交雑を同時に進めた結果、データが次々と集まってきた。そして彼は徐々に、データの中にいくつかのパターンを見いだしはじめた。予期せぬ一貫性や、不変の比率や、数のリズムを。彼はついに、遺伝の論理の中に足を踏み入れたのだ。

最初のパターンはすぐにわかった。交雑第一代では、個々の形質（背が高いか低いか、種が緑色か黄色か）はまったく融合しなかった。背の高いものと低いものとをかけ合わせると、必ず、背の高いものだけが生まれ、種子がまるいものと種子にしわがあるものとをかけ合わせると、種子がまるいものだけが生まれた。七つの形質すべてにこのパターンがあてはまった。「交雑種の形質」は中間にはならず、「一方の親の形質と同じになる」と彼は書いている。メンデルは、親から子へと伝わる形質を「優性」、伝わらない形質を「劣性」と名づけた。[*10]

もしメンデルが実験をここでやめていたとしても、彼はすでに遺伝理論に大きな貢献をしていた。対立形質のうち、どちらかが優性でどちらかが劣性であるという事実は、融合遺伝という一九世紀の理論と矛盾していた。メンデルがつくった雑種は中間の形質を持っておらず、対立形質のうち片方だけが交雑種に出現し、もう一方の形質は消えていたのだ。

それでは、劣性の形質はどこへ消えてしまったのだろう？　優性の形質によって破壊されたり、消去されたりしたのだろうか？　メンデルは分析を深めるために二番目の実験をおこなった。低いものと高いものとをかけ合わせてできた雑種同士をかけ合わせ、雑種第二代をつくったのだ。「高い」形質のほうが優性のため、この実験で用いられた親はすべて背が高く、劣性の形質は消えていた。ところがそれらをかけ合わせると、まったく予期せぬ結果が得られた。第二代では、「低い」形質が、完全な形で再出現したのだ。[*11] それと同じパターンが七種類の形質すべてに見られた。第一代では白い花は消えていたが、第二代でふたたび現れた。「雑種」というのは実のところ、対立形質のうち、表に現れる優性の形質と、表に現れない劣性の形質の混合物なのだとメンデルは気づいた（メンデルはここで、「型 *form*」という言葉を使っている。「対立形質 *allele*」という言葉は一九〇〇年代に遺伝学者によって考え出されたものだ）。

交雑によって生み出される子孫の特徴の数学的な関係性、すなわち比率を調べた結果、メンデルは形質の遺伝を説明するためのモデルをつくることに成功した。[†] メンデルのモデルでは、どの形質も、独立した、分割できない情報の粒子によって決定されていた。背が低いか高いか、花の色が白色か紫色かというように、粒子には二種類の変異、つまり対立形質がある。どのエンドウマメも父親と母親からひとつずつ粒子を受け継ぐ。精細胞を介して父親からひとつ、卵細胞を介して母親からひとつ。生まれた雑種には両親から受け継いだどちらの粒子も破壊されることなく存在するが、片方だけが自らの存在を表に現す。

メンデルは一八五七年から一八六四年にかけて、何ブッシェルものエンドウマメの鞘をむき、「黄色い種、緑色の子葉細胞、白色の花」といったように交雑実験の結果を無我夢中で表にしていった。結果には驚くほどの一貫性があった。修道院の庭の小さな一画からは圧倒的な量のデータが生み出された。二万八〇〇〇の苗木、四万の花、四〇万近くの種子。「実際、これほど途方もない労働をするには、勇気が必要だった」[12]とメンデルはのちに書いている。だが「勇気」というのは適切な言葉ではない。彼の仕事にはまちがいなく、勇気以上の何かがあった。「やさしさ *tenderness*」という言葉でしか表せないものが。

「やさしさ」という言葉は普通、科学や科学者を語る際には使われない。農民や庭師の仕事である、「世話をすること *tending*」と同じ語源を持つ。同じ語源を持つ語にはほかに「伸長 *tension*」がある。エンドウマメのつたが太陽に向かって伸びるように導いたり、格子状の枠に絡まるように誘導したりする作業を指す言葉だ。メンデルは何よりもまず、庭師だった。彼の才能を開花させたのは、伝統的な生物学の深い知識ではなく（ありがたいことに、彼は生物学の試験に二度も失敗していた）、庭についての本能的な知識と、鋭い観察力、さらには異花受粉という骨の折れる作業や、子葉の色を表にするという緻密な作業であり、それらがほどなくして、従来の遺伝に関する概念では説明できない発見へと彼を導いたのだ。

メンデルの実験結果からわかったことは、遺伝というのは親から子へと受け渡される「個別の情報の粒子」でしか説明できないということだった。精子はひとつのコピー（ひとつの対立形質）を運び、

---

† メンデルのオリジナルのデータを分析した数人の統計学者が、メンデルはデータを捏造したにちがいないと主張した。メンデルが出した比率や数値は単に正確なだけではなく、あまりに正確すぎるというのが彼らの考えだった。統計学的なミスにしろ、自然なミスにしろ、メンデルはあたかもひとつのミスも犯していないかのようであり、そんなことはありえなかった。だが、あとから振り返ってみると、メンデルが積極的にデータを捏造したとは考えにくい。むしろ、以前の実験から仮説を立て、その仮説を立証するためにのちの実験をおこなった可能性のほうが高い。いったん予想どおりの数値や比率が確認されたあとは、彼はエンドウマメの数を数えたり、表をつくったりすることをやめた。この型破りなやり方は当時としてはめずらしいものではなかったが、それと同時に、メンデルの科学者としての純朴さを表してもいる。

卵子はもうひとつのコピー（もうひとつの対立形質）を運ぶ。このようにして生物は父親と母親から対立形質を片方ずつ受け継ぐ。その生物が精子（または卵子）をつくるときには、対立形質はふたたび分かれて片方だけが精子（あるいは卵子）に入り、次の世代でふたたび対立形質が対になる。そのどちらか一方の粒子の対立形質が「優性」である場合、「劣性」の対立形質は消えてしまうように見えるが、子が両親から受け継いだ対立形質がふたつとも「劣性」である場合には、その形質が表面に現れる。こうしたすべての過程をとおして、それぞれの対立形質が運ぶ遺伝情報は分割されず、粒子自体も割れることはない。

メンデルはまたドップラーの実験を思い出した。雑音の背後には音楽があり、無秩序の背後には秩序がある。単純な形質を受け継いだ純系の株を用いて雑種をつくるといったようなきわめて人為的な実験をおこなうことで初めて、そうした隠れたパターンを見いだすことができる。生物の明確な特徴（背が高い、背が低い、しわがある、まるい、緑色、黄色、茶色）の背後には、遺伝情報を運ぶ微粒子が存在し、その微粒子が世代から世代へと受け継がれていく。それぞれの形質は分解することができず、他の形質とははっきりと区別でき、独立しており、消すことができない。そのような遺伝の単位に名前をつけることこそしなかったが、メンデルは遺伝子の最も本質的な特徴を発見したのだ[†]。

ダーウィンとウォレスがロンドンのリンネ協会でそれぞれの論文を読み上げてから七年が経過した一八六五年二月八日、メンデルはあまりぱっとしないフォーラムで二部構成の自身の論文を口頭で発表した[*13]。聴講者は農民、植物学者、ブルノ自然協会の生物学者だった（論文の第二部は一カ月後の三月八日に読み上げられた）。この歴史的瞬間についての記録はほとんど残っていない。部屋は狭く、参加者は四〇人ほどだった。何十もの表や、形質や変異を表す難解な記号のちりばめられたその論文は、統計学者にとってすら難解なものであり、生物学者にはちんぷんかんぷんだったはずだ。植物学者というのは普通、数霊術などではなく、形態学を研究するものだ。当時の人々はきっと、何万もの雑種の標本の種子や花の変異体を数えるという作業に当惑したことだろう。神秘的な数の「ハーモニー」が自然界に潜んでいるなどというピタゴラスの概念は当時はもうすたれていた。メンデルが発表を終えるとすぐに、植物学の教授が立ち上がってダーウィンの『種の起源』や進化論について議論しはじめた。そこに居合わせた人々の中で、それらふたつのテーマの関連性に気づいた者は誰もいなかった。たとえメンデルが「遺伝の単位」と進化との関連性に気づいていたとしても（それ以前の彼のノートを見ると、メンデルが実際にそうした関連性について考察していたことがわかる）、それについて明確なコメントをすることはなかった。

メンデルの論文は《ブルノ自然科学会誌》に掲載された。[*14] 無口な男であるメンデルの文章はいっそう無口であり、一〇年近くにわたる膨大な研究の結果が、四四ページの見事なまでに退屈な論文にまとめられていた。論文のコピーはイングランドの王立協会とリンネ協会、ワシントンD・Cのスミソニアン博物館をはじめとする数十の機関に送られた。メンデル自身も四〇部のコピーを依頼し、そこ

† メンデルは、遺伝を支配している一般的な法則を自分が解明しようとしていることを知っていたのだろうか？ それとも、何人かの歴史学者が主張しているように、単にエンドウマメの雑種性について理解しようとしていただけだったのだろうか？ その答えはメンデルの論文の中にあるかもしれない。メンデルが「遺伝子」の存在をまったく知らなかったという事実は議論の余地がないが、「雑種の形状と、その親の形状との関係を」発見するために、「生物の成長計画がなぜ単一なのかを」理解するために、実験をおこなったと彼自身の言葉で書いている。実際、メンデルは論文のなかで「遺伝する」という言葉をさまざまな形で使っている。それを読んだ者は少なくとも、自らの研究の持つ深い影響にメンデルがほとんど気づいていなかったと主張することはできないはずだ。彼は遺伝の物質的な基礎と法則とを解き明かそうとしていたのだ。

にいくつもの注釈をつけて大勢の科学者に送った。一部をダーウィンに送った可能性があるが、ダーウィンがそれを実際に読んだという記録は残っていない[*15]。

そのあとにもたらされたのは、ある遺伝学者が書いているように、「生物学の歴史上最も奇妙な沈黙のひとつ[*16]」だった。一八六六年から一九〇〇年にかけて、メンデルの論文はわずか四回しか引用されておらず、事実上、科学文献の世界から消えてしまっていた。一八九〇年から一九〇〇年にかけては、アメリカとヨーロッパの政治家がヒトの遺伝とその操作についての疑問や関心を大いに抱いていたにもかかわらず、メンデルの名前も、彼の実験も忘れ去られたままだった。近代生物学の礎となった研究は無名の雑誌のページの中に埋もれたまま、衰退しつつある中央ヨーロッパの町の植物育種家に読まれただけだった。

一八六六年の大晦日（みそか）、メンデルはミュンヘンに住むスイスの植物生理学者カール・フォン・ネーゲリに手紙を送り、その中で自分の実験について説明した。ネーゲリは二カ月後にようやく（返事を遅らせることによって、距離を置きたいという意思をほのめかしていた）、礼儀正しくも冷淡な返事を書いた。評判のいい植物学者であるネーゲリは、メンデルという人物も、メンデルの研究も評価してはいなかった。素人科学者に対して本能的な不信感を抱いており、メンデルからの最初の手紙には、困惑させられるほどの軽蔑（けいべつ）をにじませたメモを書き込んでいる。「これは経験的な結果でしかない……合理的に証明することはできない[*17]」あたかも実験的に推定された法則というのは、人間の「理性」によってゼロからつくられた法則に劣るとでもいうように。

メンデルはたたみかけるように、さらに手紙を送った。科学者仲間の中でもとくにネーゲリから一目置かれたいと熱望していたため、彼の文章は熱烈で、必死だった。「私が得た結果が現在の科学と簡単には両立しないことは承知していました[18]」とメンデルは書き、さらに「孤立した実験というのはとくに危険なのかもしれません[19]」とつけ加えている。ネーゲリは依然として注意深く、尊大で、ぶっきらぼうだった。エンドウマメの雑種の表をつくった結果、メンデルが根本的な自然の法則、つまり危険な法則に思い至ったなどという可能性はばかげているうえに、あまりに信じがたかった。メンデルが聖職の大切さを信じているのなら、それに固執すべきだと彼は考えていた。ネーゲリ自身も科学の世界の聖職に固執していたからだ。

ネーゲリは黄色い花を咲かせるヤナギタンポポを用いた研究をしており、ヤナギタンポポでも同じ結果が得られるかどうか試してみるようにとメンデルに勧めた。だが、それはひどくまちがった選択だった。メンデルがエンドウマメを選択したのは、深く考えた末のことだった。受粉によって繁殖し、変異体の形質が明確に区別され、異花授粉できる植物だったからだ。ところがヤナギタンポポは、（メンデルもネーゲリも知らなかったことだが）、花粉と卵細胞なしに無性生殖する植物だったために、異花受粉は事実上不可能であり、雑種はほとんどできなかった。予想どおり、結果は散々だった。メンデルはヤナギタンポポの雑種（実際のところ、雑種ではなかった）について理解しようと努力したが、エンドウマメで見られたようなパターンは何ひとつ見つけられなかった。一八六七年から七一年にかけて、彼は自分をさらに追い込み、修道院の庭のべつの一画に何千ものヤナギタンポポを植え、いつものハサミで雄しべを切り取り、いつもの絵筆で花粉を雌しべにつけた。ネーゲリへの手紙にはしだいに落胆の色がにじんでいった。ネーゲリもまれに返事を返したが、その文面は相手を見下したものだった。ブルノの独学の修道士の書いた、しだいに狂気じみてきたとりとめのない手紙のことなど、彼はほとんど気にしていなかった。

一八七三年一一月、メンデルはネーゲリに最後の手紙を送り[20]、実験を完了することができなかったとすまなそうに報告した。そして、ブルノの修道院の大修道院長に昇格したため、院長としての公務が忙しく、どんな植物であれ、もう実験はできそうにないと告げた。「私の植物を……ほったらかしにしなければならないとは、ほんとうに残念です[*21]」科学は脇に押しやられた。彼は修道院で政府からの徴税に対処しなければならず、新しい高位聖職者も任命しなければならなかった。請求書や手紙に埋もれ、メンデルの科学的な想像力は多忙な事務的業務のせいで徐々に枯れていった。

メンデルはエンドウマメの雑種についての歴史的な論文をただひとつ書いただけだった。一八八〇年代には健康が衰え、大好きだった庭仕事だけは続けたものの、仕事の量はしだいに制限していった。一八八四年一月六日、両足が浮腫でむくんだまま、メンデルはブルノで腎不全のためにこの世を去った[*22]。地元の新聞には死亡記事が載ったが、彼の実験についての言及はなかった。だが、メンデルという人物を的確に表していたのはその死亡記事ではなく、修道院の若い修道士が書いた次のような短い文章だった。「おだやかで、寛大で、心やさしい……花を愛した人でした[*23]」

「メンデルとかいう人」

種の起源は自然現象である。*1

——ジャン＝バティスト・ラマルク

種の起源は探究すべき対象である。*2

——チャールズ・ダーウィン

種の起源とは実験的検討の対象である。*3

——フーゴ・ド・フリース

一八七八年の夏、フーゴ・ド・フリースという名の三〇歳のオランダの植物学者がダーウィンに会うためにイングランドを訪れた。*4 それは科学的な目的のための訪問というよりも、巡礼だった。ダーウィンはそのときドーキングの姉の家に休暇で滞在中だったのだが、それでもド・フリースはダーウィンの居場所をどうにか突き止めて、彼に会うために旅立った。情熱的で興奮しやすい、痩せ型のド・フリースは、ロシアの怪僧ラスプーチンのような鋭い目つきとダーウィンにも負けない立派な顎ひげの持ち主で、若くしてすでに憧れのダーウィンを彷彿とさせるところがあった。彼はまた、ダーウィンのように粘り強かった。ふたりの会合はずいぶんと疲弊させられるものだったにちがいない。なぜなら、たったの二時間しか続かなかったうえに、ダーウィンは途中で退席して休憩を取らなければならなかったからだ。しかし、イングランドをたつときのド・フリースは、来たときとは別人だった。ほんの数時間会話を交わしただけで、ダーウィンはド・フリースの熱烈な思考に水路をつくり、思考の方向を永久に変えたのだ。アムステルダムに戻ったド・フリースは、それまでおこなっていた植物の巻きひげの動きについての研究を唐突にやめ、遺伝の謎を解き明かすことに打ち込みはじめた。

一八〇〇年代末には、遺伝という問題は生物学者にとってのフェルマーの最終定理のようなもので、神秘的ともいえる魅力のオーラをまとっていた。フェルマーという名の変わり者のフランスの数学者は、自らの定理の「驚くべき証拠」を得たと走り書きをしたものの、紙の「余白が少なかった[5]」ためにそれを書くことができなかったと述べている。そんなフェルマーと同じくダーウィンも、遺伝の謎を解き明かしたとあちこちで宣言していたものの、それを論文という形で発表したことは一度もなかった。「時間と健康が許すなら、自然の状態における生物の変動性について、べつの著書の中で議論するつもりだ[6]」と一八六八年に書いている。

ダーウィンはその主張に含まれる利害を自覚していた。進化論の運命を左右するのは遺伝理論だったからだ。変異を生み出す方法がなければ、そして、その変異をのちの世代に定着させる方法がなければ、生物が進化によって新しい性質を身につけるメカニズムは存在しない。しかし一〇年が経過しても、ダーウィンは書くと約束した「生物の変動性」についての本を執筆してはいなかった。ド・フリースの訪問からちょうど四年後の一八八二年、ダーウィンはこの世を去った[7]。今では若い生物学者たちが、ダーウィンが書くはずだった遺伝理論についてのヒントを探して、ダーウィンの著作を熟読していた。

ド・フリースもまた、ダーウィンの本を熟読し、そこに書かれているパンゲン説に注目した。身体の各器官の細胞から放出された「情報の粒子」が精子や卵子に集まり、整列するという説だ。しかし生物を組み立てるマニュアルであるメッセージが身体各部の細胞から出てきて、精子の中に集まるという考えはずいぶん途方もないものに感じられた。それではまるで精子が電報を集めて「人間の本」を書こうとしているかのようではないか。

加えて、パンゲン説やジェミュールを否定する実験的証拠も集まってきた。一八八三年、ドイツの発生学者アウグスト・ヴァイスマンはダーウィンのジェミュールによる遺伝理論を直接攻撃する実験をおこなった。*8 ヴァイスマンは五世代のマウスの尻尾を外科的に切除したのちに交配し、尻尾のない子が生まれてくるか確かめたのだ。だが頑固なまでに一貫して、子孫という子孫が完全な尻尾を持って生まれてきた。もしジェミュールが存在しているのなら、外科的に尻尾を切除されたマウスの子には尻尾がないはずだった。ヴァイスマンは合計九〇一匹のマウスの尻尾を立てつづけに切除したが、まったく正常な尻尾を持つ（わずかに短いということすらなかった）マウスが次から次へと誕生した。パンゲン説によれば「遺伝的な傷」（少なくとも、「遺伝的な尻尾」）を消すことは不可能なはずだった。実験自体はぞっとするようなものだったが、その実験によって、ダーウィンとラマルクの主張が否定された。

ヴァイスマンはそれに代わる過激な説を提唱した。すなわち、遺伝情報は精子と卵子の細胞だけに含まれており、獲得形質が精子や卵子に伝わる直接的なメカニズムはない、という説だ。キリンの祖先がどれほど一生懸命首を伸ばしても、その情報が遺伝物質に伝わることはない。ヴァイスマンはこの遺伝物質を「生殖質」と名づけ、*9 この生殖質こそが、生物が生物を生み出す唯一の方法だと主張した。実際、あらゆる進化は次世代への生殖質の垂直伝播としてとらえることができる。卵こそが、ニワトリがニワトリへと遺伝情報を受け渡す唯一の方法なのだ。

しかし生殖質の物質的性質とはどんなものだろうとド・フリースは考えた。絵の具のように、混ぜたり薄めたりできるのだろうか？　それとも、生殖質の情報はそれぞれが別々の小さな包みに入っているのだろうか？　決して壊れない、破壊されることのないメッセージのように？　ド・フリースはまだメンデルの論文に巡り合っていなかったが、メンデルと同じようにアムステルダム周辺の田舎を歩きまわって、植物のめずらしい変異体を集めはじめた。エンドウマメだけでなく、ねじれた茎や、二叉の葉や、斑入りの花や、毛の生えた葯や、コウモリの形をした種子などを持つ膨大な植物の標本集をつくった。まさに、奇形の寄せ集めだった。彼は次に、こうした変異体を正常な植物とかけ合わせ、その結果、変異体の形質は消えることなく、子孫に受け継がれることをメンデルと同様に発見した。花の色、葉の形、種子の性状などの形質は、それぞれが独立した別々の情報によってコードされており、それらの情報が個別に子孫へと受け継がれているように見えた。

しかし、ド・フリースにはメンデルのような決定的な洞察、つまり一八六五年にメンデルのエンドウマメ雑種実験をくっきりと照らし出した、稲妻のような数学的推論が欠けていた。ド・フリースは雑種実験の結果から、茎の長さなどの形質は分割できない情報の粒子によってコードされているのではないかと思った。それでは、変異体の持つひとつの形質をコードするにはどれくらいの粒子が必要なのだろう？　一個？　一〇〇個？　一〇〇〇個？

一八八〇年代、依然としてメンデルの研究については知らなかったが、ド・フリースは植物実験の量的分析に向けてゆっくり進んでいた。一八九七年に書いた画期的な論文「遺伝性の奇形（*Hereditary Monstrosities*）」[*10]の中で、彼は自分のデータを分析し、それぞれの形質はひとつの情報粒子に制御されていると論じた。どの雑種もそのような粒子をふたつ受け継いでいる。ひとつを精子から、もうひとつを卵子から。精子と卵子を介して子に受け渡される過程で、それらの粒子は分割することもなければ、情報が融合することもなければ、失われることもない。ド・フリースはその粒子を「パンゲン」と名づけた。[*11] 自らの語源を主張しているかのような名前だ。ド・フリースは確かに、ダーウィンのパンゲン説を系統的に覆しはしたが、最終的には、自分の師に敬意を表したのだ。

ド・フリースが依然として植物の雑種についての研究にどっぷりと浸かっていた一九〇〇年の春、ある友人が彼に古い論文を送った。友人の書斎にあったその論文は、骨の折れる研究をこつこつと続けた末に書かれたものだった。「雑種の研究をしていると聞いたので」と友人は書いていた。「メンデルとかいう人が書いた一八六五年の論文の写しを同封しました……何かの参考になるかもしれないと思って[*12]」

ある三月の灰色の朝に、アムステルダムの書斎で封筒を開け、論文の最初の段落に目を走らせているド・フリースの姿を想像せずにはいられない。論文を読みながら、彼は既視感で背筋がぞくぞくするのを感じたにちがいない。「メンデルとかいう人」は三〇年以上もド・フリースに先んじていたのだ。ド・フリースはメンデルの論文の中に自らの疑問に対する答えを見つけた。自分の実験の完璧な裏づけだ。それは同時に、自分の独自性を脅かすものだった。彼はまるで自分がダーウィンとウォレスの物語を追体験しているかのような気がしたにちがいない。自分こそが発見者だと思っていたある科学的事実を、すでにべつの誰かが発見していたのだ。慌てたド・フリースは一九〇〇年の三月、植物雑種についての論文を大急ぎで出版した。メンデルの実験についてはあからさまなまでに触れていなかった。世間の人はきっともうブルノの「メンデルとかいう人」のことも、その人のエンドウマメの雑種実験のことも忘れてしまったにちがいない。彼はのちに書いている。「謙遜は確かに美徳だが、謙遜しなければ、前進できる」[*13]

独立した、分割できない遺伝情報というメンデルの概念を再発見したのはド・フリースだけではなかった。ド・フリースが植物の雑種についての画期的な論文を発表したその年に、ドイツのテュービンゲンの植物学者カール・コレンスがエンドウマメとトウモロコシの雑種についての実験結果を発表した。[*14] そこに書かれていたのはメンデルの実験とまったく同じ結果だった。皮肉なことに、コレンスはミュンヘンのネーゲリの生徒だった。しかしメンデルを素人の変人とみなしていたネーゲリは、「メンデルとかいう人」から送られてきたエンドウマメの雑種に関する大量の手紙についてはコレンスに話していなかった。

メンデルの大修道院から約六五〇キロメートル離れたミュンヘンとテュービンゲンの庭で、コレンスは背の高いものと低いものをかけ合わせ、雑種と雑種をかけ合わせるという骨の折れる実験をしていた。自分がメンデルのかつての実験を綿密に再現していることなどまったく知らなかった。実験を終えて、ようやく結果を論文にまとめる準備ができたころ、コレンスは参考文献を探すために図書館へ行き、そしてついに、ブルノの雑誌に埋もれたメンデルの論文を見つけた。

そしてウィーンでも（一八六五年にメンデルが植物学の試験に落第したまさにその地で）、若き植物学者エーリヒ・フォン・チェルマク＝ザイゼネックがメンデルの法則を再発見していた。フォン・チェルマクはハレの大学院生で、ヘントでエンドウマメの雑種の研究をしているときに、遺伝形質がまるで粒子のように世代から世代へと個別に伝わることを発見した。三人の科学者の中でいちばん若いフォン・チェルマクは、ド・フリースとコレンスの実験について聞き、その結果が自分の結果を完壁に裏づけていることに気づいた。そして、文献を探している最中に、メンデルなる人物を発見したのだ。彼もまた、メンデルの論文の冒頭部分を読みながら既視感でぞくぞくしたにちがいない。「それでもまだ私は、自分は新しいことを発見したのだと信じていた」[15]と彼はのちに、羨望と落胆をはっきりとにじませて記している。

一度再発見されただけでもう、メンデルには科学的な先見の明があったことが証明された。だが三度も再発見されるということは、侮辱以外の何ものでもなかった。一九〇〇年の三カ月という短い期間に発表された三つの論文がどれも、メンデルの研究に収束したという事実は、それまでの科学者たちの視野がいかに狭かったかを証明していた。なにしろ四〇年近くものあいだ、メンデルの研究を無視しつづけてきたのだから。最初の論文であからさまなまでにメンデルについて触れなかったド・フリースですら、メンデルの貢献を認めざるをえなかった。ド・フリースが論文を発表した直後の一九〇〇年の春、カール・コレンスは、ド・フリースはメンデルの研究を意図的に盗んだのであり、科学的な剽窃行為を犯したも同然だと指摘した（「奇妙なまでの偶然により」[16]とコレンスは言葉を選んで書いている。ド・フリースは論文の中で「メンデルと同じ言葉」を使っている）。ド・フリースはついに降参した。植物雑種の分析についての次の論文では、メンデルを称賛し、自分の研究はメンデルの研究の「延長」にすぎないことを認めた。

しかしド・フリースはメンデルの実験からさらに一歩進んでいた。遺伝の単位の発見こそメンデルに先を越されたが、遺伝と進化についてより深く掘り下げた結果、メンデルをも当惑させたはずの考えを思いついたのだ。「そもそも変異体はどのようにして生じるのだろう？」どんな力が、背の高いエンドウマメや低いエンドウマメをつくったり、紫の花や白い花のエンドウマメをつくったりしているのだろう？

その答えもやはり庭にあった。いつものように植物採集のために田舎を歩きまわっているときに、彼はサクラソウが広範囲に群生している場所を見つけた。[*17]（皮肉にも、ほどなく知ることになるのだが）それはラマルクにちなんで名づけられた*Oenothera lamarckiana*、つまりオオマツヨイグサという種だった。ド・フリースはその場所で採取した五万個の種子を栽培した。オオマツヨイグサはその後の数年にわたって勢いよく増えつづけ、その過程で八〇〇もの新たな変異体が自然に発生した。巨大な葉を持つもの、毛深い茎のもの、花の形が奇妙なもの。自然はめずらしい怪物を自発的に吐き出しており、それこそが、進化の第一歩としてダーウィンが提唱したメカニズムだった。自然界に備わった気まぐれな性質から、ダーウィンはそうした変異体を「変種（スポート）」と呼んだが、ド・フリースはより厳粛な響きの言葉を選び、「変化」を意味するラテン語から取って、それらを「突然変異体（ミュータント）」と名づけた。[†*18]

ド・フリースは自らの観察結果の重要性にすぐに気づいた。こうした突然変異体こそが、ダーウィンのパズルの欠けたピースにちがいなかった。事実、自然発生的な突然変異体（たとえば、巨大な葉を持つオオマツヨイグサ）の発生と自然選択を組み合わせたなら、ダーウィンの冷徹な進化のエンジンが自動的にかかることになる。突然変異が変異体を生み、正常な生物の集団の中でときおり、長い首のレイヨウや、短いくちばしのフィンチや、巨大な葉の植物が自然に発生する（ラマルクの考えとは対照的に、こうした突然変異体は意図的につくられるのではなく、偶然によって生まれる）。こうした変異体の性質は遺伝する。つまり精子や卵子の中の情報として運ばれる。動物が生き残りをかけて闘う中で、最も環境に適応した変異体が次々と選択されていく。そうした突然変異は子に受け継がれ、そのようにして新種が誕生し、進化が進んでいく。自然選択は個体に作用するのではなく、それらの遺伝単位に作用する。ニワトリというのは卵にとって、よりよい卵をつくるための手段にしかすぎないのだとド・フリースは気づいた。

フーゴ・ド・フリースがメンデルの遺伝理論へと改宗するまでには二〇年というひどく長い年月を要したが、イギリスの生物学者ウィリアム・ベイトソンの場合は、たったの一時間しかかからなかった。[*19] 一九〇〇年の五月にケンブリッジからロンドンまで列車に乗っていた時間だ。[‡] その晩、ベイトソンは王立園芸協会で遺伝についての講義をするためにロンドンへ向かった。しだいに闇に包まれていく湿地帯を列車が進んでいくあいだ、ベイトソンはド・フリースの論文のコピーを読み、そしてすぐさま、個別の遺伝単位というメンデルの考えを受け入れた。それはベイトソンの運命を変える旅となった。ヴィンセント・スクエアにある協会のオフィスに到着するころには、彼の頭はせわしなく動いていた。「われわれは今、最も重要な新原理の存在下にいる」[*20] と彼は講義室で語った。「だがその原理がこの先われわれをどのような結論に導くかを予言することはできない」その年の八月、ベイトソンは友人のフランシス・ゴールトンに手紙を書いた。「メンドル（スペルミスをしている）という人物の論文を読んでみてください。遺伝についてこれまでおこなわれてきた研究の中で最もすばらしいもののひとつです。今まで忘れ去られてきたとは驚きです」[*21]

ベイトソンは自らの個人的使命として、一度は忘れ去られたメンデルがもう二度と忘れ去られないようにしようと心に誓った。彼が最初にしたことは、ケンブリッジで独自にメンデルの研究を追認す

† ド・フリースの「突然変異体」は実際には自然発生的な変異体ではなく、戻し交雑（第一代雑種とその親の一方との交雑）の結果だった。

‡ 列車に乗っている最中にベイトソンがメンデルの説に「改宗」したという逸話を広めたのは数人の歴史学者だ。その逸話は彼の伝記にもよく登場するが、ベイトソンの学生が劇的な効果をねらって話に尾ひれをつけた可能性もある。

ることだった。[22] さらに、ロンドンでド・フリースと会い、彼の実験の厳密さと科学的バイタリティに感銘を受けた（ド・フリースのヨーロッパ人的な慣習には眉をひそめたが。ド・フリースは夕食の前の入浴を拒んだ、とベイトソンはこぼしている。「彼の衣服は悪臭を放っていた。シャツはおそらく週に一度しか変えていないはずだ[23]」）。メンデルの実験データと自らが得た証拠によって確信を強めたベイトソンは、人々を改宗させるべく動きだした。顔貌も気質もブルドッグに似ていたために「メンデルのブルドッグ」というあだ名をつけられた彼は、ドイツ、フランス、イタリア、アメリカを巡って、メンデルの発見に焦点をあてた遺伝学の講演をした。[24] 自分は今、生物学の大革命を目撃しているのだという自覚がベイトソンにはあった。というよりもむしろ、助産師的役割をはたしているのだ。遺伝の法則の解読は、「今後もたらされると予想される自然についてのどんな知識」よりも深く、「世界に対する人間の見方と、自然に対する人間の力[25]」を変えるはずだと彼は書いている。

　ケンブリッジでは、若い学生たちがベイトソンのまわりに集まって、新しい遺伝の科学を学んだ。自分のまわりで生まれつつある新たな分野に名前をつけなければならないとベイトソンは思った。遺伝の単位を指すのにド・フリースが用いたパンゲン *pangene* という言葉を延長して、パンジェネティックス *Pangenetics* と呼ぶのが妥当に思えた。しかしパンジェネティックスという言葉はいやおうなしに、遺伝情報に関するダーウィンのまちがった理論という重荷を背負うことになる。「現在一般的に使われている言葉で、そうした意味を持つ言葉はひとつもない。だが是が非でも、そうした言葉が必要なのだ[26]」とベイトソンは記している。

　一九〇五年、代案を探してもがきつづけていたベイトソンはついに、新しい言葉を思いついた。[27] 遺伝と変異体についての研究を指す、遺伝学 *Genetics* という言葉だ。語源は、「産む」という意味のギリシャ語 *genno* だった。

ベイトソンはこの誕生したばかりの科学が社会や政治に与える影響の大きさにはっきりと気づいていた。「人々が実際に啓発され、遺伝についての事実が……一般に知られるようになったら……どうなるだろう？」[28]と彼は一九〇五年に、驚くべき先見の明をもって書いている。「ひとつ確かなことがある。人類が遺伝に干渉しはじめるということだ。おそらくイギリスにおいてではなく、より過去と訣別する用意のできた、〝国家的な効率〟を渇望している国で……。だが、将来的な影響が未知数だからといって、実験が長いあいだ延期されたためしはない」

不連続であるという遺伝の性質が、ヒトの遺伝学の未来に途方もなく大きな影響をもたらす可能性があることを、ベイトソンは彼以前のどの科学者よりも深く理解していた。もし遺伝子が実際に独立した情報の粒子だとしたら、そうした粒子を選択したり、純化したり、操作したりすることが可能になるはずである。「望ましい」特性の遺伝子が選択されたり、増強されたりし、反対に、望ましくない遺伝子は遺伝子プールの中から消されるだろう。原理上、科学者は「個人の構成」と、国家の構成を変えることができるようになり、人間のアイデンティティに永久に消えない印を残せるようになる。「ある力が発見されたなら、人間は必ずそれを手に入れようとする」とベイトソンは陰鬱に書いている。「遺伝の科学はまもなく、とてつもない規模の力を人類に与えるだろう。そしてどこかの国では、それほど遠くはない未来のどこかの時点で、その力が国家の構成を操作するために使われることだろう。その国にとって、あるいは人類全体にとって、そうした操作が最終的に善となるか悪となるかはまたべつの問題である」ベイトソンはすでに遺伝の世紀を見越していたのだ。

優生学

環境と教育を改善すれば、すでに生まれた世代を改良することができるかもしれない。血を改善すれば、今後生まれるすべての世代を改良できるはずだ。[*1]

——ハーバート・ウォルター『遺伝学（*Genetics*）』

優生学者というのはたいてい婉曲表現を使う。私が言いたいのはつまり、優生学者は短い言葉を聞くと驚き、長い言葉を聞くと心が鎮まるということだ。彼らにはひとつの言葉をべつの言葉に翻訳するということができない……「われわれの前の世代が長寿だったために、それが重荷となって不均衡が生まれないように、とりわけ女性にとって負担にならないようにしなければならない」と彼らに言ってみるといい。すると彼らは身体をわずかに前後に揺らしはじめるだろう……「母親を殺せ」と言ったなら、いきなり背筋を伸ばすだろう。[*2]

——G・K・チェスタトン『優生学と諸悪（*Eugenics and Other Evils*）』

チャールズ・ダーウィンの死から一年後の一八八三年、ダーウィンのいとこのフランシス・ゴールトンが挑発的な本『人間の能力とその発達の探究（*Inquiries into Human Faculty and its*

Development)』を出版し、その中で、人類を改良する戦略について記した[3]。ゴールトンの考えは、自然選択のメカニズムをまねるというシンプルなものだった。生き残りと選択をとおして、自然が動物にこれほどまでにすばらしい効果をおよぼすことができるなら、人間の介入によって、人類を優れたものにする過程を加速させることができるのではないかと彼は考えたのだ。最も強く、最も賢く、「最適な」人間を選択的に、つまり不自然な選択によって増やしたならば、自然が無限に長い年月をかけて達成しようとしてきたことを、ほんの数十年で達成できるのではないか。

ゴールトンはこの戦略に名前をつけなければならないと考えた。「人種を改良するための科学を表す簡潔な言葉がどうしても必要だ[4]」と彼は書いている。「適切な人種や血統が、あまり適切ではない人種に対して早く優位に立てるようにする科学だ」ゴールトンには、優生学 *eugenics* という言葉が最適に思えた——「少なくとも、私がかつて使っていた *viriculture* という言葉よりは簡潔だ[5]」。それはギリシャ語の接頭語 *eu*（「よい」）と発生 *genesis* を組み合わせた言葉で、「よい」とは「集団の中で優れた者、高潔な性質を遺伝的に与えられた者」を指していた。自分の才能を疑ったことのないゴールトンは、その造語に深く満足した。「ヒトの優生学はまもなく、実用的な重要性が最も高い学問として認められるだろう。一刻も早く、さまざまな人物について、個人や家族の歴史をまとめなければならない[6]」

ゴールトンはメンデルと同い年で、一八二二年の冬に生まれた。いとこのチャールズ・ダーウィンが生まれてから一三年後だ。近代生物学の天才ふたりに挟まれて、彼は科学という分野における自身の能力不足を痛感せざるをえず、そしておそらく、自分の能力不足にいら立ったはずだ。なぜなら彼もまた、偉大な科学者になるはずだったからだ。父親はバーミンガムの裕福な銀行家で、母親はチャールズ・ダーウィンの祖父でもある、博識家で医師のエラズマス・ダーウィンの娘だった。神童だったゴールトンは二歳で字が読めるようになった。[*7] 五歳でギリシャ語とラテン語を話し、八歳で二次方程式が解けるようになった。ダーウィンと同じく昆虫採集をしたが、いとこのような根気強さや分類学的思考を持ち合わせてはおらず、すぐに採集に飽きて、より野心的な探究を始めた。しばらく医学を学んだあとで進路を変え、ケンブリッジ大学で数学を学びはじめた。[*8] 一八四三年には優等学位試験に挑戦したものの、神経衰弱を患い、療養のために実家に帰った。

チャールズ・ダーウィンが進化についての最初のエッセイを執筆していた一八四四年の夏、ゴールトンはイギリスをたってエジプトとスーダンを訪れた（彼は生涯で何度もアフリカを訪れるのだが、これが最初の旅だった）。しかし一八三〇年代にダーウィンが南アメリカの「先住民」と出会った際には、人間の祖先が共通であるという確信を強めたのに対し、ゴールトンにはちがいしか見えなかった。「野蛮な人種を存分に見たことによって、残りの人生の研究テーマができた[*9]」と彼は述べている。

一八五九年、ゴールトンはダーウィンの『種の起源』を読んだ。というよりも、「むさぼり読んだ」といったほうがいいかもしれない。まるで電気ショックを受けたかのように、頭がぼうっとし、それと同時に心が奮い立った。羨望と、プライドと、感嘆で胸が爆発しそうになった。「まったく新しい知識分野の洗礼を受けました[*10]」と彼はダーウィンに熱狂的に書き送った。

ゴールトンがとりわけ探究したいと思った「知識分野」とは遺伝だった。フリーミング・ジェンキンと同じくゴールトンも、自分のいとこは原則を正しく理解してはいるが、メカニズムを理解していないことにすぐに気づいた。ダーウィンの理論を理解するには遺伝の性質を理解することが不可欠だった。遺伝と進化は陰と陽の関係にあり、そのふたつの理論は根本的につながっているにちがいなかった。それぞれが互いを支え、完成させているにちがいない。もし「いとこのダーウィン」がパズルの半分を解いたなら、「いとこのゴールトン」が残りの半分を解くように運命づけられているのだ。

一八六〇年代半ば、ゴールトンは遺伝について学びはじめた。細胞から放出された遺伝情報が瓶の中のメッセージのように血液中を漂っているとするダーウィンの「ジェミュール」説が正しいのなら、輸血によってジェミュールも移行し、その結果、遺伝に変化をおよぼすはずだと考えた。そこでゴールトンは、ジェミュールを移すために、ウサギにべつのウサギの血液を輸血してみた。[*11] さらに、遺伝情報を理解するために、植物を使った実験すらおこなった（よりによってエンドウマメを使った）。しかしゴールトンは実験が苦手であり、メンデルのような天性の器用さも持ち合わせていなかった。ウサギはショックで死に、エンドウマメは彼の庭でしおれていった。いら立ったゴールトンは実験対象をヒトへと移した。モデル生物を使っても遺伝のメカニズムが解明されないのならば、ヒトの差異と遺伝を測定することで、秘密を解き明かせるはずだと考えたのだ。その決意は彼の野望を反映していた。知性、気質、優れた身体能力、身長というように、考えうる中で最も複雑かつ多様な特徴から始める、トップダウンのやり方を採用しようと考えたのだ。だがそれこそが、遺伝学との全面戦争へと彼を突入させることになる決意だった。

人間の差異を測定することによってヒトの遺伝モデルをつくろうと試みたのはゴールトンが初めてではなかった。一八三〇年代と一八四〇年代にかけて、天文学者から生物学者へと転向したベルギーの科学者アドルフ・ケトレーが、ヒトの特徴を測定し、統計学的手法を用いて分析した。ケトレーのやり方は厳密で包括的だった。「これまで研究されたことのないなんらかの法則にしたがって、ヒトは生まれ、成長し、死ぬのである」[*12] とケトレーは書いている。彼は五七三八人の兵士の胸囲と身長を表にし、胸囲と身長が滑らかなベル型のカーブを描いて分布していることを示した。[*13] 実際、ケトレーが何を測定しても、同じパターンが繰り返された。ヒトの特性というのは、行動ですら、ベル型のカーブを描いて分布していたのだ。

ゴールトンはケトレーの測定に影響を受け、ヒトの差異の測定をより深く探究しはじめた。知性や、知的業績や、美しさといったような複雑な特徴も同じように分布しているのだろうか？ このような性質を測定する道具が存在しないことはわかっていた。だが道具がないのなら、つくればいいではないか（「可能なときには、いつでも数えるべきだ」[14]と彼は書いている）。知性の代用として、彼はケンブリッジ大学の数学の優等学位試験（皮肉なことに、彼が落第したまさにその試験）の成績を入手して、試験の成績ですら、概算すればベル型に分布していることを示した。さらに、イングランドとスコットランドを歩きまわって、「美しさ」をも表にした。ポケットの中に隠し持ったカードをピンで刺すという方法で、出会った女性をひそかに「魅力的」、「興味なし」、「不快」に分類したのだ。ふるい分け、評価し、数え、表をつくる。そんなゴールトンの目を逃れることのできたヒトの特性というのはなかったようだ。「視覚と聴覚の鋭さ、色彩感覚、視覚による判断力、呼吸の力、反応時間、握力、息を吹く力、指極（両腕を横に広げたときの幅）、身長……体重」[15]

次にゴールトンは測定からメカニズムへと移った。こうした人間の多様性は遺伝するのだろうか？ どのような方法で？ ここでもまた彼は単純な生物を飛び越して、まっすぐにヒトへと向かった。エラズマスを祖父に持ち、ダーウィンをいとこに持つという彼自身の優れた血統自体がそもそも、才能というのは家系的なものだということの証拠なのだろうか？ さらなる証拠を集めるために、ゴールトンは名士たちの家系図をつくりはじめた[16]。その結果、一四五三年から一八五三年のあいだに生存した六〇五人の著名人の中に、家系的なつながりが一〇二あることがわかった。すなわち、名士の六人にひとりが家系的につながっているということだった。名士に息子がいる場合、その息子が名士である可能性は一二分の一だった。一方、「無作為に」選ばれた男性の場合には、名士は三〇〇〇人にひとりしかいなかった。要するに、卓越性とは遺伝するのだとゴールトンは主張した。主人は主人をつくる。貴族階級が受け継がれるからではなく、知性が受け継がれるからだ。

名士の息子が名士になるのは、その息子が「昇進するのにより有利な立場にある」からではないかという当然考慮されるべき可能性についてもゴールトンは考えに入れた。遺伝の影響と環境の影響を区別するために、「生まれか育ちか」という記憶に残るフレーズを考え出したのもゴールトンだった。しかし階級や地位についての彼のこだわりはあまりに深く、自分自身の「知性」が単に、特権と機会の副産物にすぎないかもしれないという考えを受け入れることはできなかった。天才は遺伝子の中に書き込まれていなければならず、純粋なる遺伝の影響だけが、こうしたパターンを説明できるはずだった。彼はそうしたいかにももろい確信をバリケードで囲み、どのような科学的な攻撃からも守ろうとした。

ゴールトンはデータの大部分を『遺伝的天才（*Hereditary Genius*）』という題名の本にまとめて出版した。[17]内容は野心的だがとりとめがなく、ところどころ支離滅裂だった。本の評判はよくなかった。ダーウィンも読んだが、その内容に納得することはなく、次のような遠まわしな言い方でいとこをこき下ろした。「あなたの本を読んで、私は自分がまちがっていたことに気づきました。というのも、私はずっとこう主張してきたからです。愚か者はべつとして、人間の知性というのはたいしてちがわない。ちがうのはただ、熱意と努力だけだと[18]」。ゴールトンはプライドを飲み込み、それ以降、家系についての新しい研究をおこなうことはなかった。

ゴールトンはおそらく、家系図プロジェクトには本質的な限界があることを悟ったにちがいない。ほどなくして彼はそのプロジェクトを完全にやめ、より強力な経験的アプローチを使いはじめた。一八八〇年代半ば、彼は人々に「調査書」を送り、家系の記録を調べてデータを表にし、両親と祖父母と子供たちの身長、体重、目の色、知性についての詳しい測定結果を書いて送ってほしいと依頼した（彼が受け継いだ最も具体的なものであるゴールトン家の財産がここで役に立った。申し分のない調査結果を送り返してくれた人物にはかなりの手数料を支払うと申し出たのだ）。実際の数字で武装して、ゴールトンはようやく、何十年ものあいだ熱烈に追いかけては逃してきた「遺伝の法則」を捕まえた。

その法則の大部分は直感で理解できるものだった。とはいえ、ちょっとしたひねりはあったが。背の高い両親からは背の高い子供が生まれる傾向にあったものの、それは平均での話だった。背の高い男女の子供は確かに平均身長よりも高かったが、やはりベル型の分布を示しており、両親より背の高い子供もいれば、低い子供もいた。[†] こうしたデータの背後に遺伝の一般的法則が潜んでいるとしたら、それは、人間の特性というのは連続的なカーブを描いて分布しており、親の世代の連続的な多様性が子の世代の連続的な多様性を生んでいるということだった。

多様性にも法則（背後のパターン）があるのだろうか？　一八八〇年末、ゴールトンはすべての調査結果を統合して、遺伝についての大胆な仮説を立てた。ある人間のどんな特性（身長、体重、知性、美しさ）も祖先から受け継がれた遺伝のパターンによって生じているという仮説だ。両親が子供の特性の半分を提供し、祖父母が四分の一を、曾祖父母が八分の一を……といった具合に。そのパターンは最も遠い先祖まで続き、すべての貢献を1／2＋1／4＋1／8……のように足していくと、都合がいいことに、その和は1になる。ゴールトンはその法則を「先祖の遺伝法則」と名づけた。[*19] まるで数学的なホムンクルス（ピタゴラスとプラトンから拝借した考え）が比や分母で着飾って、近代的な響きを持つ法則の中に登場したかのようだった。

その法則の最もすばらしい点は、遺伝の実際のパターンを正確に予測できることだとゴールトンは考えた。一八九七年、犬の血統に対するイギリス人のこだわりのおかげで、彼はそれを実証するための理想的な例を見つけた。一八九六年にサー・エヴァレット・ミレーが発表した『バセット・ハウンド・クラブ・ルール』[*20]という貴重な冊子を見つけたのだ。そこには、多数の世代にわたるバセット・ハウンドの毛色が記されており、ゴールトンが大いに安堵したことに、彼の法則を使えば、すべての世代の毛色を正確に予測できることが判明した。自分はついに、遺伝の暗号を解いたのだと彼は思った。

しかしそう思ったのもつかの間だった。ゴールトンは一九〇一年から一九〇五年にかけて、メンデルの法則の最も熱心な擁護者であるケンブリッジ大学の遺伝学者で、彼にとっての恐るべきライバルであるウィリアム・ベイトソンと闘うことになったのだ。カイゼルひげのせいで、笑うと顔をしかめているように見える、横柄な態度と頑固な性格の持ち主であるベイトソンがゴールトンの方程式に心を動かされることはなかった。彼は、バセット・ハウンドのデータは異常か不正確のどちらかだと主張した。美しい法則というのはしばしば醜い事実によって殺される。ゴールトンの永遠に続く方程式がいかに美しく見えようとも、ベイトソン自身がおこなった実験はあるひとつの事実をきっぱりと指し示していた。遺伝情報は個々の遺伝単位によって運ばれるという事実だ。幽霊のような先祖から伝

† 実際に、並外れて背の高い父親を持つ息子の平均身長は、父親の身長よりやや低い（集団の平均身長により近い）傾向にあった。まるで極端な特質を中心に向かって引き寄せる、目には見えない力がつねに働いているかのように。平均への回帰と呼ばれるこの発見は、測定の科学や、差異の概念に強力な影響をおよぼすことになり、ゴールトンが統計学にもたらす最も重要な貢献となる。

わる二分の一のメッセージや、四分の一のメッセージなどによってではなく。風変わりな科学的血統を持つメンデルと、いつ入浴したかわからないド・フリースのほうが正しかった。子供というのは確かに先祖の合成によってできたものだが、その合成のしかたはとてもシンプルであり、半分を母親から、残りの半分を父親から受け継いだだけだった。父親と母親がそれぞれ、子供をつくるための情報を一セットずつ提供しているだけなのだ。

　ゴールトンはベイトソンの攻撃から自説を守った。ふたりの著名な生物学者であるウォルター・ウェルドンとアーサー・ダービシャー、そして卓越した数学者であるカール・ピアソンも「先祖の法則」の擁護にまわり、議論はすぐに全面戦争の様相を呈しはじめた。[*21] かつてはケンブリッジ大学でベイトソンを教えていたウェルドンが、今では最も激しくベイトソンを攻撃していた。ベイトソンの実験に「とんでもなく不十分な実験」というレッテルを貼ったうえに、ド・フリースの研究結果も信じようとしなかった。ピアソンはその間に科学雑誌《バイオメトリカ》（生物学的測定〔バイオロジカル・メジャメント〕から取った名前）を創刊し、その雑誌をゴールトンの説のスポークスマンにした。

　一九〇二年、ダービシャーは、メンデルの仮説が誤りであることを明確に証明したいという思いから、マウスを用いた新たな実験を立てつづけにおこなった。ゴールトンの正しさを証明しようと、彼は何千匹ものマウスを交配した。だが、雑種第一代と、それらを交配させて生まれた第二代を分析した結果、あるパターンが明らかになった。[*22] 得られたデータは、メンデルの遺伝理論でしか、すなわち、分割できない形質が世代から世代へと伝わっていくという理論でしか説明できないものだったのだ。最初は抵抗していたダービシャーも、もはやデータを否定することはできなかった。彼はついに、メンデルが正しいことを認めた。

　一九〇五年の春、ウェルドンは休暇を過ごすためにローマを訪れた際にベイトソンとダービシャーのデータのコピーを大量に持っていき[23]、怒りを煮えたぎらせながらそれらを読んで、まるで「事務員」のように、ゴールトンの説に合致するようにデータを改変しようとした[24]。その年の夏、イングランドに戻ったときには、自らの分析によってベイトソンらの研究結果を覆したいという思いを抱いていたが、肺炎にかかって四六歳という若さで自宅で急死した。古い友人であり師でもあったウェルドンのために、ベイトソンは感動的な死亡者略歴を書いた。「私が人生で最も重要な目覚めを経験できたのは、ウェルドンのおかげだった」と彼は回想している。「だがこれは、私自身の魂が感じている個人的な恩義である[25]」

ベイトソンの「目覚め」は少しも個人的なものではなかった。一九〇〇年から一九一〇年にかけて、メンデルの「遺伝の単位」の証拠が増えていくにつれ、他の生物学者たちも新しい理論の衝撃に直面したのだ。その理論は深い意味を持っていた。アリストテレスは遺伝を情報の流れとして、卵子から胎児へと流れる暗号の川として見直した。それから何世紀もたって、メンデルはそうした情報の本質的な構造、つまり暗号のアルファベットを偶然発見した。アリストテレスが世代から世代へと続く情報の流れを描写したのだとしたら、メンデルは情報の通貨を発見したのだ。

だがひょっとしたら、さらに大きな原理が存在するのかもしれない、とベイトソンは考えた。生物学的情報の流れはなにも遺伝だけに限定されているわけではなく、生物学全般にわたって存在しているではないか。遺伝形質の伝達は情報の流れのひとつの例にすぎない。概念上の目を凝らしてより深く見たならば、生物界全体を情報が動きまわっていることが容易にわかるはずだ。胚の成長、太陽に向かう植物の伸長、ハチのダンス。そうしたあらゆる生物学的な活動が、コードされた指示の解読を必要としている。ならばメンデルは、そうした指示の本質的な構造をも発見したということなのだろうか？　情報単位はそうした活動をも導いているのだろうか？　「自分自身がおこなっているさまざまな活動を眺めたならば、メンデルの手がかりがその中を駆けめぐっているのに気づくはずだ[*26]」とベイトソンは提唱した。「われわれは自分たちの前に広がる新しい国の端にようやく触れただけだ[*27]……もたらされる結果の重要性という点において、遺伝の実験的研究はどんな科学分野にも劣らない[*28]」

「新しい国」は新しい言語を必要とする。メンデルの「遺伝の単位」に名前をつけなければならなかった。現在の意味での「原子 *atom*」という単語が最初に科学的用語として使われたのは一八〇八年のジョン・ドルトンの論文の中でのことだった。そのちょうど一世紀後の一九〇九年の夏、植物学者のウィルヘルム・ヨハンセンが遺伝の単位を示す新語をつくった。彼は最初、ダーウィンに敬意を表して、ド・フリースの「パンゲン *pangene*」を使おうと考えた。だがダーウィンは実際には遺伝の単位の概念を誤解しており、「パンゲン *pangene*」は誤解の記憶をずっと引きずることになりそうだった。そこでヨハンセンは「パンゲン *pangene*」を縮めて「遺伝子 *gene*」とした[*29]（発音のまちがいを避けたいという思いから、ベイトソンは *gen* にしたかったが、時すでに遅く、英語の単語を細かく分割するというヨーロッパ大陸人独特の習慣から生まれたヨハンセンの新造語は、こうして定着した）。

ドルトンが原子を理解していなかったのと同じように、ベイトソンもヨハンセンも遺伝子の正体をまったく理解していなかった。その物質的な形も、物理学的な構造や化学的な構造も、体内や細胞内での位置も、さらには、その働きのメカニズムすらわからなかった。遺伝子という新語はある機能を表すために生まれたが、その機能とは抽象概念だった。遺伝子は作用によって定義されていた。つまり遺伝情報を運ぶという作用だ。「言語はわれわれの召し使いであるだけでなく」とヨハンセンは書いている。「われわれの主人でもある。修正された新しい概念がつくられつつある場合には、新たな用語を生み出すのが望ましい。ゆえに、私は〝遺伝子*gene*〟という語を提唱した。〝遺伝子*gene*〟というのは応用のきく短い用語であり、近代のメンデル派の研究者が示した〝単位因子〟を表すのに役立つはずだ」。彼はさらに、「〝遺伝子*gene*〟にはどんな仮説も含まれていない」と述べている。「生物の多くの特徴が独特かつ個別かつ独立した形で……あらかじめ明記されているという明白な事実を表しているだけだ[*30]」

しかし科学では、用語イコール仮説だった。自然言語では、ある用語はある概念を伝えるために使われる。だが科学言語では、用語が伝えるのは概念だけではない。メカニズムや、結果や、予測も伝えるのだ。科学的な名詞は千もの疑問を投げかけうるが、「遺伝子」という概念はまさにそうだった。遺伝子の化学的・物理学的性質とはどのようなものだろう？　個体が持つ遺伝子の構成、つまり「遺伝型*genotype*」はどのようにして、表に現れる個体の形質、つまり「表現型*phenotype*」に翻訳されるのだろう？　遺伝子はどのようにして伝わるのだろう？　どこに存在しているのだろう？　どのように調節されているのだろう？　もし遺伝子が形質を指定する個別の粒子だとしたら、遺伝子のそうした性質と、身長や肌の色などの人間の特徴が連続的なカーブを描いて分布するという事実をどう関連づけたらいいのだろう？　遺伝子と発生はどう関係しているのだろう？

「遺伝学は誕生したばかりであり、その境界線がどこにあるのか……を言いあてることはできない」とある植物学者は一九一四年に書いている。「あらゆる探検と同じく研究においても、新しい鍵が発見されて新分野の入り口が開いたあとには、動揺の時期が訪れる[*31]」

「動揺の時期」が訪れても、ラトランド・ゲートの街のタウンハウスに閉じこもったフランシス・ゴールトンは、不思議なまでに落ち着いていた。生物学者たちがメンデルの法則を急いで受け入れ、その法則から導かれる結論を見極めようとしているときも、ゴールトンはおだやかで、無関心であり、遺伝の単位が分割できるかできないかなどということに頭を悩ませてはいなかった。彼が気にしていたのは、遺伝は利用できるかできないか、つまり人間の利益のために遺伝を操作することができるかどうかという点だった。

歴史学者のダニエル・ケヴルズは書いている。「産業革命によってもたらされた技術革新はそこらじゅうで、人間には自然を支配できることを裏づけていた[*32]」ゴールトンは遺伝子を発見することこそできなかったが、遺伝子技術を生み出す機会を逃すつもりはなかった。彼はすでに新しい学問に名前すらつけていた。「優生学」という名前だ。遺伝形質を人為的に選択し、選択された形質を持つ人間だけを増やすことによって人類を改良するための学問である優生学は、ゴールトンにとって遺伝学の応用にすぎなかった。農業が植物学の応用にすぎないのと同じように。「自然がやみくもに、ゆっくりと、冷酷におこなっていることを、人間は将来に備えて、迅速に、やさしくおこなう。その能力があるのなら、実現に向けて努力するのが人間の義務である」とゴールトンは記している。彼はその概念をメンデルの法則が再発見される三〇年も前の一八六九年に『遺伝的天才』の中で初めて提唱したものの、それ以上掘り下げることはなく、代わりに遺伝のメカニズムの探究に集中したのだった。しかしベイトソンとド・フリースによって「先祖の遺伝」という自らの仮説が少しずつ覆されていくにつれ、ゴールトンは記述から規範へと興味の方向を急転換させたのだ。彼は確かに、ヒトの遺伝の生物学的原理を誤解していたかもしれないが、少なくとも、生物学的原理をどう応用すればいいかはわかっていた。「これは顕微鏡向けの問題ではない」と弟子のひとりが書いている。それはベイトソンと、モーガンと、ド・フリースに向けた辛辣で陰険な言葉だった。「社会的集団に偉大さをもたらす力についての……研究なのだ[*33]」

一九〇四年の春、ゴールトンはロンドン・スクール・オブ・エコノミクスでの講演の中で、優生学について論じた。[*34] ブルームズベリーらしい晩だった。髪をきれいにセットして香水の香りを漂わせたきらびやかな市(まち)のエリートたちがゴールトンの講演を聴こうと講堂に集まった。ジョージ・バーナード・ショー、H・G・ウェルズ、社会改革主義者のアリス・ドライスデール＝ビケリー、言語哲学者のレディ・ウェルビー、社会学者のベンジャミン・キッド、心理学者のヘンリー・モーズリー。ピアソン、ウェルドン、そしてベイトソンも遅れて到着し、それぞれが互いに離れた場所に座った。彼らの中では依然としてお互いへの不信感が渦巻いていたのだ。

ゴールトンは一〇分ほど意見を述べ、優生学を「新しい宗教のように、国家的意識に導入しなければならない」[*35] と主張した。その基本的教義はダーウィンから拝借したものであり、ゴールトンはダーウィンの自然選択の論理を人間社会に移植していた。「どんな生物であれ、病んでいるよりも健康なほうがいい。虚弱であるよりも頑丈なほうがいい。要するに、どんな種にしろ、種の中の悪い個体であるよりは、よい個体であるほうがいいのだ。それはヒトも同じである」[*36]

優生学の目的は適者の選択を加速させることだった。その目的を達成するために、ゴールトンは強者だけを選択的に交配させることを提唱した。この目的のために結婚という制度をなくすことはたやすいはずだと彼は主張した。だがそのためには、十分な社会的圧力を働かせなければならなかった。「優生学的観点から適切でないと思われる結婚が社会的に禁止されたなら……結婚はほとんどおこなわれなくなるだろう」[*37] 最もすぐれた家系の最も優れた形質の記録を社会が保管すればいいのだとゴールトンは考えた。そうすることで、種馬の人間バージョンをつくればいいのだ。バセット・ハウンドや馬と同じように、この「黄金の本」（彼の言葉を借りるなら）から男女を選んで交配させ、最も優れた子供をつくり出せばいい。

ゴールトンの発表は短かったものの、聴衆はすでに落ち着きを失っていた。精神科医のヘンリー・モーズリーが最初に反論を述べ、遺伝についてのゴールトンの思い込みに疑問を投げかけた。[38]モーズリーは家系に伝わる精神疾患を研究しており、遺伝のパターンというのはゴールトンが考えているよりずっと複雑だという結論に達していた。正常な父親の息子が統合失調症を患う場合もあれば、ごく平凡な家系に非凡な子供が生まれる場合もあった。イングランド中部地方の無名の革手袋商人の息子（「近所の人々と比べてなんら特別なところのない両親から生まれた息子」）がウィリアム・シェイクスピアという卓越した作家になった。「彼には五人の兄弟がいたが、（ウィリアムただひとりが）、ずば抜けて優秀で、彼以外はみなごく平凡だった」[39]とモーズリーは指摘した。「欠陥のある」天才のリストはどこまでも続いた。ニュートンは病弱な、か弱い子供だった。神学者ジャン・カルヴァンはひどい喘息持ちだった。ダーウィンはすさまじい下痢発作と緊張病のようなうつ症状にしょっちゅう襲われた。「適者生存」という言葉を生み出した哲学者のハーバート・スペンサーはさまざまな病を抱え、まさに彼自身が生存に適応しようともがきながら、生涯の大半をベッドで過ごした。

しかしモーズリーが慎重さを求めたのに対し、他の人々は急ぐようにとせかした。小説家のH・G・ウェルズもまた、優生学にはなじみがあった。一八九五年に出版された自著『タイム・マシン』の中で、望ましい形質として純真さと美徳が選ばれ、そうした形質を持つ者を近親交配させつづけた結果、ついには好奇心も情熱も持たない、病弱で幼稚な人間しかいなくなった未来の人類を描いていた。ウェルズは「より適した社会」をつくるための手段として遺伝を操作したいというゴールトンの衝動には理解を示したものの、結婚による選択的な近親交配は逆説的にも、より弱い、より出来の悪い世代をつくり出す可能性があると論じた。唯一の解決策は、背筋が寒くなるような代案、つまり社会から弱者を選択的に排除する道を模索することだと。「人種改良を可能にするためには、成功者を増やすのではなく、失敗者に断種を施すべきだ」[40]と彼は述べた。

ベイトソンは最後に、最も暗い、それでいて科学的に最も適切な指摘をした。繁殖に用いる優れたヒトの個体を選択するには、身体的・精神的な形質、つまりヒトの表現型をその指標として使うべきだとゴールトンは提唱しているが、実際の情報は表現型に含まれているのではなく、表現型を決定している遺伝子の組み合わせ、すなわち遺伝型に含まれていると論じたのだ。身長、体重、美しさ、知性といったような、ゴールトンが夢中になっている身体的・精神的な特徴は、その裏に潜んでいる遺伝子の特徴の外側の影にすぎなかった。優生学の真の力とは、特徴を選択することではなく、遺伝子を操作することにあった。ゴールトンは実験遺伝学の「顕微鏡的な小ささ」を嘲笑したかもしれないが、実験遺伝学という道具はゴールトンが考えているよりずっと強力なのだ。なぜならそれは、遺伝の外殻を突き破って、遺伝のメカニズムそのものに到達できるからだ。遺伝は「驚くほど単純で厳密な法則にしたがっている」ことがほどなく証明されるはずだとベイトソンは警告した。もし優生学者がこの法則を学び、それを（プラトン流に）切り刻む方法を考え出したなら、その学者は前例のない力を手に入れることになるだろう。遺伝子を操作することで、未来を操作できるようになるのだから。

ゴールトンの講演は彼が予想したような圧倒的支持を得ることはなかったが（彼はのちに、聴衆の考え方は四〇年も遅れていると不満を述べた）、人々の痛いところを突いたのは明らかだった。ヴィクトリア朝時代の多くのエリートと同様に、ゴールトンや彼の友人たちは人種の退化をひどく恐れていた（一七世紀から一八世紀にかけて、イギリスは植民地の先住民と遭遇した。ゴールトン自身も「野蛮な先住民」と遭遇し、その結果、白人種の純粋さを維持し、異人種間結婚を阻止しなければならないと確信するようになった）。一八六七年の第二回選挙法改定によって、イギリスの労働者階級にも選挙権が与えられ、一九〇六年には、最も強力に守られてきた政治の要塞が襲われて二九議席を労働党に奪われ、その結果、イギリスの上流社会に不安が広がっていた。労働者階級の政治的な権限が高まることによって、その遺伝的な権限も高まるはずだとゴールトンは確信した。子供をどっさりこしらえ、遺伝子プールを支配し、国家を完全なる凡庸へと引きずりおろすはずだ。並の人間というのは退化していくものであり、劣った人間はいっそう劣っていくのだ。

ジョージ・エリオットは一八六〇年の作品『フロス河の水車場』の中で「気だてのいい愚かな女がばかな男の子とりこうな女の子を産みつづけないものでもない。しまいには世の中がまるでひっくり返しになってしまいまさあ」[41]と書いているが、ゴールトンもまた、ばかな女と男が次々と子をもうけることによって、国家に遺伝的な脅威がもたらされるのではないかと恐れた。トマス・ホッブズは「貧しく、汚らわしく、野卑で（ブルティッシュ）、背の低い」人間の自然状態を憂慮していたが、ゴールトンは遺伝的に下等な者たち（貧しく、汚らわしく、背の低いイギリス人（ブリティッシュ））に制圧された未来の状態を憂慮していた。さえない大衆とは子を絶え間なくもうける大衆であり、放置したならば、膨大な数の下等な子が生まれてくる（彼はこの過程を「悪い遺伝子」という意味を持つカコジェニクス *kakogenics* と名づけた）。

ウェルズは、ゴールトンの取り巻きグループの多くが痛感してはいたものの、言葉に出す勇気がなかった考えをはっきりと述べただけだった。弱者の選択的な断種（消極的優生学）によって、強者の選択的な繁殖（積極的優生学）を増強して初めて、優生学はうまくいくという考えだ。一九一一年、ゴールトンの同僚のハヴロック・エリスは、断種に対する自分の熱い思いを満たすために、孤独な庭師メンデルのイメージをゆがめた。[42]「生の広大な庭も公園も状況は同じであり、幼稚でひねくれた自らの欲望を満足させるために、植え込みの木を引っこ抜いたり、花を踏みつけたりする者をわれわれは追い出さなければならない。そうすることで、われわれはみなに自由と喜びをもたらすのだ……秩序感覚を培い、思いやりと洞察力を育み、人種の雑草を根っこから引き抜く……以上の点から、例の庭師は確かに、われわれの象徴であり、案内人なのだ」

晩年、ゴールトンは消極的優生学という問題に取り組んだ。しかしその問題と完全に折り合いをつけることはできなかった。「出来損ないに対して断種をおこなう」、つまりヒトの遺伝子の庭の雑草を抜くという考えも、それに伴う多くの道徳的危険性も、彼の頭から離れなかった。だが最終的に、優生学を「国教」にしたいという彼の欲望が、消極的優生学をめぐる良心のとがめを上まわった。一九〇九年、ゴールトンは、選択的な繁殖だけでなく、選択的な断種をも是認する雑誌《ユージェニクス・レビュー（*Eugenics Review*）》を創刊した。一九一一年には『カントセイウェア（*Kantsaywhere*）』というタイトルの奇妙な小説を書き、その中で、人口の約半数の人々が「不適者」と判別され、子をつくる能力を厳重に制限されている未来のユートピアを描いた。彼は小説のコピーを姪に残したのだが、姪はその内容に当惑し、ほとんどのページを焼いてしまった。

ゴールトンの死から一年後の一九一二年七月二四日、第一回国際優生学会議がロンドンのセシル・ホテルで開かれた。[*43] それは象徴的な開催地だった。八〇〇近い部屋と、テムズ川をのぞむ一枚岩のファサードを持つセシル・ホテルはヨーロッパ一豪華ではないにしても、ヨーロッパ最大のホテルであり、通常は外交や国家的な行事が催される場所だった。一二の国の名士や、さまざまな学術分野の著名な研究者たちが会議に参加するためにホテルに集まった。ウィンストン・チャーチル、アーサー・バルフォア、ロンドン市長、主席判事、アレクサンダー・グレアム・ベル、ハーバード大学学長のチャールズ・エリオット、発生学者のアウグスト・ヴァイスマン。ダーウィンの息子のレナード・ダーウィンが司会をつとめ、カール・ピアソンが補佐をした。ドーム型の大理石のロビーにはゴールトンの家系図が目立つ場所に展示されており、そこを通ってやってきた参加者を待ち受けていたのは、子供の平均身長を伸ばすための遺伝的操作や、てんかんの遺伝や、アルコール依存症患者の結婚パターンや、犯罪者の遺伝的傾向についての発表だった。

背筋が寒くなるほどの熱心さで他を圧倒している発表がふたつあった。ひとつめは「民族衛生」を支持するドイツ人たちの熱のこもった詳細な発表で、やがて到来する時代をぞっとするほどに予感させるものだった。医師で科学者のアルフレート・プレッツは民族衛生の熱心な支持者であり、ドイツで民族浄化を開始することについて熱烈に語っていた。ふたつめはアメリカの代表団によるもので、その規模も野望もさらに大きかった。優生学がドイツの家内工業になりつつあったとしたら、アメリカではすでに本格的な国家事業になっていた。そうしたアメリカでの活動の生みの親はハーバード大学で修業を積んだ貴族出身の動物学者、チャールズ・ダヴェンポートで、彼は一九一〇年に優生学記録局（優生学を研究するための研究センターおよび研究室）を設立していた。ダヴェンポートが一九一一年に発表した『人種改良学』は優生学の聖書となり、アメリカじゅうの大学で遺伝学の教科書として使われていた。[*44]

ダヴェンポート自身は一九一二年の会議には出席していなかったが、代わりに、アメリカ繁殖者協会の若き会長である弟子のブリーカー・ヴァン・ワゲネンが発表した。依然として理論や推論のぬかるみにはまったままのヨーロッパ人の発表とはちがって、ヴァン・ワゲネンの発表はいかにもアメリカ人らしい、実用主義的なものだった。「欠陥のある血統」を根絶するためのアメリカでの取り組みについて、彼は生き生きと語った。遺伝的な不適者を収容するための隔離所（「コロニー」）の設立がすでに計画中であり、てんかん患者、犯罪者、耳が聞こえない者、知的障害者、目に障害を持つ者、骨が変形している者、低身長、統合失調症、双極性障害、精神障害の患者といった不適者に対する断種について検討する委員会が立ち上げられていた。

「全人口の約一〇パーセントが下等な血を受け継いでいる」とヴァン・ワゲネンは指摘した。「そうした者たちが有用な市民を生み出す可能性は皆無であり……アメリカ合衆国の八つの州ではすでに、断種を許可し、義務づける法律が導入されている……ペンシルヴェニア、カンザス、アイダホ、バージニアでは……かなりの数の人々に不妊手術を施しており……個人病院や大病院の外科医がすでに何千もの手術をおこなっている。原則として、そうした手術は真に病理学的な目的のためにおこなわれており、手術の間接的な効果についての信頼できる記録を入手するのはむずかしい」[45]

「われわれは退院後の患者の経過を追い、ときどき報告を受けるようにしているが、これまでのところ悪い影響は何ひとつ見つかっていない」[46]とカリフォルニア州立病院の管理者は一九一二年に明るい調子で結論づけた。

「痴愚（ちぐ）は三代でたくさんだ」

身体的弱者や奇形を持つ者を生かし、子孫を残させたなら、人類は遺伝的な衰退に直面する可能性がある。だが命を救ったり助けたりできるにもかかわらず、そうした者たちを死なせ、苦しませたなら、人類は確実に道徳的衰退に直面するだろう。*1

——テオドシウス・ドブジャンスキー
『人間の遺伝と性質（Heredity and the Nature of Man）』

奇形からは奇形が（たとえば足の異常からは足の異常が、盲目からは盲目が）生まれるし、一般に異常な点が（親に）似ていて、しばしばまた、瘤や傷痕のような（親と）同類の徴（しるし）を持った者が生まれてくる。すでにこういったものが三代目に、ふたたび現れた例があり*2……

——アリストテレス『動物誌』

一九二〇年春、エメット・アデライン・バック（エマ）は、バージニア州リンチバーグの〈てんかん患者および知的障害者のためのバージニア州立コロニー〉に連れていかれた。*3 ブリキ作業員だった夫のフランク・バックは家出したか、あるいは事故死しており、エマは幼い娘キャリー・バックを女手ひとつで育てていた。[*4]

エマとキャリーは惨めな暮らしをしており、施しや、食料の寄付や、間に合わせの仕事で貧しい生活を支えていた。噂(うわさ)によれば、エマは金のために男の客を取り、梅毒に感染し、週末には稼いだ金を酒につぎこんでいるとされていた。その年の三月、彼女は町の通りで捕まり、浮浪罪か、あるいは売春をおこなったかどで登録され、地方裁判所に連行された。一九二〇年四月一日にふたりの医師がおこなったぞんざいな精神鑑定によって、エマは「知的障害者」と判定され、リンチバーグのコロニーに送られた。[*5]

一九二四年、「知的障害者」は最重度の白痴（idiot）、より軽度の痴愚（imbecile）、そして最軽度の魯鈍(ろどん)（moron）の三つに分類された。白痴は最も分類しやすく、アメリカ合衆国国勢調査局によれば、「精神年齢が三五カ月以下の精神障害者」と定義されているが、痴愚と魯鈍の分類はあいまいだった。[*6] 論文上はより軽度の認知障害と定義されているが、そうした言葉は意味論の回転ドアのようなもので、内側に簡単に開いたかと思えば、売春婦、孤児、うつ病患者、路上生活者、軽犯罪者、統合失調症患者、失読症患者、フェミニスト、反抗的な若者といったさまざまな男女（精神障害をまったく患っていない者まで）をどっさり通した。要するに、その人物の行動、欲求、選択、外見が一般的な基準からはずれている者なら誰でも、痴愚や魯鈍に分類されたのだ。

知的障害を患った女性たちは隔離のためにバージニア州立コロニーに送られた。女たちがこれ以上子供を産みつづけ、その結果、さらなる痴愚と魯鈍で社会を汚染することがないようにするためだった。「コロニー」という言葉は目的を表しており、そこは病院でもなければ、保護施設でもなく、最初から隔離場所として設計されていた。ジェームズ川の泥の堤防から約一・五キロの距離にある、ブルーリッジ山脈の風上の影の中に二〇〇エーカーにわたって広がるそのコロニーには、郵便局や、発電所や、石炭小屋や、積み荷を降ろすのに使われる支線路が備えつけられていたが、コロニーに出入りする公共の輸送機関はなかった。そこは精神障害者のための〝ホテル・カリフォルニア〟であり、一度チェックインした患者が出ていくことはほぼなかった。

コロニーに到着すると、エマ・バックは消毒され、入浴させられ、服を捨てられ、殺菌のために性器に水銀を塗られた。精神科医によってふたたび知能テストがおこなわれ、その結果、「軽度の魯鈍」という最初の診断の正しさが確認された。彼女はコロニーに収容され、残りの人生をずっとそこに閉じ込められたまま過ごすことになった。

一九二〇年に母親がリンチバーグに連れていかれる前のキャリー・バックは、貧しいけれども普通の子供時代を送っていた。彼女が一二歳のときの通信簿では「おこないや授業態度」が「とてもよい」とされていた。のっぽでボーイッシュなやんちゃ娘で、歳の割に背が高く、骨張っていて、切りそろえた黒髪の前髪と屈託のない笑みが特徴的だった。キャリーは学校の男の子に手紙を書いたり、地元の池でカエルを捕まえたり、カワマスを釣ったりするのが好きだった。しかしエマがいなくなると、彼女の人生は壊れはじめた。キャリーは里親に預けられ、里親の甥にレイプされ、ほどなく、妊娠していることがわかった。

キャリーの里親は家の恥を隠そうと、すぐに行動を起こし、母親のエマをリンチバーグ送りにした地方裁判所判事のもとへ連れていった。キャリーにも魯鈍という診断がくだることを望んだのだ。キャリーは頭がおかしくなり、「幻覚に襲われたり、かんしゃくを起こしたり」するうえに、衝動的かつ精神を病んでいて、誰とでもすぐに寝る、と里親は報告した。判事（里親の友人だった）は予想どおり、「知的障害」という判断をくだした。この親にしてこの子あり。エマが出廷してから四年もたたない一九二四年一月二三日、キャリーもコロニーに送られることになった[7]。

一九二四年三月二八日、リンチバーグ行きの日を待っているあいだに、キャリーは女の子、ヴィヴィアン・エレインを産んだ[8]。州の命令によって、娘もまた里子に出されることになった。一九二四年一月四日、キャリーはバージニア州立コロニーに到着した。「精神疾患の症状は何もない。読み書きも問題なく、身だしなみもきちんとしている」と報告書には書かれている。実用的な知識も技術も正常だと判明した。にもかかわらず、キャリーは「中程度の魯鈍[9]」に分類されたのだ。

リンチバーグにやってきてから数カ月が経過した一九二四年八月、医師のアルバート・プリディの求めで、キャリー・バックはコロニー委員会に出頭するように命じられた[10]。

バージニア州キーズビル出身の町医者であるアルバート・プリディは、一九一〇年からコロニーの監督者をつとめていた。キャリーとエマには知るよしもないことだったが、彼は猛烈な政治運動を展開している最中であり、その持論は、知的障害者には「優生手術」を施さなければならないというものだった。コロニーに対する絶大な権力を与えられたプリディは、「精神障害者」のコロニーへの収容は、「悪い遺伝」の伝播に対する一時的な解決策にすぎないと確信していた。いったん解放されたなら、痴愚の者たちはふたたび子をもうけはじめ、遺伝子プールを汚染する。断種はより決定的な戦略であり、優れた解決策なのだ。

プリディが必要としていたのは、明白な優生学的見地から、女性に対して断種をおこなう権限を与えてくれるような包括的な法秩序だった。実験台となる人物がひとりいれば、一〇〇〇人に対する基準ができる。彼がその話を持ち出すと、司法と政治のリーダーたちのほとんどが賛同した。三月二九日、バージニア州の上院はプリディの助言を参考にしたうえで、手術を受ける人物が「精神科病院委員会」の検査を受けるという条件付きで、州内での優生手術を許可した。[*11] 九月一〇日、ふたたびプリディに促されて、バージニア州立コロニー委員会はバックという症例について定例会議で検討した。尋問のあいだ、キャリー・バックに対してはたったひとつの質問しかされなかった。「手術を受けることについて何か言いたいことはありますか？」[*12] 彼女は短くこう答えただけだった。「いいえ。ありません。みなさんにお任せします」彼女の言う「みなさん」が誰だったにしろ、その人たちがキャリーを擁護することはなかった。委員会はバックに断種をおこなうというプリディの要請を承認した。

だがプリディは、優生手術という自らの試みに対し、州および連邦裁判所が異議を唱えるのではないかと心配だった。そこでプリディは、バックの件をバージニア州裁判所に提起することを強く働きかけた。裁判所の支持が得られれば、コロニーで優生手術を継続的におこなうための揺るぎない権限を手に入れられるだけでなく、ほかのコロニーにも優生手術を広めることができると考えたのだ。一九二四年、バック対プリディ訴訟がアマースト郡の巡回裁判所に提訴された。

一九二五年一一月一七日、キャリー・バックはリンチバーグの裁判所に出頭した。そこで彼女は、プリディが一〇人以上の証人を準備してきたことを知った。まず最初に、シャーロッツビルからやってきた地区保健婦が、エマとキャリーは衝動的で、「精神的に無責任で、おまけに……知的障害者です」と証言した。キャリーの問題行動の例を挙げてみるようにと言われ、「男の子に手紙を書いていました」と答えた。さらに四人の女性がエマとキャリーについて証言したが、プリディが用意した最も重要な証人はまだ登場していなかった。キャリーとエマには知らされていなかったのだが、プリディは里親に預けられているキャリーの八カ月の娘ヴィヴィアンの検査をおこなうために、赤十字からソーシャルワーカーを派遣していたのだ。ヴィヴィアンもまた知的障害者だと判明すれば、裁判に決着がつくと彼は考えていた。エマ、キャリー、ヴィヴィアンと三世代にわたって知的障害を患っていることがわかれば、遺伝性に異を唱えることはむずかしくなるはずだからだ。

しかしソーシャルワーカーによる証言はプリディが計画したとおりには進まなかった。ソーシャルワーカーがいきなり、台本にはないことを言い出し、自分の判断にはバイアスがかかっていたことを認めはじめたのだ。

「母親を知っているせいで、偏見を持ってしまったのかもしれません」

「子供についてどんな印象を持ちましたか?」と検察官は質問した。

ソーシャルワーカーは口ごもった。「あそこまで幼いと、判断するのはむずかしいのですが、まったく正常な赤ん坊というわけではないように思いました……」

「正常な赤ん坊ではないというのがあなたの判断なのですね?」

「正常とは思えない様子が見られたのですが、それがどんな様子だったかは正確にはわかりません」

アメリカにおける優生手術の未来は、おもちゃも与えられていない不機嫌な赤ん坊を渡された保健婦の、ぼんやりとした印象にかかっているように思えた。

裁判は昼食休憩を挟んで五時間続いた。評議は短く、判決は冷徹だった。裁判所はキャリー・バックに断種をおこなうというプリディの決断を支持した。「その行為は法にもとづく適正手続きの条件に適合している」と判決文には書かれていた。「これは刑罰法規ではない。こうした行為は人間を二分するという主張もあるが、必ずしもそうではない」

バックの弁護士は判決を不服として上告し、やがてバージニア州最高裁判所で審理されたが、結局、バックに断種を施すというプリディの要求がふたたび承認された。一九二七年の初春、バック訴訟はアメリカ合衆国最高裁判所で争われた。すでにプリディは死去していたが、代わりに、後継者であるコロニーの新しい監督者ジョン・ベルが任命被告人となった。

バック対ベル訴訟は一九二七年に合衆国最高裁判所での審理に入った。だがその訴訟がバックとベルの争いではないことは最初から明らかだった。ちょうどそのころ、アメリカという国全体が自らの歴史と遺伝について激しく苦悩しており、国じゅうに緊張感が漂っていたからだ。移民の歴史的急増をもたらした狂騒の一九二〇年代は終わりを告げようとしていた。一八九〇年から一九二四年にかけて、一〇〇〇万人近い移民（ユダヤ人、イタリア人、アイルランド人、ポーランド人の労働者）がニューヨーク、サンフランシスコ、シカゴに流入して通りやアパートを埋めつくし、外国の言葉や儀式や食べ物を市場に氾濫させた（一九二七年には、ニューヨークとシカゴの人口の四〇パーセント以上を新移民が占めていた）。一八九〇年代にイギリスで階級の不安が優生学の取り組みを活性化させたのと同じように、一九二〇年代には「人種の不安」がアメリカでの優生学の取り組みを活発化させた[†]。ゴールトンは膨大な数の下層民を嫌悪していたが、そうした人々はまぎれもなく、膨大な数のイギリス人の下層民だった。だがアメリカでは、膨大な数の下層民を構成するのは増えつづける外国人であり、それらの人々の遺伝子は彼らのなまりと同様に、明らかに異質だった。

プリディのような優生学者はずっと、アメリカに移民が氾濫することによって「民族自滅」がもたらされるのではないかと恐れていた。正しい人々がまちがった人々に圧倒され、正しい遺伝子がまちがった遺伝子に汚染されるのではないか。メンデルが示したように、遺伝子が根本的に分割できないものならば、腐敗した遺伝子が一度広まってしまえば、二度と消すことはできないはずだった（「ユダヤ人とのあいだに生まれた子は、（もう片方の親の人種とは無関係に）ユダヤ人だ」と弁護士で優生学者のマディソン・グラントは書いている[*13]）。ある優生学者が述べているように、「欠陥のある遺伝資源を断ち切る」唯一の方法は、遺伝資源をつくり出している器官を切除すること、つまり、キャリー・バックのような遺伝的不適者に強制的な断種を施すことだった。「民族荒廃という脅威[14]」からアメリカを守るためには、過激な社会的手術をおこなわなければならないのだ。「優生学のカラスが改革を求めて（イギリスで）鳴いている[15]」とベイトソンは明らかな軽蔑を込めて一九二六年に書いているが、アメリカのカラスの鳴き声はさらにうるさかった。

「民族自滅」や「民族荒廃」という神話に対置していたのは、民族と遺伝子の純粋さという神話だった。二〇世紀初頭に何百万人ものアメリカ人が夢中になって読んだ人気小説のひとつがエドガー・ライス・バローズの『類人猿ターザン』だ。孤児となり、アフリカのサルに育てられたイギリスの貴族を主人公とする冒険小説である。サルに育てられても、主人公は両親から受け継いだ白い肌や、ふるまいや、体格を保っていただけでなく、清廉さや、アングロサクソン人の価値観や、食器類の直感的な正しい使い方までも忘れていなかった。「非の打ちどころのないまっすぐな姿勢と、古代ローマ最強の剣闘士のような筋肉」の持ち主であるターザンは「育ち」に対する「生まれ」の究極の勝利を体現していた。ジャングルのサルに育てられた白人ですらフランネル・スーツに身を包んだ白人の品を保つことができるなら、民族の純度というのはまちがいなく、どんな環境においても、保持することができるはずだった。

† 奴隷制度という歴史的遺産がアメリカにおける優生学の活発化要因のひとつだったことはまちがいない。白人の優生学者は長いあいだ、白人が下等な遺伝子を持つアフリカ人奴隷と結婚し、その結果、遺伝子プールが汚染されるのではないかという恐怖で身もだえしてきた。しかし、一八六〇年代に異人種間結婚を禁止する法律が公布されると、そうした恐怖はおおかた鎮まった。それに対し、白人の移民は識別したり、区別したりするのが容易ではなく、一九二〇年代の移民の流入によって、民族の汚染や異人種間結婚に対する不安が高まった。

こうした状況が背景にあったことから、合衆国最高裁判所がバック対ベル裁判に決着をつけるまでにはたいした時間はかからなかった。一九二七年五月二日、キャリー・バックの二一歳の誕生日の数週間前に、合衆国最高裁判所は判決を言い渡した。八対一の多数意見として、陪席裁判官のオリヴァー・ウェンデル・ホームズ・ジュニアは次のように書いている。「堕落した子孫が犯罪を犯したかどで処刑されたり、痴愚や魯鈍のために餓死したりするのを待つよりも、明らかな不適者がこれ以上子孫を残すことがないようにしたほうがよい。強制的なワクチン接種を維持しているのと同じ原則を、卵管(らんかん)切断にあてはめることができる」[*16]

裁判官のホームズは医師の息子であり、歴史学者で人道主義者でもあった。社会の教養とされているものに対する懐疑的姿勢を広く称賛されており、やがて司法および政治の中庸主義の最も熱心な提唱者となった。だが、そんな彼ですら、バック母娘(おやこ)とその赤ん坊には明らかにうんざりしていた。「痴愚は三代でたくさんだ」[*17]と彼は書いている。

一九二七年一〇月一九日、キャリー・バックは卵管結紮(けっさつ)による断種手術を受けた。その日の朝の九時ごろに、彼女はコロニーの診療所に連れていかれた。一〇時、モルヒネとアトロピンによる前処置を受け、手術室のストレッチャーに横たわった。看護師が麻酔をかけると、キャリーは眠りに落ちた。その場には医師と看護師がそれぞれふたりずついた。このような簡単な手術としては異例の人数だった。だが、キャリーは特別な症例だった。コロニーの監督者ジョン・ベルが腹部中央を切開し、左右の卵管をピンセットでつまみ出して結紮した。手術創をフェノールで焼灼(しょうしゃく)し、アルコールで消毒した。手術による合併症はなかった。

こうして、遺伝の鎖は断ち切られた。「断種法のもとでおこなわれた最初の手術」は計画どおりに進み、患者は申し分のない状態で退院した、とベルは記している。キャリーは自室で順調に回復した。

メンデルの最初のエンドウマメ実験と、裁判所の承認によるキャリー・バックに対する断種手術とのあいだには六二年というわずかな時間の隔たりしかない。しかしこの六〇年という短い期間に、遺伝子は植物学の実験における抽象概念から、社会を統制するための強力な道具へと変貌を遂げた。一九二七年に合衆国最高裁判所でバック対ベル裁判の審理がおこなわれているあいだにも、遺伝学と優生学の用語はアメリカの社会的、政治的、個人的な会話の中に浸透していった。一九二七年、インディアナ州は「常習的な犯罪者、白痴、痴愚、レイプ犯」に対して断種をおこなうという最初の法律の改訂版を可決した。[*18] 他州もまた、遺伝的に下等と判断された男女を世間から隔離したり、そうした人々に断種手術を施したりする、より厳しい法的措置をおこなうようになった。

州が支援する断種プログラムが国じゅうに広がるなか、遺伝選択を個人向けにするという草の根運動も普及していった。一九二〇年代には何百万人ものアメリカ人が農産物品評会に押し寄せたが、品評会では、歯磨きの実演や、ポップコーンマシーンや、ヘイライドの傍らで「赤ちゃんコンテスト」[*19]が開かれていた。一、二歳の子供が犬や家畜と同じようにテーブルや台座の上に誇らしげに展示され、白衣を着た医師や精神科医や歯科医や看護師が子供たちの目や歯を調べたり、皮膚をつついたり、身長と体重と頭囲を測定したり、気性を確かめたりし、その結果、最も健康かつ最適な個体を選んだ。「最適な」赤ん坊はその後、品評会場をパレードした。赤ん坊の写真はポスターに使われたり、新聞や雑誌に掲載されたりし、国家的な優生学運動に対する間接的な支持を生み出した。優生学記録局を設立したことで有名なハーバード大学出身の動物学者ダヴェンポートは、最適な赤ん坊を選抜するための標準評価形式をつくった。彼は審査員に、赤ん坊の審査をする前にまずは両親を審査するようにと指示した。「赤ん坊を審査する前に、点数の五〇パーセントを遺伝に配分するように[20]」。「二歳で優勝した子供が一〇歳でてんかんを発症する可能性もあるからだ」こうした品評会にはしばしば「メンデル・ブース」が設けられ、そこでは遺伝学の基礎や遺伝の法則が人形を使って説明されていた。

一九二七年、優生学に取り憑かれた医師のハリー・ヘイゼルデンが「あなたは結婚に向いている？（*Are You Fit to Marry?*）」というタイトルの映画を制作すると、その映画はアメリカじゅうの映画館で上映された[21]。映画館はいつも満員だった。「黒いコウノトリ（*The Black Stork*）」のリメイク版であるこの映画のストーリーは次のようなものだった。ヘイゼルデン自身が演じる医師が、アメリカから障害児を「駆除する」という目的で、生まれたばかりの障害児に救命手術をおこなうことを拒む。映画の最後に、ある女性が精神疾患を患った子供を持つ悪夢を見る。目覚めた女性は、婚約者と自分の遺伝的な適合性を確かめるための検査を受けることを決意する（一九二〇年代末には、精神遅滞、てんかん、難聴、骨格異常の家族歴をもとにした結婚前遺伝子適合検査がアメリカの大衆に広く宣伝されていた）。ヘイゼルデンは野心的にも、愛とロマンスとサスペンスとユーモアにあふれた（幼児殺害というおまけつきの）「デートの夜」にぴったりの映画として自分の作品を宣伝していた。

アメリカの優生運動の最前線がコロニーへの収容から断種へ、そして、あからさまな殺害へと進んでいくあいだ、ヨーロッパの優生学者はそうした動きを熱望と羨望の入り交じった思いで見守っていた。だが、バック対ベル裁判から一〇年近くが経過した一九三六年には、アメリカの優生運動とは比較にならないほどの敵意に満ちた「民族浄化」が、あたかも猛烈な伝染病のようにヨーロッパ大陸を飲み込み、遺伝子や遺伝の言語をその最も強力で恐ろしい形へと変貌させることになる。

第二部

「部分の総和の中には部分しかない」*1

遺伝のメカニズムを解読する（一九三〇～一九七〇）

私がこう言ったときのことだ。
「言葉は個々の言葉の形ではない。
部分の総和の中には部分しかない。
世界は目で計らなければならない[*2]」
——ウォレス・スティーヴンズ「帰路（On the Road Home）」

「目に見えないもの」

（ルビ：アブヘッド）

生まれと性質は墓まで続く

——スペインのことわざ

私は家族の顔。
肉体は崩れても、私は生きつづける、
時を超えて
特徴や痕跡を投影し、
忘却を超えて
場所から場所へと跳んでいく。*1

——トマス・ハーディ「遺伝（Heredity）」

モニを訪ねる前日、私と父はコルカタを散歩した。一九四六年に祖母が五人の息子を連れ、四つの金属製のトランクを引いて、バリサルからの列車を降りたシールダ駅のそばから出発した。私たちは駅の端から祖母たちの足取りをたどってプラフラ・チャンドラ通りを歩き、にぎやかな生鮮市場を通り過ぎた。左には魚や野菜の露店が並び、右にはホテイアオイに覆われた池があった。それから右に曲がり、ふたたび左に曲がって、人混みが激しくなった。

道幅がいきなり狭くなり、市へと向かった。通りの両側に立つ大きなアパートメントが小さな安アパートへと分裂した。まるでなんらかのすさまじい生物学的プロセスが働いているかのように、ひとつの部屋がふたつになり、ふたつの部屋が四つになり、四つが八つになった。通りが網目状になり、空が消えた。料理の最中の金属音、石炭の煙の鉱物のようなにおい。私たちは薬屋のところでハヤット・カーン横町に入り、父がその昔、家族と住んでいた家へと向かった。放置されたゴミの山が数世代からなる野良犬の群れを養っていた。家の正面の扉を開けると、その向こうには小さな庭があった。台所にひとりの女性がいて、ちょうど大鎌でココナッツを割ろうとしているところだった。

「ビブーティの娘さんですか？」と父がいきなりベンガル語で尋ねた。ビブーティ・ムコパドヤイは家主で、祖母にこの家を貸していた。すでに他界していたが、父は彼のふたりの子供、息子と娘のことを覚えていた。

女性は用心深い表情を浮かべて父を見た。父はすでに敷居をまたいでおり、台所から一メートルほど離れたところにあるベランダに上がっていた。「ビブーティの家族はまだここに住んでいますか？」正式な自己紹介もないままに、父はまた尋ねた。私は、父が言葉のアクセントを意図的に変えていることに気づいた。西ベンガル独特の「シーッ」という歯音が東ベンガルのやわらかな子音「シ」に変わっていた。コルカタでは、すべてのアクセントが外科手術用探針のようなものだ。ベンガル人たちは母音や子音を調査用ドローンのように送り出し、相手の身元を探ったり、共感を見いだしたり、忠誠を確かめたりする。

「いいえ、わたしは彼の弟の義理の娘です」と女性は言った。「わたしたちはビブーティの息子が亡くなってからずっとここに住んでいるんです」

このあとに起きたことを描写するのはむずかしい。言えるのはただ、それが難民の歴史にだけ訪れる独特の瞬間だったということだ。まるで小さな稲妻がさっと駆け抜けたかのように、ふたりは互いを理解した。女性は父を認識した。それまで一度も会ったことのない父そのものではなく、父がどういう男なのかを。父は故郷に帰ってきた少年だった。ベルリンや、ペシャワルーや、デリーや、ダッカと同じく、コルカタではそのような男たちが毎日のようにやってくる。どこからともなく現れては、事前の連絡もなしに家を訪ね、敷居をまたいで過去へと戻る。

女性の態度が友好的になったのがはっきりとわかった。「昔ここに住んでいた家族でしょ？　兄弟がたくさんいましたよね？」彼女はあたりまえのように尋ねた。ずっと前からこの訪問が予定されていたかのように。

女性の一二歳くらいの息子が教科書を手に上階の窓から顔をのぞかせた。あの窓なら知っていた。来る日も来る日も、ジャグはあの窓際に座って中庭を眺めていたのだ。

「大丈夫よ」と女性が手振りで合図しながら息子に言うと、息子はさっと部屋の中に消えた。女性は父に向かって言った。「よかったら階上に上がってください。好きに見てもらっていいですよ。でも、靴は階段で脱いでくださいね」

私はスニーカーを脱いだ。足の裏にあたる地面の感触がしっくりときた。まるでずっとそこに住んでいるかのような気がした。

父と私は家の中を歩きまわった。借り物の記憶から再構築された場所の例に漏れず、家は私が想像していたよりも小さく、くすんでおり、埃っぽかった。記憶というのは過去を研ぎ澄ます。衰退していくのは現実のほうだ。狭い階段をのぼると、小さな部屋がふたつあった。兄弟のうちの年下のほうの四人（ラジェッシュ、ナクール、ジャグ、父）が片方の部屋を使い、長男のラタン（モニの父）と祖母がその隣の部屋を使っていた。だがジャグが精神を病みはじめると、祖母は、ラタンを弟たちの部屋へ追いやり、代わりにジャグを自分の部屋に入れた。その後、ジャグが祖母の部屋を出ることはなかった。

私は父と一緒に屋根の上のバルコニーに出た。ついに空が広がった。地球が自転しているのが感じられそうなほど、夕闇が急速に広がっていた。父は駅の光のほうに目をやった。遠くで列車の警笛が鳴った。孤独な鳥の鳴き声のようだった。父は私が遺伝について書いているのを知っていた。

「遺伝子」と父は眉根を寄せて言った。

「ベンガル語でなんて言うの？」と私はきいた。

父は頭の中の辞書を探した。遺伝を意味するベンガル語はなかったが、それに代わる言葉はありそうだった。

「アブヘッド」と父は言った。父がその言葉を使うのを聞いたのは初めてだった。「分割できない」あるいは「突き通せない」という意味の言葉で、「アイデンティティ」に近い意味も持っていた。私は父がその言葉を選んだことに驚いた。それはまるで反響室のような言葉であり、メンデルとベイトソンもその言葉の反響を楽しんだはずだ。突き通せない。分割できない。アイデンティティ。

私は父に、モニとラジェッシュとジャグについてどう思うかきいた。

「アブヘッダー・ドッシュ」と父は言った。

アイデンティティの欠陥。遺伝子の病。自己から切り離すことのできない汚点。そのひとつの言葉がそれらすべての意味を持っていた。父はその言葉の持つ分割できない性質をすでに理解していたのだ。

一九二〇年代末には遺伝子とアイデンティティの関係についてさまざまに論じられていたが、実際には、遺伝子そのものが小さなアイデンティティを持っているかのようだった。遺伝子は何でできているのか、遺伝子は自らの機能をどのようにはたしているのか、遺伝子は細胞のどこに存在しているのか。当時の科学者がそうした質問をされたとしても、満足な答えをほとんど持ち合わせていなかった。法律や社会の大きな変化を正当化するために遺伝学がどれほど利用されていても、遺伝子自体は断固として、抽象的な存在のままであり、生物の複雑なしくみの中に潜む幽霊のままだった。

そんな遺伝学のブラックボックスをほとんど偶然にこじあけたのは、意外な生物を使って研究していた、意外な科学者だった。一九〇七年、ウィリアム・ベイトソンはメンデルの発見について講演するためにアメリカを訪れた際に、ニューヨークに立ち寄り、細胞生物学者のトマス・ハント・モーガンに会った。[*2] ベイトソンはモーガンにあまりいい印象を持たず、「モーガンは石頭だ」と妻に宛てて書いた。「いつもあくせくしており、落ちつきがなく、騒々しい」[*3]

騒々しく、落ちつきがなく、偏執狂的で、変わり者で、ダルウィーシュ（遍歴の旅をするイスラム神秘主義の修道者）のようにさまざまな科学的問題を次々と追いかけつづけるトマス・モーガンは、コロンビア大学の動物学の教授だった。彼の主な興味の対象は発生学であり、遺伝の単位が存在するかどうか、それがどこにどのように保存されているのかといったことにはそもそも興味すらなかった。彼が関心を持っていたのは発達に関する問題であり、生物がいかにして一個の細胞から発生するかというテーマだった。

モーガンは最初、メンデルの遺伝理論に抵抗しており、細胞内に存在する個別の単位の中に複雑な発生学的情報が蓄えられていることなどありえないと主張していた（ベイトソンの「石頭」というコメントはこのためだった）。だがベイトソンに証拠を提示され、結局、その理論を受け入れた。表やデータで武装してやってきた「メンデルのブルドッグ」に反論するのはむずかしかったからだ。しかし、遺伝子の存在そのものは受け入れても、彼にとって、その物質的な形態は謎のままだった。細胞生物学者は観察し、遺伝学者は数え、生化学者は精製する、[*4]と科学者のアーサー・コーンバーグはかつて言ったが、実際、顕微鏡という武器を手に入れた細胞生物学者は、細胞の世界に慣れ親しむようになっていた。細胞内部では、顕微鏡をとおして見える各構造が明確な機能をはたしていたものの、それまでのところ、遺伝子は統計学的な意味においてだけ「見える」存在だった。モーガンは遺伝の物質的な基盤を見つけたかった。「数学的な公式としての遺伝には興味がない」と彼は書いている。「細胞や、精子や、卵子についての問題としての遺伝に興味があるのだ[*5]」

しかし、細胞の中のどこを探したら、遺伝子を見つけることができるのだろう？　生物学者は昔から本能的に、遺伝子を視覚化するのに最適な場所は胚だと考えていた。一八九〇年代、ナポリでウニを用いた実験をしていたドイツ人発生生物学者テオドール・ボヴェリは、遺伝子は染色体の中に存在すると提唱した（染色体 *chromosome* という言葉を考え出したのはボヴェリの同僚のヴィルヘルム・フォン・ヴァルダイアー＝ハルツである）。染色体とは、アニリンで青く染まるひも状の構造体で、細胞の核の中でバネのようなコイル状の形態をとっている。

ボヴェリの仮説はふたりの科学者の研究で裏づけられた。そのひとりが、かつてはカンザス州の大草原でバッタを採集していた農家の少年で、やがてニューヨークでバッタを採集する科学者となったウォルター・サットンだった[*6]。一九〇二年の夏、とりわけ大きな染色体を持つバッタの精子と卵子の細胞を使って実験をしていたサットンもやはり、遺伝子は染色体上に物理的に存在しているのではないかという仮説を立てた。もうひとりは、ボヴェリ自身の弟子である生物学者のネッティー・スティーヴンズだ。性の決定メカニズムに興味のあったスティーヴンズは、一九〇五年、チャイロコメノゴミムシダマシの細胞を使って実験をおこない、その結果、雄の胚だけに存在し、雌の胚には存在しない特有の因子（Y染色体）がチャイロコメノゴミムシダマシの「雄化」をつかさどっていることを発見した[*7]（顕微鏡で見ると、Y染色体もほかの染色体と同じく、青く染まるコイル状のDNAのひもに見えるが、X染色体よりも太くて短い）。性別を決定する遺伝子が一本の遺伝子上に存在することを探りあてたスティーヴンズは、遺伝子はすべて染色体上に存在しているのではないかと考えた。

トマス・モーガンはボヴェリや、サットンや、スティーヴンズの研究を称賛してはいたものの、依然として、もっと具体的に遺伝子を描写したいと切望していた。ボヴェリによって、染色体が遺伝子の物理的な存在場所であることが示されたが、遺伝子と染色体の詳しい構造は不明のままだった。遺伝子は染色体上でどのように編成されているのだろう？　ひもにとおされた真珠のように、染色体の糸に沿って連なっているのだろうか？　すべての遺伝子に染色体上の「住所」があるのだろうか？遺伝子は重なっているのだろうか？　遺伝子同士は物理的に、あるいは化学的につながっているのだろうか？

これらの疑問を解明するために、モーガンはべつのモデル生物、つまりショウジョウバエを用いた研究を開始し、一九〇五年ごろからショウジョウバエの繁殖を始めた（モーガンの同僚の何人かは、モーガンが手に入れた最初のショウジョウバエは、マサチューセッツ州ウッズ・ホールの食料品店の熟れすぎた果物の上を飛んでいた群れだったと主張しているが、ニューヨークの同僚からもらったものが最初だったとする説もある）。一年後、コロンビア大学の三階の研究室で、モーガンは腐った果物の入ったミルク瓶の中で何千匹もの蛆虫（うじむし）を繁殖させていた[†]。棒からは腐りかけたバナナの房がぶら下がり、研究室には発酵した果物の強烈なにおいが充満していた。モーガンが動くたびに、瓶から逃げ出したハエたちの群れが、まるでブンブン鳴るベールのようにテーブルから飛び立った。学生たちは彼の研究室を「ハエ部屋」と呼んだ。[*8]「ハエ部屋」はその大きさも形も、メンデルの庭に似ていた。そして、やがてメンデルの庭のように、遺伝の歴史における伝説的な場所となる。

メンデルと同様にモーガンもまた、遺伝によって伝わる形質を探すことから始めた。多世代にわたって追跡することのできる、明確な特徴を持つ変異体だ。一九〇〇年代初めにアムステルダムのフーゴ・ド・フリースの庭を訪れた際に、モーガンはド・フリースが栽培している植物の突然変異体に強い興味を覚えた。[*9]ショウジョウバエにも同じように突然変異が起きるのだろうか？　顕微鏡を使って何千匹ものショウジョウバエの特徴を記録した結果、モーガンは数十種類の突然変異体を見つけた。通常の赤い眼のショウジョウバエの中からときおり、めずらしい白い眼のショウジョウバエが自然発生したり、剛毛が縮れているものや、体色が黒いものや、脚がカーブしているものや、翅がコウモリの翼のように曲がっているものや、腹が割れているものや、眼が変形しているものなどが生まれていたのだ。それはまるで、ハロウィーンの奇人パレードのようだった。

モーガンの研究に加わったニューヨークのコロンビア大学の大学院生たちは個性的な人物ばかりだった。神経質で几帳面な中西部出身のアルフレッド・スタートバント、自由恋愛主義と乱交の夢想に耽っていた才気あふれる気取り屋の青年カルヴィン・ブリッジズ、こだわりが強く、偏執狂的なハーマン・マラーは毎日のように他を押しのけてモーガンの注意をひこうとした。モーガンは公然とブリッジズをひいきしていた。瓶を洗う担当だった大学院生のブリッジズこそが、何百もの赤い眼のショウジョウバエの中からモーガンの数々の重要な実験の基盤となる白い眼の変異体を見つけた人物だったのだ。モーガンはスタートバントの規律正しさや勤労倫理を高く買っていたが、マラーのことはあまり気に入っていなかった。ずる賢く、口数が少なく、研究室の他のメンバーから距離を置いているように見えたからだ。この三人の大学院生は最終的に激しく言い争い、遺伝学という学問を炎のように駆け抜ける嫉妬と破壊性のサイクルを解き放つことになる。だが今のところは、ハエの羽音の充満するもろい平和の中で、遺伝子と染色体の実験に没頭していた。白い眼の雄と赤い眼の雌といったように、正常のハエと突然変異体のハエを交配することによって、彼らはモーガンと一緒に形質の遺伝を多世代にわたって追いかけることができた。ここでもやはり、突然変異体が実験の鍵を握っていた。正常な遺伝の性質を解明することができたのは突然変異体という部外者だけだったのだ。

モーガンの発見の重要性を理解するためには、私たちはいったんメンデルまで戻らなければならない。メンデルの実験では、すべての遺伝子が独立した存在（フリーエージェント）としてふるまっていた。たとえば花の色は、種子の性状や茎の高さとは無関係だった。どの形質も独立して受け継がれており、どんな形質の組み合わせも可能だった。したがって、それぞれの交配の結果は、完全なる遺伝学的なルーレットだった。たとえば背が高く、紫の花を咲かせるものと、背が低く、白い花を咲かせるものとをかけ合わせると、最終的にはあらゆる組み合わせのパターンが得られる。背が高く、白い花を咲かせるものや、背が低く、紫の花を咲かせるもの、といった具合に。

しかしモーガンのショウジョウバエの遺伝子はいつも独立しているわけではなかった。一九一〇年から一九一二年にかけて、モーガンと大学院生たちは、何千ものショウジョウバエの変異体を互いに交配させて、何万匹ものショウジョウバエをつくり、それぞれの交配の結果を綿密に記録した。白い

---

† モーガンは毎夏、ウッズ・ホールに研究室を移しており、ショウジョウバエの実験はそこでもおこなわれた。

眼、黒い体、剛毛、短い翅。交配の結果を調べてノート何十冊分もの表をつくった結果、モーガンは驚くべきパターンを見いだした。いくつかの遺伝子があたかも互いに「連鎖して」いるかのようにふるまっていたのだ。たとえば白い眼の遺伝子（white eyed）は、X染色体と例外なく連鎖しており、何度交配をおこなっても、白い眼を持って生まれてくるのは雌だけだった。同様に、黒い体の遺伝子も、翅の形状の遺伝子と連鎖していることがわかった。

モーガンは、この遺伝子の連鎖が意味していることはひとつだと考えた。[*10] 遺伝子は物理的に互いに連鎖しているのだ。[*11] ハエでは、黒い体の遺伝子が小さな翅の遺伝子から独立して受け継がれることは（めったに）なかった。なぜなら、どちらも同じ染色体上に存在するからだ。同じひもにふたつのビーズが通されているとしたら、べつのひもを交ぜたり、継ぎ足したりしても、それらはつねにつながっている。同じ染色体上に存在するふたつの遺伝子についても同様の原則があてはまる。体色の遺伝子と縮れた剛毛の遺伝子とを切り離す簡単な方法はなく、形質を切り離すことができないという事実の根底には、物質的な基盤があった。すなわち、染色体とは「ひも」であり、遺伝子は永久にそのひもでつながっているのだ。

モーガンはメンデルの法則の重要な修正点を見いだした。遺伝子はばらばらに移動するのではなく、パッケージされたまま移動するということだ。情報のパッケージはそれ自体が染色体というパッケージに入っており、染色体というパッケージは、細胞というパッケージに入っている。だが、この発見にはさらに重要な意義があった。モーガンは遺伝子同士だけでなく、ふたつの分野も結びつけたのだ。遺伝子とは「単なる理論上の単位」ではなく、細胞の中の特定の場所に、特定の形で存在する物質的な「物」だったのだ。[*12]「それら（遺伝子）が染色体上に存在することを突き止めたからには」とモーガンは書いている。「遺伝子を物質単位とみなしていいのだろうか？　分子より高次の化学的構造体とみなせるだろうか？」

遺伝子同士が連鎖しているという事実が判明した結果、第二、第三の発見がもたらされた。まずは連鎖へと話を戻そう。モーガンの実験は、同じ染色体上で物理的に連鎖している遺伝子が一緒に受け継がれることを示した。青い目をつくる遺伝子（B）が金髪をつくる遺伝子（B1）と連鎖しているならば、金髪の子供は必ず、青い目も受け継ぐ（この例は単なる仮説だが、その原則は真実である）。

しかし連鎖には例外がある。ときどき、ごくたまに、遺伝子がパートナーである遺伝子との連鎖を解いて、父親由来の染色体から母親由来の染色体へと移ることがあり、その結果、青い目をした黒い髪の子供や、その反対に、黒い目をした金髪の子供が生まれる。モーガンはこの現象を「乗り換え」と呼んだ。のちほど詳述するように、遺伝子の乗り換えという現象はやがて生物学の世界に革命を起こす。遺伝情報というのは混ぜたり、組み合わせたり、交換したりできる（対になっている染色体のあいだだけでなく、異なる個体や、異なる種のあいだでも）という事実が判明するのだ。

モーガンの実験の最後の発見は「乗り換え」についての入念な研究の結果、もたらされたものだった。遺伝子の中にはあまりにしっかりと互いに結びついているために決して乗り換えが起きない組み合わせがあった。モーガンの弟子たちは、こうした遺伝子同士は染色体上のきわめて近い位置に存在しているのではないかという仮説を立てた。一方、連鎖してはいるものの、離れやすい遺伝子もあり、そうした遺伝子同士は染色体上の離れた位置に存在しているにちがいないと彼らは考えた。さらに、まったく連鎖していない遺伝子同士は異なる染色体上に存在しているにちがいなく、ふたつの遺伝子の連鎖の強さとはすなわち、そのふたつの遺伝子の染色体上の物理的な距離を表していると考えられた。ふたつの形質（たとえば金髪と青い目）がどれくらいの頻度で一緒に遺伝するか、あるいはしないかを測定することで、それらの遺伝子の染色体上の距離を知ることができるにちがいなかった。

一九一一年の冬の夜、モーガンの研究室で実験をしていた二〇歳のスタートバントは、ショウジョウバエの遺伝子連鎖についての実験データを自分の部屋に持ち帰った。そして数学の宿題をあとまわしにして、一晩かけてショウジョウバエの遺伝子の最初の地図をつくった。もし遺伝子Aが遺伝子Bと強く連鎖し、遺伝子Cと弱く連鎖しているのならば、三つの遺伝子は染色体上で連鎖の強さに比例した距離を互いに置いて、A、B、Cの順番に並んでいるはずだと彼は考えた。

A・B・・・・・・・・・・C・

切り込みのある翅の遺伝子（N）は、短い剛毛の遺伝子（SB）と一緒に受け継がれる傾向にあることから、ふたつの遺伝子NとSBは同じ染色体上に存在しているにちがいなく、連鎖していない眼の色の遺伝子は異なる染色体上に存在しているはずだった。夜が明けるころには、スタートバントはショウジョウバエの染色体上に存在する六つの遺伝子の最初の遺伝子地図を描き終わっていた。

スタートバントがつくった簡単な遺伝子地図は、一九九〇年代をとおしておこなわれる大規模かつ入念な研究、すなわち、ヒトゲノムのすべての遺伝子の染色体上の位置を突き止める研究の先駆けとなった。連鎖の強さから染色体上の遺伝子同士の相対的な位置関係を導き出したことによって、スタートバントは、乳がんや、統合失調症や、アルツハイマー病などの複雑な家族性疾患に関連した遺伝子を解読するための基盤をつくった。ニューヨークの大学院生の寮で過ごした一二時間のうちに、彼はヒトゲノム計画という建物の基礎コンクリートを流し込んだのだ。

一九〇五年から一九二五年にかけて、コロンビア大学の「ハエ部屋」は遺伝学の中心点であり、新しい科学を次々と生み出す触媒チャンバーのようなものだった。あたかも原子核が複数の原子核に分裂するかのように、新しい概念がべつの新しい概念を生み出していった。連鎖、乗り換え、線状の遺伝子地図、遺伝子間の距離。そうした連鎖反応があまりの勢いで爆発的に進行したために、遺伝学は誕生したというよりも、猛スピードで飛んできたかのようだった。その後の数十年間にわたって、ノーベル賞の雨がハエ部屋のメンバーに降り注いだ。モーガンと彼の弟子たち、弟子たちの弟子たち、さらにはそのまた弟子たちまでもがノーベル賞を受賞した。

しかし連鎖と遺伝子地図を解明したモーガンですら、遺伝子の物質としての形状をうまく想像したり描写したりすることはできなかった。情報を「糸」や「地図」という形で運ぶことができるのはどんな化学物質なのだろう？　メンデルの論文が発表された一八六五年から一九一五年までの五〇年のあいだに、科学者たちが遺伝子というものをその性質のみで理解していたという事実は、抽象概念を真実として受け入れる科学者の能力を示していた。科学者が知っていたのは以下の性質だ。遺伝子は形質を発現させる。遺伝子は変異を起こし、その結果、べつの形質を発現させる。遺伝子は化学的あるいは物理的に互いに連鎖する傾向にある。遺伝学者たちはまるでベールの向こうを見ているかのようにぼんやりと、パターンや主題を思い描きはじめていた。糸、ひも、地図、交差、途切れた線、途切れない線、暗号化され、圧縮された形で情報を運ぶ染色体。しかし実際に働いている遺伝子を見たことがある者はおらず、その物質的な要素を知っている者もいなかった。遺伝の研究の中心は、その影でしか見分けることのできない、科学の世界にとって見えそうで見えない対象物の研究になりそうだった。

ウニやチャイロコメノゴミムシダマシやショウジョウバエがヒトの世界からかけ離れているように見えたとしたら、つまりモーガンやメンデルの発見とヒトとの具体的な関係が不確かだったとしたら、一九一七年の暴力が渦巻く春に起きた出来事がそうではないことを証明した。ニューヨークの「ハエ部屋」でモーガンが遺伝子連鎖についての論文を書いていたその年の三月、ロシア全土に民衆の蜂起が広がり、その結果、皇帝専制体制が終わりを告げ、ボルシェビキ政権が樹立された。

表面上は、ロシア革命と遺伝子とはほとんど関係がなかった。第一次世界大戦をきっかけに、飢えに苦しむ疲弊した民衆は、怒り狂った熱狂的な不平分子へと変貌した。皇帝は軟弱で無能だとみなされ、軍は服従せず、工場労働者は怒りを募らせ、物価は跳ね上がった。一九一七年三月には、皇帝ニコライ二世が退位した。しかし遺伝子とその連鎖はこの歴史に強い影響をおよぼしていた。ロシア皇后のアレクサンドラはイギリスのヴィクトリア女王の孫であり、その家系の遺産を受け継いでいたが、その遺産には彫刻のような高い鼻や、エナメルのようにつややかな肌だけではなく、ヴィクトリア女王の子孫に引き継がれていた致死的な病である血友病Bの原因遺伝子も含まれていた。[*13]

血友病とは、あるひとつの遺伝子の変異が原因で、血を固める働きをするタンパク質が欠乏してしまう病気だ。このタンパク質がないと血液は凝固しなくなり、ほんの少しの切り傷が致死的な大出血となる。ギリシャ語の *haimo*（「血」）と *philia*（「好き、愛している」）に由来するこの病気の名前 *Hemophilia* は、この病がもたらす悲劇についての皮肉なコメントのようなものだ――「血友病患者はあまりに簡単に出血したがる」

ショウジョウバエの白い眼と同様に血友病も、性別に関連した遺伝病である。女性はこの遺伝子の保因者となって遺伝子を子供に受け渡すが、病気を発症するのは男性だけである。血友病遺伝子の変異はヴィクトリア女王が子供のころに自然に起きたものと考えられている。女王の八人目の子供であるレオポルドはこの遺伝子を受け継ぎ、三〇歳で脳出血のために死亡した。血友病遺伝子はヴィクトリアの二番目の娘であるアリスにも受け渡され、その後、アリスから彼女の娘であるロシア皇后アレクサンドラに引き継がれた。

一九〇四年夏、アレクサンドラ（当時はまだ、その遺伝子の保因者だとは気づいていなかった）はロシア皇太子アレクセイを産んだ。アレクセイの子供時代の医学的な記録はほとんど残っていないが、彼の世話係は何かがおかしいことに気づいていたにちがいない。あまりに簡単に痣ができたり、鼻血が止まりにくかったりすることに。彼がどんな病を患っているのかは秘密にされていたものの、アレクセイはいつも顔色の悪い、病弱な子供で、ちょっとしたことで頻繁に出血した。遊んでいて転んだり、皮膚に切り傷ができたり、乗馬したりするだけで大惨事になった。

アレクセイが大きくなり、命取りになりかねない出血をよく起こすようになると、アレクサンドラは世渡りのうまい伝説的な祈禱師グレゴリエヴィッチ・ラスプーチンに頼りはじめ、ラスプーチンは未来の皇帝の病を治すと約束した*[14]。さまざまな薬草や、軟膏や、風変わりな祈禱によってアレクセイを生きながらえさせると主張するラスプーチンを、たいていのロシア人は御都合主義的ないかさま師とみなしていた（皇后と関係を持っているという噂もあった）。彼が王宮にしょっちゅう出入りしていることや、アレクサンドラへのしだいに強まる影響力こそが、崩れつつある君主制が狂気の域に達したことを示す証拠だと人々は考えた。

ペテルスブルクの通りにあふれ出してロシア革命を起こした経済的、政治的、そして社会的な力は、アレクセイの血友病やラスプーチンの陰謀よりもずっと複雑だった。歴史を医学の伝記に帰することはできないが、歴史がその影響から逃れることができないのも確かだ。ロシア革命は遺伝子とは関係がなかったかもしれないが、そこに遺伝が強く関与していたことはまちがいない。君主制に批判的な人々には、皇太子が受け継いだあまりに人間的な遺伝的性質とあまりに高貴な政治的立場との乖離（かいり）がとりわけ明白に感じられたにちがいない。アレクセイの病気の比喩的な影響力もまた否定しようがなかった。彼の病は、包帯と祈禱に頼り、その中心部で血を流している病んだ帝国を象徴していたのだ。フランスの人々はケーキを貪る強欲な王妃にうんざりしていたが、ロシアの人々は、奇妙な薬草を飲み、謎めいた病と闘っている王子に嫌気がさしていた。

一九一六年一二月三〇日、ラスプーチンは宿敵によって毒を盛られ、銃で撃たれ、切りつけられ、ハンマーで頭を叩き割られ、川に投げ込まれた。[*15] ロシアでおこなわれる暗殺というのはたいてい、ひどく残忍な方法が用いられるものだが、それに照らし合わせてみても、ラスプーチンの殺害方法は途方もなく残虐であり、敵がいかに深い憎悪を抱いていたかを物語っている。一九一八年初夏、皇帝一家はエカテリンブルクへと移され、館に監禁された。一九一八年七月一七日、アレクセイの一四歳の誕生日の一カ月前に、ボルシェビキの命を受けた銃殺隊によって、一家全員が殺害された。[*16] アレクセイは頭を二度撃たれた。子供たちの遺体は館付近の別々の場所に埋められたとされていたが、結局、アレクセイの遺体は見つからなかった。

二〇〇七年、ひとりの考古学者が、アレクセイが殺害された館近くのたき火場で、とりわけ黒く焦げた骨をふたつ発掘した。[*17] そのうちのひとつは一三歳の少年のものだとわかり、遺伝子検査の結果、アレクセイの骨であることが判明した。もし調査員が骨の遺伝子をすべて解読したならば、血友病Bをもたらした遺伝子変異が見つかったかもしれない。大陸をひとつ横断し、四つの世代に受け継がれ、そして、二〇世紀の政治の決定的瞬間にこっそりと潜り込んだ変異が。

真実と統合

すべてが変わった、すっかり変わった。
恐るべき美が誕生した。[*1]
——ウィリアム・バトラー・イェイツ「イースター一九一六」

遺伝子は生物学の「外側」で生まれた。つまりこういうことだ。一九世紀末の生物科学の世界で注目されていた主な問題を挙げていっても、遺伝子はそうしたリストの上位に位置してはいなかったのだ。生物を研究していた科学者たちが没頭していたのはべつの問題、すなわち発生学、細胞生物学、種の起源、進化といったテーマだった。細胞はどのように機能しているのだろう？　生物は胚からどのように発生するのだろう？　種の起源とは？　自然界の多様性を生み出しているのはなんだろう？

しかし、これらの疑問に答えようとする試みはすべて、まったく同じ地点でぬかるみにはまった。どの場合にも欠けていたのは情報だった。どの細胞も生物も自らの生理的な機能をはたすためには情報を必要としているが、その情報はどこからやってくるのだろう？　胚が成長して大人の生物になるにはメッセージが必要だが、何がそのメッセージを運んでいるのだろう？　さらに言うならば、ある特定の種に属する生物はどうして、自分がその種のメンバーであって、他の種のメンバーではないことを「知っている」のだろう？

遺伝子の巧妙な性質とは、こうしたすべての疑問に対する潜在的な回答を一気に提供できるという点だった。細胞が代謝をおこなうための情報はどこからやってくるのだろう？ もちろん、細胞の遺伝子からだ。暗号化されているメッセージは胚のどこにあるのだろう？ もちろん、遺伝子の中だ。生物が繁殖するとき、親は胚をつくったり、細胞を機能させたり、代謝を可能にしたり、求愛ダンスをしたり、結婚式のスピーチをしたり、同じ種に属す未来の生物をつくったりするための指示を子にひとまとめにして受け渡す。つまり遺伝というのは生物学の末梢的問題ではなく、中心に位置づけるべき問題だったのだ。日常で語られる意味での遺伝について考えるとき、われわれは代々受け継がれる特定の特徴を思い浮かべる。たとえば、父親の鼻の形や、めずらしい病気にかかりやすいといったような家系的な特徴だ。しかし遺伝が解き明かすほんとうの謎とは、もっと一般的なものだ。どんな、鼻であれ、そもそも生物が鼻をつくることができるのは、いかなる指示があるからなのだろう？

遺伝子こそが生物学の中心的問題への解答であると認識されるのが遅れたために、奇妙なことが起こった。遺伝学者は後知恵のように生物学の他の主要分野と遺伝学とを統合させなければならなくなったのだ。もし遺伝子が生物学的情報の中心的な通貨だとしたら、遺伝のみならず、生物界の主な特徴というのはすべて遺伝子に還元して説明できるはずだった。まず最初に、遺伝子は多様性という現象を説明しなければならなかった。たとえば、ヒトの目には世界じゅうの人間の数だけ、七〇億以上もの多様性が存在することを個別の遺伝単位はどう説明づけるのだろう？ 遺伝子は次に、進化を説明しなければならなかった。時間の経過とともに生物がまったく異なる形や特徴を獲得していく現象を、遺伝単位が次世代へと受け継がれるという現象でどう説明すればいいのだろう？ 遺伝子はさらに、発生を説明しなければならなかった。個別の情報の単位はどのようにして、胚から成熟した生物をつくりあげるための指示を出しているのだろう?

遺伝子と生物学の他の分野とのあいだのこの三つの統合というのは、遺伝子のレンズをとおして自然の過去、現在、そして未来を説明する試みとして描くことができるかもしれない。進化は自然の過去を描き出す――「生物はいかにして発生したのだろう?」多様性は現在を描き出す――「それぞれの生物はなぜ今このような姿をしているのだろう?」そして胚の発生は未来をとらえようとする――「一個の細胞はいかにして、最終的に特有の形態を有するようになる生物をつくり出すのだろう?」

大きな変化がもたらされた一九二〇年から四〇年にかけての二〇年間のあいだに、これらの三つの疑問のうちの最初のふたつである多様性と進化が、遺伝学者、解剖学者、細胞生物学者、統計学者、数学者のあいだのユニークな協力によって解決された。しかし三つめの疑問である胚発生を解決するには、それよりもはるかに協調した努力が必要だった。皮肉なことに、近代遺伝学という分野を始動させたのは発生学だったにもかかわらず、遺伝子と発生とを統合させる作業のほうが、発生学自体よりもはるかに興味深い科学的問題となった。

一九〇九年、ロナルド・フィッシャーという名前の若き数学者がケンブリッジ大学のキーズ・カレッジに入学した。[*2] 遺伝性の疾患のためにしだいに視力が衰えたフィッシャーは、十代の前半には盲目に近い状態になっていた。ペンと紙を使うことなく数学を学んだために、紙に方程式を書く前に心の目で問題を視覚化するという能力を身につけた。中等学校では数学で抜きんでていたものの、ケンブリッジ大学に入学してからは弱視が不利に働いた。数学の問題を読んだり書いたりする彼の能力の低さに失望した個人指導教官に自尊心を傷つけられ、フィッシャーは医学へと進路を変えたものの、結局、試験に失敗した(ダーウィンやメンデルやゴールトンもそうだったが、型どおりの成功を手に入れられないということが共通のパターンのようだ)。一九一四年にヨーロッパで戦争が勃発すると、ロンドンで統計解析担当者として働きはじめた。

昼間は生命保険会社で統計情報を解析し、夜の帳(とばり)が下り、視界から世界がほぼ完全に消え去ると、生物学の理論について考えた。フィッシャーが夢中になっていた科学の問題とは、生物学の「心」をその「目」に調和させるという問題だった。偉大な科学者たちは一九一〇年に、染色体に存在する個別の情報の粒子こそが遺伝情報の運び手であることを示していた。だが生物界では、あらゆる「見える」ものにはほぼ完璧な連続性があると考えられていた。ケトレーやゴールトンなどの一九世紀の生物統計学者は、背の高さや体重、さらには知能までも含む人間の形質が滑らかで連続したベル型の曲線を描いて分布していることを示した。ひとつの生物の成長(最も明白な遺伝情報の連なり)ですら、ぎざぎざではなく滑らかで連続した段階を経ていた。イモムシは階段状の段階を経てチョウになるわけではなかった。フィンチのくちばしの大きさをプロットし、点を線で結んだなら、連続カーブを描くはずだった。いわば遺伝のピクセルである「情報の粒子」はどのようにして、生物界の外見上の滑らかさをもたらしているのだろうか?

フィッシャーは、遺伝形質を注意深く数学的に描き出すことによって、粒子と滑らかさとのあいだの矛盾が解消されるのではないかと考えた。メンデルが遺伝子の不連続性を発見したのは、彼がきわめて個別的な形質を選んだからであり、さらには、純系のエンドウマメ同士を交配させたためだったことをフィッシャーは知っていた。だが身長や皮膚の色などの現実世界の形質というのは、「背が高い」か「低い」か、「オン」か「オフ」かだけを指定する一個の遺伝子がもたらすものではなく、複数の遺伝子がもたらすものなのではないだろうか? たとえば、背の高さを決める遺伝子は五つあり、鼻の形を決める遺伝子は七つある、といった具合なのではないだろうか?

フィッシャーは、五つ、あるいは七つの遺伝子がつかさどる形質を表す数学というのはそれほど複雑ではないことを発見した。問題となる遺伝子が三つだとしたら、対立遺伝子は全部で六つある（母親由来の遺伝子が三つに、父親由来の遺伝子が三つ）。これら六つの遺伝子の組み合わせは全部で二七種類となり、それぞれの組み合わせが身長にある特定の効果をもたらすとしたら、その結果は、かなり滑らかな曲線となることにフィッシャーは気づいた。

遺伝子が五つなら、組み合わせのパターンはさらに増え、それらの組み合わせによってもたらされる身長の多様性は途切れのない曲線を描くように見えるはずだ。身長に対する栄養の影響や、皮膚の色に対する日照の影響などの環境の影響を加えたなら、多様性はさらに増え、最終的には完全に滑らかな曲線となるはずだった。虹の七色のそれぞれの色の透明な紙が七枚あるとする。それぞれの紙をべつの紙と重ねたなら、ほぼどんな色でもつくり出すことができる。紙の持つ「情報」は個別のままであり、色は実際に混じり合っているわけではないが、色を重ね合わせることによって、ほぼ完全に連続する色のスペクトルが生み出されるのだ。

一九一八年、フィッシャーは『メンデル遺伝を仮定した場合に血縁者間に期待される相関』という題名の論文を発表した。[*3] 題名こそ長ったらしくてとりとめがなかったが、論文に含まれるメッセージは簡潔だった。どのような形質であれ、それをつかさどる三つか五つの遺伝子の効果を混ぜ合わせたなら、ほぼ完璧に連続した表現型をつくり出すことができるというメッセージだ。「人間の多様性の正確な数」はメンデルの遺伝理論の範囲内で説明することができると彼は書いており、一個の遺伝子の効果とは、点描画法の一点のようなものだと主張した。近くで見たならば、それぞれの点を見分けることができるが、自然界でわれわれが遠くから目にしたり、経験したりしているものは点の集合体、すなわち、ピクセルが結合した継ぎ目のない画像なのだ。

二番目の統合（遺伝学と進化との統合）を達成するには数学的なモデルではなく、実験データが必要だった。ダーウィンは自然選択によって進化が起きると考えたが、自然選択が起きるには、選択されるべき自然な何かが存在しなければならず、野生の生物集団には勝者と敗者が選択されるだけの十分な多様性がなければならない。たとえば干ばつが起きて、ある島に生息するフィンチの群れの中から最も強いフィンチか、最も長いくちばしを持つフィンチが選択されるためには、その生物集団のフィンチのくちばしの大きさには十分な多様性がなければならないのだ。そのような多様性がなく、すべてのフィンチが同じくちばしを持っていたなら、そもそも選択すべきくちばしを見つけることはできず、すべてのフィンチが一挙に絶滅し、進化は止まってしまう。

ならば、野生の世界に自然な多様性を生み出しているエンジンとはなんなのだろう？　フーゴ・ド・フリースは「突然変異」が多様性の原因だと説いた。[4]遺伝子の変化が表現型の変化をもたらし、それが自然の力によって選択されると考えたのだ。しかしド・フリースがそう推測したのは遺伝子が分子的に定義される前のことだった。実際の遺伝子の中で起きている、特定可能な突然変異が多様性の原因だということを実験的に証明できるだろうか？　突然変異というのはいきなり、自然に起きるものなのだろうか？　それとも、野生の生物集団の中には最初から遺伝子の多様性が豊富に存在しているのだろうか？　自然選択の際に、遺伝子には何が起きているのだろうか？

一九三〇年代、アメリカに移住したウクライナ出身の生物学者テオドシウス・ドブジャンスキーは、野生の生物集団の中の遺伝的多様性について調べはじめた。[5]ドブジャンスキーはコロンビア大学のトマス・モーガンのハエ部屋で修業を積んだが、自然界の遺伝子について知るには、彼自身が野生の世界に出ていかなければならないと考え、網と、虫かごと、腐った果物を手に野生のショウジョウバエを採集しはじめた。最初はカリフォルニア工科大学の研究室のそばで採集していたが、やがてカリフォルニア州のサンジャシント山脈やシエラネバダ山脈へ出かけていくようになり、最終的には、アメリカじゅうの森や山で採集するようになった。研究室の実験作業台から離れずにいる同僚たちは、ドブジャンスキーは完全に頭がおかしくなってしまったのではないかと思った。いっそガラパゴス諸島に行ったほうがいいのではないか。

だがやがて、野生のショウジョウバエの変異体を見つけ出すという彼の決断こそが重要だったことが判明する。ドブジャンスキーは、たとえば *Drosophila pseudoobscura* という野生のショウジョウバエについて、その寿命や、眼の構造や、剛毛の形状や、翅の大きさといった複雑な形質に影響を与えている複数の遺伝的変異体を発見した。最も驚くべき遺伝的変異体は同じ地域から採取されたもので、同じ遺伝子が二種類のまったく異なる並び方になっていた。ドブジャンスキーはこのような遺伝的変異体を「種」と呼んだ。染色体上の位置から遺伝子をマッピングするというモーガンの手法を使って、ドブジャンスキーが三つの遺伝子A、B、Cの地図をつくったところ、あるショウジョウバエでは、三つの遺伝子が五番染色体上でA‐B‐Cという配列で並んでいたのに対し、べつのショウジョウバエでは、配列はまったく逆のC‐B‐Aだった。一本の染色体上の遺伝子配列が逆になっていることによる、このふたつのショウジョウバエの「種」のちがいは、遺伝学者が自然界の生物集団で遭遇した中で最も劇的なものだった。

しかし、これだけではなかった。一九四三年九月、ドブジャンスキーは多様性と、選択と、進化をひとつの実験で説明するために、容器の中にガラパゴス諸島を再現することを試みた。[*6] 気体を満たしたふたつの容器それぞれの中にABCとCBAという二種類のショウジョウバエの系統を一対一の比で混ぜて入れ、それらを密封し、ひとつの容器を低温にさらし、もうひとつを室温に置いた。ショウジョウバエたちはその閉じた空間の中で何世代にもわたって餌と水を与えられ、容器は清潔に保たれた。生物集団は増え、減った。容器の中で新しい幼虫が生まれ、ショウジョウバエへと成長し、死んだ。いくつもの血統や家族（ハエの王国）が誕生しては消えた。四カ月後にふたつの容器内のハエを採取したところ、集団の構成が劇的に変わっていることにドブジャンスキーは気づいた。「寒い容器」ではＡＢＣがほぼ二倍に増え、その反対にＣＢＡは減っていた。室温に保たれた容器では、それとは逆の比になっていた。

この実験により、ドブジャンスキーは進化の決定的な要素をすべてとらえることができた。遺伝子配列の異なる変異体を自然に持つ生物集団から出発して、そこに、温度という選択圧を加えると、「最も適応力の高い」生物（低温あるいは高温に最もうまく適応できた生物）が生き残った。新しいショウジョウバエが生まれ、選択され、繁殖し、それを繰り返すあいだに遺伝子の割合が変化していき、最終的に、新しい遺伝子構成を持つ集団が誕生した。

遺伝学と、自然選択と、進化の交差を正式な用語で説明するために、ドブジャンスキーは「遺伝型」と「表現型」というふたつの重要な言葉をよみがえらせた。遺伝型とは生物の遺伝子構成のことであり、一個の遺伝子を指すこともあれば、遺伝子配列を指すこともあり、さらにはゲノム全体を指すこともある。一方の表現型とは、眼の色、翅の形、高温や低温への抵抗性といった生物の身体的・生物学的特質や特徴を意味する。

ドブジャンスキーは今では「一個の遺伝子がひとつの身体的特徴を決定する」というメンデルの発見の本質的な真実を複数の遺伝子と複数の特徴へと広げ、べつの表現で言い換えることができるようになっていた。

遺伝型が表現型を決定する

だが体系を完成させるためには、この法則にふたつの重要な修正を加える必要があった。まず最初に、表現型を決定するのは遺伝型だけではないことにドブジャンスキーは気づいた。個体のまわりの環境がその身体的特徴に影響を与えているのは明らかだったからだ。ボクサーの鼻の形は遺伝によってのみ決まるわけではなく、彼が選んだ職業の性質や、鼻の軟骨に何度パンチを食らったかにも影響を受けていた。もしドブジャンスキーが気まぐれに、ひとつの箱の中のすべてのショウジョウバエの翅を切ったなら、遺伝子に手を加えることなくその表現型（翅の形）に影響を与えたことになる。つまり、こういうことなのだ。

遺伝型＋環境＝表現型

次に、遺伝子は外的な誘因や偶然によって活性化されることにドブジャンスキーは気づいた。たとえばショウジョウバエでは、四枚の翅のうち、後翅にあたる退化した翅の大きさを決める遺伝子の活性は気温に依存している。遺伝子あるいは、環境だけにもとづいて翅の大きさを予測することはできず、そのふたつの情報を組み合わせる必要があるのだ。そうしたタイプの遺伝子の場合には、遺伝型も環境も表現型の唯一の予測因子にはならず、遺伝子と環境と偶然の交差こそが予測因子になる。

ヒトでは、ＢＲＣＡ1遺伝子の変異は乳がんのリスクを高めるが、ＢＲＣＡ1遺伝子の変異を持つ女性すべてが乳がんを発症するわけではない。このように、誘因や偶然に左右される遺伝子は部分的あるいは不完全な「浸透率」を持つと表現される。つまり遺伝子自体は子に受け継がれても、それが実際の特徴へと浸透する能力は完全ではないのだ。あるいは、遺伝子にはさまざまな「表現度」があり、ある遺伝子が受け継がれても、それが実際の特徴として発現する程度は個体ごとに異なっていると考えてもいい。BRCA1遺伝子の変異を有する女性の中には、三〇歳で進行の速い転移性乳がんを発症する人もいれば、乳がんを発症してもそれが進行の遅いタイプである場合もあり、また中には、乳がんをまったく発症しない人もいる。

何がこうしたちがいを生んでいるのかはいまだ不明だが、年齢、発がん物質への暴露、他の遺伝子、そして不運の組み合わせが関与していると考えられており、遺伝型——BRCA1遺伝子の変異——だけで女性たちが最終的にどうなるかを予測することはできない。

すなわち、三番目の修正点は以下のようになる。

遺伝型+環境+誘因+偶然=表現型

個体の形や運命を決定づける遺伝、偶然、環境、変化、そして進化の相互作用の本質を、この方程式は簡潔ながら堂々ととらえていた。自然界では、野生の生物集団の中に遺伝型による多様性が存在し、そうした多様性が環境や、誘因や、偶然と相交わることによって個体の特性（気温への抵抗性が強いショウジョウバエか、弱いショウジョウバエか）が決定される。気温の上昇や食糧の急激な減少などの厳しい選択圧が加わると、「最適な」表現型を持つ個体が選択される。そうしたショウジョウバエが選択されて生き残ることで、その遺伝型の一部を受け継いだ幼虫が多く生み出され、選択圧に適応したショウジョウバエが多く誕生する。選択のプロセスが作用するのは身体的あるいは生物学的な特質であり、その結果、そうした特質をもたらしている遺伝子が受動的に選択されるのだ。いびつな形の鼻というのは散々なボクシングの試合のせいなのかもしれず、そもそも遺伝子とはなんの関係もないのかもしれない。だが整った鼻が結婚相手を選ぶ基準になったなら、不格好な鼻の持ち主は除外される。たとえその鼻の持ち主が長い目で見れば健康にいい、べつの遺伝子（粘り強さや、ひどい痛みに耐えられる遺伝子など）をいくつも持っていたとしても、結婚相手を探す際には、そうした遺伝子はすべて無視されて、やがて消えてしまうだろう。すべてはその忌まわしい鼻のせいで。

いわば、まるで荷車が馬を引くかのように表現型が遺伝型を前に引っぱっているのだ。あるもの（適応力）を探し求めていたはずの自然選択が偶然に、べつのもの（適応力を生み出す遺伝子）を見つけるという事実は、自然選択にまつわる永遠の謎である。表現型の選択を介して、適応力をつくり出す遺伝子が集団の中で増えていき、結果的に、まわりの環境により適応した集団が生み出される。完璧などというものは存在せず、あるのはただ環境と生物個体とのたゆみない、飽くなき適合のみである。それこそが進化の駆動力なのだ。

ドブジャンスキーが成し遂げた最後の偉業は、ダーウィンの心を奪っていた「謎の中の謎」、つまり種の起源の謎を解くことだった。「容器の中のガラパゴス諸島」実験は交雑によって誕生した生物集団（たとえばショウジョウバエ）が時間とともにどのように進化していくかを示した[†]。だがドブジ

† 生殖の不適合と種形成についての最初の実験は、自然選択の実験の前におこなわれた。しかしドブジャンスキーと彼の弟子は一九四〇年代から五〇年代にかけて、それらふたつのテーマについて研究を続けた。

ャンスキーは、さまざまな遺伝型を持つ野生の生物集団において交雑が繰り返しおこなわれたなら、新しい種が形成されることは絶対にないことを知っていた。種というのは結局のところ、べつの種と交雑できないという特性によって定義づけられているのだ。

新しい種が誕生するためには、交雑を不可能にするなんらかの要因がなければならなかった。ドブジャンスキーは、地理的な孤立こそがその要因なのではないかと考えた。さまざまな遺伝的変異体が存在し、交雑することが可能なある生物集団を思い浮かべてほしい。その集団が突然、なんらかの地理的な隔たりによってふたつに分かれるとする。たとえば、ある島に生息していた鳥の群れの半分が嵐に吹き飛ばされて遠くの島へとたどり着き、もう二度と故郷の島へ帰れなくなるような場合だ。この場合、ふたつの集団はダーウィン流に独立して進化し、互いが生物学的に不適合になるまで、それぞれの島で、ある特定の遺伝的変異体が選択されていく。こうなると、たとえ新しく誕生した鳥たちが故郷の島へ戻ることができたとしても（たとえば、船に乗って）、長いあいだ会うことのなかったいとこのそのまたいとことのあいだに子孫を残すことはできないのだ。ふたつの島の鳥同士のあいだに生まれた子は遺伝的不適合性（いわば文字化けしたメッセージ）を有しており、そのせいで生存できなかったり、不妊になったりする。地理的な孤立は遺伝子の孤立をもたらし、最終的に、繁殖の孤立をもたらす。

この種形成のメカニズムは単なる推測ではなく、ドブジャンスキーはそれを実験的に示すことができた。[*7] 彼はまず、ふたつの「種」のそれぞれのショウジョウバエを一匹ずつ同じケージに入れた。するとショウジョウバエは交配し、子が生まれたが、幼虫は成虫になっても子を残すことができなかった。遺伝学者たちは連鎖解析を用いて、子孫を不妊にさせる原因の遺伝子配列を突き止めることができた。それこそがダーウィンの理論で欠けていた部分だった。遺伝的不適合によってもたらされる生殖の不適合が、新種誕生の鍵を握っているのだ。

一九三〇年代末には、ドブジャンスキーは遺伝子、多様性、自然選択についての自分の理論が生物学の範囲を超えて広がり、予期しない影響をおよぼしていることに気づいた。一九一七年のロシア全土に広がった血なまぐさい革命は、全体の利益のためにあらゆる個人の特質を消し去ろうとするものだった。一方、ヨーロッパで生まれつつある恐ろしい人種差別主義は、個人の特質を強調し、悪魔化していた。いずれの場合にも、根本的な疑問は生物学的なものであることにドブジャンスキーは気づいた。いったい何が個人を定義しているのだろう？　遺伝的多様性は個性にどう貢献しているのだろう？　種にとって「良い」とはどういうことなのだろう？

一九四〇年代、ドブジャンスキーはこれらの疑問に直接取り組み、やがて、ナチスの優生政策や、ソ連の集産主義、ヨーロッパの人種差別主義に対する最も粘り強い批判者となる。だが野生の生物集団や、多様性や、自然選択についての彼の研究はすでに、前記の疑問に関するきわめて重要な洞察をもたらしていた。

まず第一に、自然界では遺伝的多様性が存在することは普通の状態であって、例外的な状態ではないということだ。アメリカやヨーロッパの優生学者は、人間の「良さ」を促進するために、「良さ」を人為的に選択すべきだと主張していたが、自然界では唯一の「良さ」というものは存在しない。生物集団には多種多様な遺伝型が存在し、さまざまな遺伝子のタイプが共存し、ときに重複している。人類優生学者の考えとはちがって、自然は遺伝的多様性をなくすことを望んではいない。実際、自然な多様性というのは生物にとって欠くことのできない蓄えであり、不利益よりもはるかに多くの利益をもたらすものだとドブジャンスキーは気づいた。多様性がなければ（深い遺伝的多様性がなければば）、生物は最終的に進化する能力を失ってしまうからだ。

第二に、突然変異も多様性のひとつにすぎないということだ。野生のショウジョウバエの集団では、最初から優れた遺伝型というものは存在せず、ＡＢＣとＣＢＡのどちらが生き残るかは、環境および、遺伝子と環境の相互作用で決まった。ある人にとっての異常な変異はべつの人にとっては単なる正常な多型にすぎないのだ。ある寒い夜は、ある特定のショウジョウバエを選択するかもしれないが、ある夏の日は、まったくべつのショウジョウバエを選択するかもしれない。どちらが道徳的に優れているとか、生物学的に優れているということはない。ある特定の環境に適応できたか、できなかったかだけのちがいなのだ。

そして最後に、個体の身体的、あるいは精神的な特徴と遺伝との関係は予想以上に複雑だということだ。ゴールトンをはじめとする優生学者は、知能や身長や美しさや道徳性の遺伝子の質を向上させるための手っ取り早い生物学的な方法として、そうした複雑な表現型（知能、身長、美しさ、道徳的な正しさ）を選択しようと考えた。しかし表現型というのはひとつの遺伝子によって一対一の関係で決まるわけではなく、遺伝子を選択するために表現型を選択するというのはまちがったやり方だった。もし遺伝子と、環境と、誘因と、偶然が生物の最終的な特徴を決めているのだとしたら、それらひとつひとつの要因がもたらす相対的な影響を解析せずに知能や美を高めようとしても、優生学者は挫折するだけだ。

ドブジャンスキーの以上の洞察は、遺伝学の悪用と優生学に対する強力な異議申し立てとなった。遺伝子、表現型、選択、進化は比較的基本的な法則で束ねられていたが、そうした法則は簡単に誤解され、ゆがめられる可能性があった。「単純さを追い求めよ。しかし、単純さを疑え」数学者で哲学者のアルフレッド・ノース・ホワイトヘッドはかつて弟子たちにそう助言した。ドブジャンスキーは単純さを追い求めたが、それと同時に、遺伝理論の過度の単純化に対する道徳的な警告を何度も発した。だが、強大な政治権力がほどなく、最もゆがんだ形の遺伝子操作をおこない、ドブジャンスキーのそうした洞察は教科書や科学論文の中に埋もれたまま、無視されることになる。

形質転換

現実を回避するために「アカデミック・ライフ（学究生活）」を送りたいのなら、生物学はやめておいたほうがいい。生物学というのはライフ（生命）へもっと近づきたいと望んでいる人々のための分野だからだ。[*1]

――ハーマン・マラー

遺伝学者がいずれ顕微鏡下で遺伝子を発見するという可能性を……われわれは否定する……遺伝の基盤というのは自己増殖するなんらかの特別な物質の中になど存在しない。[*2]

――トロフィム・ルイセンコ

遺伝学と進化との統合は、「統合説」、またはより仰々しく「大いなる統合[†][*3]」と名づけられた。しかし遺伝学者たちが遺伝学と進化と自然選択の統合を称賛する一方で、遺伝子の物質的な性質はいまだ謎のままだった。遺伝子は「遺伝の粒子」だと説明されていたものの、その「粒子」の化学的・物理的な性質については説明されていなかった。モーガンは遺伝子を「糸に通ったビーズ」と視覚的に描写していたが、そのモーガンすら、自分の描写が物質的に何を意味しているのかはまったくわかっていなかった。「ビーズ」は何でできているのだろう？　どんな「糸」なのだろう？

遺伝子の物質的な正体が不明のままだったのは、ひとつには、生物学者がそれまでに一度も遺伝子の化学的本体をとらえたことがなかったからだ。生物界では一貫して、遺伝子は親から子へと、あるいは親細胞から娘細胞へと垂直方向に移動する。メンデルとモーガンは、こうした変異の垂直伝播にもとづいて遺伝のパターンを分析し、それによって遺伝子の作用（たとえば親のショウジョウバエから子への白い眼の形質の伝わり方など）を研究することができた。しかし垂直伝播の研究の問題点は、遺伝子が生きた個体や細胞から決して離れないという点だった。細胞が分割するときには遺伝物質も細胞の中で分割し、娘細胞へ分配される。その過程をとおして遺伝子を生物学的に見ることはできても、化学的に遺伝子に到達することはできない。遺伝子は細胞というブラックボックスの中に閉じ込められたままなのだ。

だがまれに、遺伝物質がある個体からべつの個体へと移ることがある――親から子へとではなく、互いに無関係な個体から個体へと。こうした水平方向の遺伝子の交換は「形質転換」と呼ばれる。それは、私たちの驚嘆を表す言葉だ。というのも私たち人間は、遺伝情報の伝播は繁殖によってのみ起きるものだと思い込んでいるからだ。しかし形質転換が起きると、月桂樹の枝を生やすダプネーのように、ある個体が異なる個体に変態するかのように見える（というよりもむしろ、遺伝子の移動によって、ある生物の特徴がべつの生物の特徴へと転換する。ダプネーの空想物語を遺伝学で物語るなら、枝を生やす遺伝子がダプネーのゲノムに入り込み、人間の皮膚から樹皮と、心材と、木質部と、師部

† 「大いなる統合」には、シューアル・ライト、J・B・S・ホールデンをはじめとする数人の生物学者も貢献した。貢献者の名前をすべて挙げることは本書の範囲を超えている。

を生やすのだ)。

形質転換が哺乳類で起きることはほぼ皆無だが、生物界の隅っこにいる細菌は、水平方向に遺伝子を交換することができる(この出来事の奇妙さを理解するために、青い目と白い目の友人同士を思い浮かべてほしい。ふたりは夕方の散歩に出かけ、その途中で何気なく互いの遺伝子を交換し、目の色を変えて戻ってくるのだ)。遺伝子交換の瞬間はきわめて不可思議で、かつすばらしい。ふたつの個体のあいだを移動するあいだ、遺伝子はいっとき純粋な化学物質として存在する。遺伝子を理解したいと望んでいる科学者が遺伝子の化学的性質をとらえるのに、これ以上好都合なタイミングはない。

形質転換を発見したのはイギリスの生物学者フレデリック・グリフィスだった。[*4] 一九二〇年代初め、イギリス保健省につとめていたグリフィスは、肺炎レンサ球菌(肺炎球菌とも呼ばれる)という細菌を用いた実験を始めた。一九一八年に世界じゅうで大流行し、二〇〇〇万人以上の死者を出したインフルエンザ、いわゆるスペイン風邪は歴史上最悪の疫病とされている。インフルエンザに感染した人はしばしば肺炎球菌による二次性細菌性肺炎を発症した。それは医師たちが「死神隊長」と名づけるほどに進行が速く、致死的な肺炎だった。インフルエンザ感染後の肺炎球菌による肺炎は、いわば疫病に続発する疫病であり、きわめて大きな懸念事項だった。そこで当時の内閣は肺炎球菌を研究してワクチンを開発するための科学チームをつくった。

そのチームのメンバーだったグリフィスは、病原菌の研究に集中した。なぜ肺炎球菌は動物にとってこれほどまでに致死的な病原菌なのだろう？　ドイツで他の研究者がおこなった実験から、グリフィスは肺炎球菌には二種類の株があることを発見した。表面が滑らかなS(smooth)株は多糖類でできた滑らかな皮膜を細胞表面に持ち、まるでイモリのように巧みに自分自身を免疫系から守っていた。一方、多糖類の皮膜を持たない、表面がざらざらしたR（rough）株は免疫系の攻撃を受けやすかった。S株を接種されたマウスは肺炎を発症してすぐに死亡したが、R株を接種されたマウスは免疫による攻撃によって生き延びた。

そこでグリフィスはある実験をおこない、その結果が図らずも、分子生物学に革命をもたらすことになった。[*5] 彼はまず最初に、病原性のあるS株の菌を加熱して死滅させてから、マウスに接種した。予想どおり、マウスは発病しなかった。菌は死滅しており、感染を引き起こすことができなかったからだ。ところが次に、すでに死滅させたS型の菌と、生きたR型の菌とを混ぜ合わせたものをマウスに接種すると、マウスは発病してすぐに死亡した。死亡したマウスを解剖したところ、R型の菌がS型に変化していることがわかった。すでに死滅したS型の菌の残骸と接触しただけで、病原性の因子である滑らかな皮膜を獲得していたのだ。無害な菌がどういうわけか、有害な細菌に「形質転換」していた。

過熱して死滅させた菌の残骸（微生物を構成する化学物質の生ぬるいスープにすぎないもの）はなぜ生きた菌に接触しただけで、遺伝形質を受け渡すことができたのだろう？　グリフィスにはわからなかった。彼は最初、生きた菌が死んだ菌を食べることによって、自分の皮膜を変えたのではないかと考えた。勇者の心臓を食べることによって、勇気と体力を獲得できるとするブードゥー教の儀式のように。しかし細菌が一度形質転換すると、その後は食糧源となる死んだ細菌を与えなくても、新しい皮膜は子孫に受け継がれていくことがわかった。

となれば、最も簡単な説明は、遺伝情報が化学物質として菌から菌へと受け渡されたというものだった。「形質転換」のあいだ、細菌に病原性を与える遺伝子（滑らかな皮膜をつくる遺伝子）がなんらかの方法で細菌の身体を離れて化学的スープの中に入り込み、そこから生きた細菌に移って、生きた細菌のゲノムに組み込まれたにちがいなかった。つまり遺伝子は繁殖という過程を経ることなく、菌から菌へと移動できるということだった。遺伝子とは、情報を運ぶ自律性の単位、つまり物質単位だったのだ。霊妙なパンゲンやジェミュールを介して細胞と細胞のあいだでメッセージがささやかれているわけではなかった。遺伝のメッセージは分子を介して移動しているのであり、その分子は化学物質として細胞外で存在できると同時に、細胞から細胞へ、個体から個体へ、親から子へと情報を運ぶことができるのだ。

もしグリフィスがこの驚くべき結果をそのとき発表していたなら、生物学全体に興奮の渦を巻き起こしたことだろう。一九二〇年代、科学者たちはようやく生態系を化学物質という形でとらえはじめたばかりであり、生物学はようやく化学になりつつあるところだった。生化学者たちは、細胞とは化学物質の入ったビーカーだと主張していた。「生命」という名の現象を生み出すための反応を繰り返す化合物の入った、膜で覆われた小袋だと。そんなときに、個体から個体へと遺伝情報を運ぶことのできる化学物質である「遺伝子を担う分子」をグリフィスが見つけたというニュースが知れ渡っていたなら、無数の推論が生まれ、生命の化学的理論が再構築されたはずだった。

だがグリフィスは控えめで、ひどく内気な男だった。「この小男が……ささやき以上の声で話すことはめったになかった[*6]」と言われていたほどだ。そんな彼が、自分の実験結果の持つ広い影響力や、その魅力について声高に宣伝するとは思えなかった。「イギリス人はどんなことも主義にもとづいておこなう」とアイルランドの文学者ジョージ・バーナード・ショーは言ったが、グリフィスの主義とは、徹底的な謙虚さだった。彼はロンドンの研究室にほど近い、ぱっとしないアパートメントと、ブライトンに自分で建てた余暇のための白い現代風のコテージにひとりで住んでいた。遺伝子は個体から個体へと移動したかもしれないが、グリフィス自身を研究室から移動させて、講演をさせるのは至難の業だった。あるときなどは、友人たちがグリフィスに化学の講演をさせようと、言葉巧みに彼をタクシーに押し込んで片道料金だけを払ったこともあったほどだ。

一九二八年一月、何カ月も躊躇したあと（「神さまは急いでなどいないのだから、私が急がなければならない理由などないだろう？」）、グリフィスは実験データを《衛生学雑誌（*The Journal of Hygiene*）》という科学雑誌で発表した。[*7] それはメンデルすらびっくりしそうなほど、まったく無名の雑誌だった。その論文のグリフィスの文章は哀れなほどに弁解じみた調子で、遺伝学を根底から揺さぶってしまったことに対して心から申しわけないと思っているかのようだった。彼はその論文の中で、微生物学という分野における興味深い現象として形質転換を論じていたが、遺伝の化学的な基盤を発見した可能性についてはっきりと述べてはいなかった。一九二〇年代で最も重要な生化学論文の最も重要な結論は、まるで抑えた咳のように、びっしりと詰まった文章の山の下に埋もれてしまっていた。

フレデリック・グリフィスの実験は遺伝子が化学物質であることを示す決定的な証拠だった。だが、その概念に近づきつつあったのは彼だけではなかった。一九二〇年、かつてトマス・モーガンの弟子だったハーマン・マラーは、ショウジョウバエの遺伝学についての研究を続けるために、ニューヨークからテキサス州に移った。[*8] モーガンと同じくマラーも、遺伝を理解するために突然変異体を使いたいと考えたが、ショウジョウバエの遺伝研究にとって必要不可欠な、自然発生する突然変異体というのはあまりにまれだった。モーガンと彼の弟子たちがニューヨークで見つけた白い眼や黒い体のショウジョウバエは、ショウジョウバエの膨大な群れの中から三〇年もかけて苦労して探し出したものであり、突然変異体を探すのに疲れたマラーは、ショウジョウバエを熱や光や高エネルギーにさらすことによって変異体の発生を加速させられないかと考えた。

　理論的には簡単なことに思えたが、実際にはむずかしかった。マラーが最初にショウジョウバエにX線を照射したときには、ハエは全滅してしまった。がっかりしたマラーは次に、線量を下げてみたが、今度は不妊になってしまった。彼がつくり出したのは変異体ではなく、死んだハエの山と不妊のハエの膨大な群れだった。一九二六年の冬、マラーはふと思いついて、一群のショウジョウバエにさらに低い線量のX線をあて、それから雄と雌を交配し、牛乳瓶の中で蛆虫（うじむし）が生まれるのを眺めた。

　ひと目で、驚くべき結果が得られたことがわかった。新しく生まれたショウジョウバエに数多くの変異体が存在していたのだ。[*9] 何十、いや、おそらくは何百ものハエに突然変異が認められた。すでに夜が更けており、そのニュース速報を耳にした唯一の人物は、階下（した）の部屋でひとりで働いていた植物学者だけだった。新しい変異体を見つけるたびに、マラーは窓から下に向かって叫んだ。「また見つけた！」モーガンと弟子がニューヨークで三〇年もかけてようやく五〇匹の変異体を見つけたのに対し、隣人の植物学者がやや悔しい思いで知ることになったように、マラーはたった一晩で、その半数近くの変異体を見つけたのだ。

　その発見によって、マラーは一躍世界的な名声を獲得した。放射線によりショウジョウバエの突然変異率が上がるという結果は、以下のふたつの事実を意味していた。ひとつめは、遺伝子は物質でできているということだ。放射線というのは結局のところ、エネルギーにすぎなかった。フレデリック・グリフィスは遺伝子を個体から個体へと移動させ、マラーはエネルギーを使って遺伝子を変化させた。その正体がなんであれ、遺伝子というのは動いたり、個体間を移動したり、エネルギーによって変化したりすることができるものであり、そうした性質は一般的に、化学物質の持つ性質だった。

　だが遺伝子の物質的な性質以上に科学者を仰天させたのは、ゲノムの完全なる可鍛性（かたんせい）だった。X線によって遺伝子がまるでシリーパティ（自由自在に変形させることのできる粘土状のおもちゃ）のように変化するとは。自然というのは本質的に変化しやすいことを最も強力に提唱した最初の人物のひとりであるダーウィンですら、この突然変異率の変化には驚いたはずだ。ダーウィンの考えでは、進化を加速させるために自然選択の速度を上げたり、進化を減速させるために下げたりすることはできるが、個体の変化しやすさは遺伝的に固定されているはずだった。[*10] ところがマラーの実験は、遺伝とはかなり簡単に操作できることを示していた。突然変異率そのものがかなり変化しやすいものだったのだ。「自然には永続する現状というものはない」[*11] とマラーはのちに書いている。「あるのはただ、適応と再適応のプロセスか、あるいは最終的な失敗のみである」。突然変異率を変え、変異体を選択していくことによって、進化のサイクルをハイパードライブに突入させることができるのではないかとマラーは考えた。自分がショウジョウバエの神になって、新しい種や亜種を研究室でつくり出せるのではないか。

マラーはさらに、自分の実験が優生学に広い影響をおよぼすことに気づいた。ショウジョウバエの遺伝子がこれほど控えめな線量の放射線で変化するのなら、ヒトのゲノムを変化させることも可能ではないだろうか？　彼は書いている。遺伝子の変化を「人為的に誘導」できるなら、遺伝というのはもはや、「手の届かない神だけが持つ、私たちをからかうという」特権ではないということだ。

同時代の多くの科学者や社会科学者と同じく、マラーも一九二〇年代から優生学に魅了されており、大学院生のころには、積極的優生学を研究し、支援するための「生物研究会」をコロンビア大学で立ち上げた。しかし二〇年代末にアメリカで優生学が不吉なまでにさかんになると、マラーは自分の熱意を考えなおしはじめた。民族純化に没頭し、移民や「逸脱者」や「精神障害者」を排除しようとする衝動に駆られた優生学記録局は正直なところ、邪悪なものに思えたのだ。[*12] ダヴェンポートや、プリディや、ベルといった優生学記録局の予言者たちにしても、風変わりで不気味な偽科学者集団に見えた。

優生学の未来についてや、ヒトのゲノムを変化させるという可能性について考えているうちに、マラーは、ゴールトンや彼の同僚たちは基本的な概念上のミスを犯していたのではないかと考えはじめた。ゴールトンやピアソンと同じくマラーも、苦しみを和らげるために遺伝学を用いるという考えには賛成だったが、ゴールトンとはちがって、徹底的な平等をすでに成し遂げた社会でのみ、積極的優生学というのは達成可能なのだと気づきはじめていた。つまり優生学は平等の前段階にはなりえなかったのだ。平等こそが、優生学の前提条件にならなければならなかった。平等がなければ、浮浪生活や、貧窮や、社会規範からの逸脱や、アルコール依存症や、知的障害者といった社会悪は遺伝性疾患であるという誤った前提のもとで、優生学は必ずやつまずくことになる。実際には、そうした社会悪は単に不平等を反映しているだけなのだ。キャリー・バックのような女性たちは遺伝的な痴愚や魯鈍ではなかった。貧しく、読み書きができず、病弱で、無力なだけだった。遺伝的な運命ではなく、社会的な運命の犠牲者だった。ゴールトン派は、優生学は弱者を強者に変えることによって、最終的に徹底的な平等を生み出すと確信していたが、マラーはその論法を覆した。平等なくしては、優生学は退廃し、やがては強者が弱者を支配するためのメカニズムへと変貌してしまうと主張したのだ。

ハーマン・マラーの科学研究がテキサスで絶頂期を迎えようとしていた一方で、彼の私生活は崩壊しつつあった。結婚生活はうまくいかず、やがて終わりを迎え、コロンビア大学でのかつての研究仲間、ブリッジズとスタートバントとのライバル関係は凍てつくような終着点へとたどり着いていた。すでに冷え切っていたモーガンとの関係も、容赦のない敵意に満ちたものへと変わっていた。

マラーはまた、彼の政治傾向のせいで追われる身ともなっていた。ニューヨークではいくつかの社会主義者のグループに加わったり、新聞を編集したり、学生を勧誘したり、社会活動家でもある作家のセオドア・ドライサーと親しくなったりし、[13]テキサスでは遺伝学の新星として、アフリカ系アメリカ人の市民権や、女性の投票権、移民の教育、労働者のための団体保険の実現を促すための社会主義の地下新聞《ザ・スパーク》（ロシア語で火花を表す「イスクラ」という名のレーニンの新聞にちなんでつけた名前だ）の編集を始めた。現在の基準からすれば、どれも過激な議題とはいえないものだったが、それらは同僚たちを激怒させ、政府をいら立たせた。ＦＢＩは彼の活動を調査しはじめ、[14]新聞は彼を破壊分子、共産主義者、赤、ソ連のシンパ、変人と呼んだ。

敵意を抱いたまま孤立していったマラーは、しだいに偏執狂的になり、うつ症状にも襲われるようになった。ある朝、彼は研究室から姿を消した。どの教室にもおらず、数時間後、大学院生たちからなる捜索隊がオースティン郊外の森の中をうろついているマラーを見つけた。彼はぼうっとしたまま歩いており、霧雨に濡れた服はくしゃくしゃで、顔には泥がつき、脛に怪我をしていた。自殺しようと睡眠薬を大量に飲んだものの、結局、木のそばで一晩眠っただけだった。翌朝、彼はおどおどした様子で教室に戻ってきた。

自殺は未遂に終わったものの、その行為は、マラーがいかに精神的に追い詰められていたかを物語っていた。マラーはアメリカに嫌気がさしていた。アメリカの下劣な科学にも、醜い政治にも、自己中心的な社会にも。科学と社会主義をもっと簡単に融合できる場所へと逃れたかった。徹底的な遺伝子操作は完全に平等な社会でしか実現しえなかった。ベルリンでは、社会主義寄りの野心的な自由民主主義が過去の殻を脱ぎ捨て、一九三〇年代のうちに新共和国を誕生させることを目指しているそうだった。ベルリンは「最新の市」だとマーク・トウェインも書いていたではないか。科学者、作家、哲学者、そしてインテリたちがカフェやサロンに集まって、自由で斬新な社会をつくろうと話し合っている市なのだ。遺伝学という近代科学の持つ可能生が完全に解き放たれる場所があるとしたら、それはベルリンにちがいなかった。

一九三二年の冬、マラーは荷造りをした。ショウジョウバエ数百株、ガラス管一万個、ガラス瓶一〇〇〇本、顕微鏡一台、自転車二台、そして三二年式フォードを別便で送り、ベルリンのカイザー・ヴィルヘルム研究所へと旅立った。自分が選んだ市がやがてほんとうに、遺伝学の新たな科学を解き放ち、それが歴史上最も恐ろしい様相を呈することになるとは、夢にも思っていなかった。

生きるに値しない命（レーベンスウンヴェアテス・レーベン）

身体的および精神的に健康ではなく、生きるに値しない者は、自らの不幸を子供の身体に存続させてはならない。フェルキッシュ（民族）国家は、最も大規模な子育て作戦をおこなう。ブルジョワ時代に最も華々しい勝利をあげた戦争より、この作戦のほうがずっと偉大なものに思える日がいずれ来るだろう。

――ヒトラーによるT4作戦（安楽死政策）の命令書

彼は神になりたかったのだ……新しい民族をつくりたかったのだ。[*1]

――ヨーゼフ・メンゲレ（アウシュヴィッツで勤務したドイツ人医師）の目的についてのアウシュヴィッツの被収容者のコメント

遺伝性疾患の患者を六〇歳まで生かしておくのに、平均で五万ライヒスマルクもかかる。[*2]

――ナチス時代のドイツの生物学の教科書に書かれていた高校生への警告

ナチス主義というのは「応用生物学」にすぎないと生物学者のフリッツ・レンツはかつて言った。[†][*3]

一九三三年春にハーマン・マラーがベルリンのカイザー・ヴィルヘルム研究所で実験を始めたころ、彼はナチスの「応用生物学」が実行に移されるのを目の当たりにした。その年の一月、国民社会主義ドイツ労働者党の総統であるアドルフ・ヒトラーがドイツ首相に就任した。三月、ドイツの国会は、憲法に拘束されない無制限の立法権をヒトラーに与える「全権委任法」を採択し、歓喜に酔いしれたナチスの準軍事部隊がたいまつを手にベルリンの通りを行進し、勝利を祝福した。

ナチスの考えでは、「応用生物学」というのは実のところ、応用遺伝学であり、その目的は「民族衛生」だった。その言葉はナチスではなく、ドイツの医師であり生物学者のアルフレート・プレッツが一八九五年につくったものだ[＊4]（一九一二年にロンドンで開かれた国際優生学会議での熱のこもった不吉な演説を思い出してほしい）。プレッツの説明によれば、「民族衛生」とは、個人衛生が個人の身体的な浄化であるのと同じく、民族の遺伝的な浄化だった。さらに、個人衛生が身体から汚れや排泄物を日々取り除く作業であるように、民族衛生は遺伝的な汚れを取り除き、その結果、より健康で不純物のない民族をつくり出す作業だった[‡]。プレッツの同僚の遺伝学者ハインリヒ・ポルは一九一四年に次のように記している[＊5]。「全体を救うために、縮退した細胞を生物が無慈悲に犠牲にしたり、病んだ器官を外科医が無慈悲に取り除いたりするのと同じように、血縁集団や国家などの組織は、病気の遺伝形質を持つ個人が有害な遺伝子を子孫へ広げないよう介入することに過度の不安を感じたり、ためらったりしてはならない」

プレッツとポルは、ゴールトンやプリディやダヴェンポートといったイギリスやアメリカの優生学者をこの新しい「科学」のパイオニアとみなしていた。てんかん患者と知的障害者のためのバージニア州立コロニーは遺伝的浄化の理想的な実験場だと彼らは指摘した。一九二〇年代初め、アメリカではキャリー・バックのような女性たちが特定されて優生収容所に移送されていたが、ドイツの優生学者もまた「遺伝的に欠陥のある」男女を収容し、断種し、根絶するための国家主導のプログラムをつくろうといっそうの努力を続けていた。ドイツのいくつかの大学で「民族生物学」と民族衛生の教授職が設けられ、医学校では民族科学の授業が日常的におこなわれるようになった。「民族科学」の学問的な中枢はカイザー・ヴィルヘルム人類学・人類遺伝学・優生学研究所[*6]であり、ベルリンのマラーの新しい研究室からは目と鼻の先だった。

ヒトラーはドイツ闘争連盟が起こしたクーデター未遂事件、つまりミュンヘン一揆を主導したかどで一九二〇年代末に投獄された。[*7]その際に獄中でプレッツについてや民族科学について読み、プレッツの考えにたちまち魅了された。プレッツと同じく彼も、欠陥のある遺伝子が国をゆっくりと汚染し、強く健康な国の復活を妨害していると考えた。一九三〇年代にナチスが権力を握ると、ヒトラーはこうした考えを実行に移すときが来たと考え、そして、すぐに行動を起こした。一九三三年、全権委任法が採択されてから五カ月もたたないその年に、ナチスは「遺伝性疾患子孫防止法」（一般的には「断種法[*8]」と呼ばれる）を制定した。その法律の大要はあからさまなまでにアメリカの優生プログラムに似ていた（効果をねらって、アメリカのものよりも詳述されていたが）。「遺伝性疾患を患っている者には誰であれ、外科手術による断種を施してよい」とその法律は命じていた。「遺伝性疾患」の最初のリストが作成され、知的障害、統合失調症、てんかん、うつ病、全盲、聾啞(ろうあ)、重度の奇形が含められた。男性あるいは女性に対して断種をおこなうためには、国の支援のもとで、その人物を断

† ヒトラーの代理、すなわち副総統のルドルフ・ヘスの言葉でもある。
‡ プレッツは一九三〇年代にナチス党員になった。

種法の適用候補者として優生裁判所に申請しなければならなかった。「優生裁判所が断種をおこなうと決定したならば」と断種法は続けている。「たとえ本人が拒否しても、断種手術をおこなわなければならない……他の方法では不十分な場合には、直接的な力を行使してもよい」

断種法への国民の支持を獲得するために、強制命令が陰湿なプロパガンダ（それはナチスが最終的に恐ろしいまでの完成度に仕上げることになる常套手段だった）によって強化された。人種政策局が制作した一九三五年の「遺伝」[*9]という映画や、一九三六年の「遺伝病」[*10]という映画が国じゅうの劇場で満員の観客の前で上映され、「障害者」と「不適格者」のさまざまな病を観客に示した。「遺伝病」では、精神疾患を患う女性が過度のストレスに襲われて手や髪をしきりといじっている場面や、すでに息を引き取り、ベッドに横たわった奇形の子供の姿や、四肢の短い女性が駄獣のように四つんばいで歩きまわる姿が映し出されていた。「遺伝」や「遺伝病」のそうした容赦のない映像と対置されたのは、完璧なアーリア人の身体への賛歌のような映画だった。レニ・リーフェンシュタール監督がドイツ人運動選手を称賛する目的で制作した、ベルリンオリンピックの記録映画「オリンピア」[*11]だ。その映画の中では、たくましい肉体を持つ美しい青年たちが遺伝的な完璧さのお手本として健康体操を披露していた。観客は「障害者たち」を嫌悪感とともに眺め、超人的な運動選手たちを羨望と熱望とともにぽかんと眺めていた。

国がつくるプロパガンダ映画が断種に対する受動的な同意を大量に生み出していくあいだに、ナチスは法的な原動力によって民族浄化の範囲を拡大していき、一九三三年一一月[*12]には「危険な犯罪者」（反体制活動家、作家、ジャーナリストも含まれていた）に対して国が強制的に断種をおこなえるようにする新たな法律が制定された。一九三五年一〇月には「ドイツ人の血と名誉を守るための法律」、すなわちニュルンベルク法[*13]によって、ドイツ人の血を引く人々とユダヤ人との婚姻および、アーリア人種とユダヤ人との婚姻外性交渉が禁止された。なかにはユダヤ人が「ドイツ人のメイド」を雇うことを禁止した法律もあり、それはまさに、家の掃除と民族浄化とが結びついた、これ以上ないほど異様な例だった。

断種と収容という大規模なプログラムには、同じくらい大規模な行政組織が必要だった。一九三四年までには、毎月五〇〇〇人近くの成人が断種手術を受けており[*14]、断種に反対する訴えに判定をくだすために二〇〇人の職員が遺伝衛生判定所でフルタイムで働いていた。大西洋の向こうでは、アメリカの優生学者がそうした努力を称賛し、そしてしばしば、ドイツのような効果的手段に訴えられない自分たちの無能さを嘆いた。一九三〇年代末にドイツの判定所のひとつを訪れたチャールズ・ダヴェンポートの弟子のひとり、ロスロップ・ストッダードは、手術の効果について感嘆の言葉を綴っている。ストッダードの訪問中に、双極性障害の女性、聾唖の少女、精神遅滞の少女、ユダヤ人娘と結婚しているうえにおそらくは同性愛者でもある「サルに似た」男（三つの罪が完璧にそろった男性）が判定の対象となっていた。ストッダードのメモからは、こうした徴候が遺伝性であることがどのように確定したのかは不明だが、それらすべての人々がすみやかに断種適応者に認定された。

断種から明白な殺害への移行は事実上、なんの予告もないまま、人々に知られることなく起きた。ヒトラーは早くも一九三五年には、遺伝子浄化の取り組みを断種から安楽死へと強化することについて考えていたものの（障害者を皆殺しにする以上に手っ取り早い方法があるだろうか？）、国民が反対するのではないかと心配していた。だが一九三〇年代末までには、断種プログラムに対するドイツ国民の冷淡なままでに冷静な反応がナチスをより大胆にしていた。チャンスは一九三九年に到来した。その年の夏、リヒャルトとリナのクレッチマー夫妻が自分たちの子供ゲルハルトを安楽死させてほしいとヒトラーに嘆願したのだ。[15] 生後一カ月のゲルハルトは、生まれつき全盲で四肢に奇形があった。熱狂的なナチス党員だった両親は、国の遺伝的遺産から自分たちの子供を除去することで国に奉仕したいと考えていた。

今がチャンスだと悟ったヒトラーは、ゲルハルト・クレッチマーの殺害を承認し、そしてただちに、ほかの子供へとプログラムを拡大した。彼自身の主治医であるカール・ブラントの協力を得て、ヒトラーはより規模の大きい、全国的な安楽死プログラムを実施するために「重度の遺伝性および先天性疾患の科学的な登録」を開始した。[16] 皆殺しを正当化するために、ナチスは犠牲者たちを「生きるに値しない命（レーベンスウンヴェアテス・レーベン）」と婉曲的に呼ぶようになっていたが、その不気味なフレーズは優生学の論理がエスカレートしていることを示していた。未来の国家を浄化するには遺伝的な障害者を断種するだけでは不十分だとそのフレーズは言っていたのだ。現在の国家を浄化するためには、そうした者たちを皆殺しにしなければならない、それこそが遺伝学的な最終的解決になるのだ、と。

まずは三歳以下の「障害のある」子供の殺害から始まり、一九三九年の九月には、思春期の子供にまで対象が拡大していた。次に、非行少年がリストに加わった。標的となる子供にはユダヤ人が不自然に多かった。ナチスの医師にむりやり検査され、ときにきわめて些細なことを理由に「遺伝的に病んでいる」というレッテルを貼られては、次々と殺害されていったのだ。一九三九年一〇月までには、プログラムは大人にまで拡大されていた。ベルリンのティーアガルテン通り四番地[17]にある華やかな内装を施した邸宅が安楽死プログラムの公式な本部となった。本部の住所にちなんで、そのプログラムは最終的にＴ４作戦と呼ばれることになる。

安楽死のための施設が国じゅうにつくられた。とりわけ多くの犠牲者を出したのは、丘の上に立つ城のような病院、ハダマル施設と、側面に窓がいくつも並んだ要塞のようなレンガの建物、ブランデンブルク国立福祉施設だった。それらの施設の地下が改装されて気密室がつくられ、犠牲者たちはそこで一酸化炭素中毒を利用したガス殺により処分された。あくまでも科学や医学の研究であるというオーラが注意深く維持されており、国民の想像力にいっそう強く働きかけるために、そうしたオーラはときに脚色された。安楽死の犠牲者は窓を覆われたバスで移送された。白衣を着たSS将校が付き添っていることもよくあった。ガス室の続き部屋には、液体を集めるための深い溝に囲まれたコンクリートの簡易ベッドが備えつけられ、そこで医師たちが安楽死させた遺体の解剖をおこない、遺伝学の研究に用いるための組織や脳を取り出した。「生きるに値しない」命はどうやら、科学を前進させるためのきわめて貴重な命だったというわけだ。

　自分の親や子供は症状にもとづいて選別され、適切に治療されたのだと思わせて家族を安心させるために、患者はまず仮設の待機施設に送られ、そこからひそかにハダマルかブランデンブルクの安楽死施設に送られた。安楽死のあとにはさまざまな死因（なかにはとりわけばかげているものもあった）が書かれた不正な死亡診断書が何千も出された。精神病性うつ病を患っていたメアリー・ラウの母親は一九三九年に安楽死させられたが、家族には「唇にできたいぼ」のせいで死亡したと説明された。一九四一年までに、T４作戦によって二五万人近くの男女および子供が安楽死させられ、一九三三年から一九四三年にかけて、断種法によって四〇万人が強制的な断種手術を受けた。[18]

　多大な影響力を持つ文化評論家で、ナチス主義の邪悪な暴走について思索した著書で有名なハンナ・アーレントはのちに、ナチス時代のドイツ文化に浸透していた「悪の陳腐さ」[19]について記している。だが、それと同じくらい深く浸透していたのは、悪の軽信性だった。「ユダヤ人気質」や「ジプシー・ロマニー気質」は染色体上に存在しているために遺伝によって子孫に伝わる、だからこそ遺伝子浄化の対象となるのだと信じるには、とんでもなくゆがんだ考え方が必要だった。しかし、疑念を棚上げにすることこそ、ナチス時代のドイツ文化を特徴づける理念であり、実際に、遺伝学者、医学研究者、心理学者、人類学者、言語学者からなる科学者集団全体が、優生学プログラムを強化するための学術的研究を嬉々として生み出していった。たとえば、ベルリンのカイザー・ヴィルヘルム研究所の教授であるオトマル・フォン・フェアシューアーは「ユダヤ人の人種生物学」と題したとりとめのない論文[*20]の中で、神経症とヒステリー症はユダヤ人の遺伝的特徴だと主張し、一八四九年から一九〇七年にかけてユダヤ人の自殺率が七倍も増えたのは、ヨーロッパでの大規模なユダヤ人迫害のせいではなく、それに対するユダヤ人側の神経症的な過剰反応のせいだという信じがたい結論を出した。「精神病や神経症の傾向にある者だけが外界の変化に対してあのような反応を示すのだ」と彼は述べている。一九三六年、ヒトラーから多額の寄付を受けていたミュンヘン大学は、ヒトの顎の「民族形態学」に関する学位論文（顎の形は民族によって決まっており、遺伝的に受け継がれることを証明する論文）を書いた若き医学研究者、ヨーゼフ・メンゲレに学位を授与した。こうして誕生した「人類遺伝学者」メンゲレはやがて、最も邪悪なナチスの研究者となり、被収容者に対して頻繁に人体実験をおこない、「死の天使」と呼ばれるようになる。

だが結局のところ、「遺伝的に病んでいる人々」を浄化するというナチスのプログラムは、のちにもたらされる大規模な惨害の準備段階にすぎなかった。聾唖者や、全盲の人や、脚が不自由な人や、知的障害者を対象にした安楽死政策はそれ自体、十分に恐ろしいものだったが、その恐ろしさは最終的に、その先に待ち受けている叙事詩的な恐怖物語の圧倒的な数によって覆い隠されてしまう。ホロコースト時代にはじつに、六〇〇万人のユダヤ人、二〇万人のジプシー（ロマニー）、数百万人のソビエトおよびポーランド市民、同性愛者、インテリ、作家、芸術家、反体制主義者が収容所やガス室で虐殺されたのだ。そうした残虐性の前段階と、完全に成熟した残虐性とを分けて考えることはできない。ナチスが自分たちのやり方の基礎を習得したのは、まさにこの優生学的野蛮行為の幼稚園においてだったのだから。「大量殺戮 *genocide*」という言葉は「遺伝子 *gene*」と共通の語源を持つが、それはもっともな理由による。ナチスは大量虐殺という自らの政策を実行に移し、正当化し、維持するために、遺伝子と遺伝学の語彙を用いたのだ。遺伝的な差別用語はすぐに民族根絶の用語となった。精神障害者と身体障害者を非人間化（「彼らはわれわれのようには考えられないし、行動できない」）するのはユダヤ人を非人間化（「彼らはわれわれのようには考えないし、行動しない」）するためのウォーミングアップのようなものだった。歴史上かつて例がないほどに、かつてないほどの悪意とともに、遺伝子はなんの苦もなくアイデンティティと融合し、アイデンティティは障害と融合し、障害は虐殺と融合した。ドイツ人神学者マルティン・ニーメラーは有名な詩の中で、悪の狡猾(こうかつ)な行進を次のように要約した。


ナチスが社会主義者を襲ったとき、私は声をあげなかった。

なぜなら私は社会主義者ではなかったから。

次にナチスが労働組合員たちを襲ったときも、私は声をあげなかった。

私は労働組合員ではなかったから。

その後ナチスがユダヤ人を襲ったときも、私は声をあげなかった。

私はユダヤ人ではなかったから。

それからナチスが私を襲ったとき、私のために声をあげる者は、ひとりも残っていなかった。*21

一九三〇年代にナチスが遺伝の用語をゆがめ、断種と安楽死の国家主導プログラムを支えるために利用しようとしていたころ、べつのヨーロッパの強国もまた、自らの政策を正当化するために遺伝と遺伝子の理論をゆがめていた。とはいえ、そのゆがめ方はまったく逆だったが。ナチスが遺伝学を民族浄化の道具として活用したのに対し、一九三〇年代のソ連では、左翼の科学者と知識人が遺伝という概念を否定したのだ。彼らの考えは、自然界ではすべてが、誰もが変化するというものだった。遺伝子などというものは、個人の特性が不変であることを強調するために中産階級がこしらえた妄想にすぎず、実際は、特徴にしろ、アイデンティティにしろ、選択にしろ、運命にしろ、すべて消せるのだ。もし国が浄化を必要としているのなら、遺伝子の選択ではなく、個人の再教育と過去の抹消によってのみ達成できる。浄化すべきなのは遺伝子ではなく、脳なのだ。

ナチスの場合と同じように、ソ連のその信条もまた、偽物の科学によって支えられ、強化された。一九二八年、トロフィム・ルイセンコ[22]という名の厳格で無表情な農学者が（「彼は相手に歯痛のような感覚を覚えさせる」[23]とある記者は書いている）、遺伝の影響を「打ち砕いて」動物と植物を再教育する方法を見つけたと主張した。人里離れたシベリアの農場でおこなった実験で、ルイセンコは、小麦の株を厳しい寒さと日照りにさらし、その結果、逆境に対する遺伝的な抵抗性を獲得させることに成功したと主張したのだ（ルイセンコの主張はのちに、まったくのでっちあげか、科学的な質という観点から見てあまりにお粗末すぎる実験にもとづいたものだったことが判明する）。小麦の株にこのような「ショック療法」を加えることで、春にはより多くの花をつけさせることができ、夏にはより多くの収穫を得ることができたとルイセンコは断言した。

「ショック療法」は明らかに、遺伝学とは相容れなかった。マウスの尻尾を切断したところで尻尾のないマウスの血統が生み出されたりしないのと同じように、レイヨウが首を伸ばしたところでキリンが生み出されたりしないのと同じように、小麦を低温や日照りにさらしたところで遺伝子そのものに変化が起きたり、それが子孫に受け継がれたりするはずはなかった。そのような変化を小麦に導入するには、小麦の遺伝子を低温耐性へと突然変異させ（モーガンやマラー流に）、自然あるいは人為的な選択によってそうした突然変異株を隔離し（ダーウィン流に）、そのうえで突然変異株同士をかけ合わせて変異を定着させなければならなかったはずだ（メンデルやド・フリース流に）。しかしルイセンコは、小麦を厳しい環境にさらしてその遺伝形質を変化させただけで、「再教育」できたと確信しており、ソ連の権力者たちにもそう信じ込ませた。彼は遺伝子という概念そのものを完全に退け、遺伝子というのは「腐敗した、瀕死の中産階級のため」の科学を支えるために、「遺伝学者によってこしらえられたもの」にすぎないと主張した。[*24]「遺伝の基盤はなんらかの特別な自己複製物質などではない」というルイセンコの考えは適応が遺伝の変化をもたらすというラマルクの考え方の言い換えにすぎなかった。遺伝学者がラマルクの考え方の概念的な誤りを指摘してからすでに何十年も経過していたにもかかわらず。

ルイセンコの理論はソ連の政治組織にたちまち受け入れられた。なぜなら彼の理論は、飢饉の瀬戸際にある土地で農産物の生産高を劇的に上げる新しい方法を約束していたからだ。小麦と米を「再教育」すれば、どれほど厳しい冬でも、どれほど乾き切った夏でも、どんな状況でも、作物は育つにちがいなかった。スターリンと彼の同志は、ショック療法を通じて遺伝の影響を「打ち砕き」、「再教育」するというやり方はイデオロギー的にも満足のいくものであると考えた。ルイセンコは土壌や気候への依存から解き放つために植物を再教育した。ソ連の党員もまた、偽りの意識や物質への依存から解き放つために反体制主義者を再教育していた。遺伝の完全なる不変性を信じていた（「ユダヤ人はユダヤ人だ」）ナチスが、集団の遺伝的な構成を変えるために優生学に頼ったのに対し、遺伝は完全に再プログラムできると信じていたソ連（「誰もがどんな人間にもなれる」）は、あらゆる差異を消すことによって完全な集合的利益をもたらすことができるのではないかと考えた。

一九四〇年、ルイセンコは批判者たちを退けて、ソ連科学アカデミー遺伝学研究所の所長に就任し、ソ連の生物学を支配する全体主義の領土をつくりあげた。[*25] どんなものであれ、彼の理論に対して反対意見を持つことは（とりわけ、メンデルの遺伝学やダーウィンの進化論を信じることは）禁じられた。「再教育」によってルイセンコの理論を植えつけるために、科学者たちは強制収容所へ送られた（小麦と同じく、反対派の教授たちに「ショック療法」を加えたなら、彼らは考え方を変えるかもしれない）。一九四〇年八月、高名なメンデル派の遺伝学者ニコライ・ヴァヴィロフが、生物学についての「ブルジョワ的」考えを広めたとして逮捕され、悪名高きサラトフ刑務所に送られた（ヴァヴィロフは勇敢にも、遺伝子というのはそう簡単に鍛えられるものではないと主張していたのだ）。ヴァヴィロフをはじめとする遺伝学者が獄中で苦しい生活を送っているあいだ、ルイセンコの支持者たちは、遺伝学の科学としての信頼性を失わせるための積極的な活動を開始した。一九四三年一月、ヴァヴィロフは疲弊と栄養失調のために刑務所の病院に移された。「私はただのクソだ[*26]」と彼は監守に言い、そして数週間後に亡くなった。[*27]

ナチス主義とルイセンコ主義は、遺伝についての正反対の考え方にもとづいていたものの、そのふたつの活動には、目を見張るほどの類似点がある。ナチス主義は確かに、その毒性という点では他に類を見ないものだったが、ナチス主義もルイセンコ主義も実のところ、同じ脈絡を持っていた。どちらの場合も、人間のアイデンティティについてのひとつの概念をつくりあげるために遺伝理論を利用し、そしてその概念を政治目標のために歪曲していたのだ。ふたつの理論は見事なまでに相容れないものだったが（ナチスがアイデンティティの不変性に取り憑かれていたのに対し、ソ連はアイデンテイティの完全なる柔軟性に取り憑かれていた)、遺伝子と遺伝の言語が国家とその発展の中心になっていたのは同じだった。遺伝形質は絶対に消せないという信念を持たないナチス主義を想像できないのと同じように、遺伝形質は完全に消去できるという信念を持たないソ連を想像することはできない。どちらの場合も、国家主導の「浄化」メカニズムを支えるために科学を意図的にゆがめていたという事実は驚くに値しない。遺伝子と遺伝の言語を私物化することによって、権力と国家のシステム全体が正当化され、強化されたのだ。二〇世紀半ばまでには、遺伝子（あるいは、遺伝子の存在の否定）はすでに、政治的および文化的な道具として利用されはじめており、歴史上最も危険な概念となっていた。

疑似科学は全体主義体制を支え、全体主義体制は疑似科学を生み出す。実際のところ、ナチスの遺伝学者は遺伝学になんらかの貢献をしたのだろうか？

ナチスの遺伝学者が生み出した大量のがらくたの中に、貢献と呼べるものがふたつあった。ひとつめは方法論的なもの、つまりナチスの科学者が発展させた「双生児研究」だ（とはいえ、その研究はすぐに、むごたらしい性質のものへと変化したが）。双生児研究は一八九〇年代のフランシス・ゴールトンの研究に端を発する。「生まれか育ちか」というフレーズの生みの親であるゴールトンは、そのふたつのうちの一方に対する他方の影響をどうすれば見極められるのか考えていた。[*28] 身長や知能といった形質が生まれによるものなのか、育ちによるものなのか、どうすればわかるのだろう？　絡み合った遺伝と環境の影響をどうほどけばいいのだろう？

そこでゴールトンは自然科学を巧みに利用することを考えた。双子はまったく同じ遺伝物質を持っているため、ふたりのあいだのどのような類似点も遺伝子によるものと考えることができ、反対に、どのような相違点も環境の影響とみなすことができると考えたのだ。双子を研究し、類似点と相違点を比較したり対比したりすることで、重要な形質に生まれと育ちがどう貢献しているかを厳密に見定めることができる。

ゴールトンの考え方の方向性自体は正しかったが、そこにはひとつの決定的な誤りがあった。彼は遺伝的に完全に同一である一卵性双生児と、遺伝的には兄弟姉妹にすぎない二卵性双生児とを区別しなかったのだ（一卵性双生児は一個の受精卵がふたつに分かれたものであるため、同一のゲノムを持っているが、二卵性双生児はふたつの卵子とふたつの精子がそれぞれ同時に受精したものであるため、異なるゲノムを持っている）。初期の双生児研究はこうした混同によって混乱し、確かな結論を導き出すことができなかった。一九二四年、ドイツの優生学者でナチスの支持者であるヘルマン・ヴェルナー・ジーメンスが、一卵性双生児と二卵性双生児を厳密に区別した、より進歩した双生児研究を提唱した。[†][*29]

皮膚科医としての教育を受けたジーメンスはアルフレート・プレッツの教えを受け、早くから民族衛生を声高に支持していた。プレッツと同じくジーメンスも、民族浄化を正当化するにはまず、遺伝とは何かをはっきりさせなければならないと気づいた。全盲の男性に対する断種を正当化するにはまず、全盲という形質が遺伝することを証明しなければならない。血友病などの形質の場合には話は早く、それが遺伝によって伝わることを証明するのに双生児研究は必要なかったが、知能や精神疾患などのより複雑な形質の場合には、それが遺伝的な形質であることを証明するのははるかにむずかしかった。そこでジーメンスは、遺伝と環境の影響をほどくには二卵性双生児と一卵性双生児とを比較すればいいと思いつき、そうした比較では「一致率」が重要だと考えた。一致率とは、同じ形質を持つ双子の割合である。もし双子の目の色が一〇〇パーセントの確率で同じだとしたら、一致率は一・〇である。もし五〇パーセントの確率で同じ色だとしたら、一致率は〇・五である。一致率というのは遺伝子がどの程度形質に影響しているかを示す便利な基準であり、たとえば統合失調症の一致率が一卵性双生児で高く、（同じ環境で生育された）二卵性双生児では低いとしたら、統合失調症の原因は遺伝性だと結論づけることができる。

この初期の研究は、より大胆な研究のための燃料をナチスの遺伝学者に供給した。そのような研究の最も熱心な支持者は人類学者から医師に転向し、その後、SS将校となったヨーゼフ・メンゲレだった。メンゲレは白衣に身を包み、アウシュヴィッツやビルケナウの強制収容所に勤務した。遺伝学と医学研究に病的なまでに取り憑かれていた彼は、やがてアウシュヴィッツの主任医官となり、収容所内の双子を対象にした残忍な研究をおこなった。一九四三年から一九四五年にかけて、一〇〇〇人以上の双子がメンゲレの実験に使われた[‡][*30]。師であるベルリンのオトマル・フォン・フェアシューアーにたきつけられたメンゲレは、実験に使えそうな双子を選別しようと、囚人が運ばれてくるたびに「双子は抜けろ」、「双子は進み出ろ」と叫び、彼のその言葉は囚人たちの耳に一生こびりつくことになった。

傾斜路からむりやり引っぱり出された双子は、特別の入れ墨を入れられ、一般の囚人とはべつのブロックの建物に収容され、メンゲレと彼の助手たちの実験の犠牲になった（皮肉なことに、実験対象

† アメリカの心理学者カーティス・メリマンとドイツの眼科医のヴァルター・ヤブロンスキーも、一九二〇年代に同様の双生児研究をおこなった。

‡ 正確な数は不明である。メンゲレの双子実験については、ジェラルド・L・ポスナーとジョン・ウェアの『メンゲレ（*Mengele: The Complete Story*）』を参照されたい。

となった双子たちのほうが、簡単に殺害されることの多かった双子以外の子供たちよりも収容所生活を生き延びる可能性が高かった）。成長への遺伝的な影響を比較するために、メンゲレは強迫観念に取り憑かれたように双子の身体各部の大きさを測定した。「測定され、比較されなかった部位はなかった」とある双子は述懐している。「私たちはいつも一緒に座っていて、いつも裸だった」[*31]ガスで殺されたのちに内臓の大きさを比較するために解剖された双子もいた。心臓にクロロホルムを注射されて殺害された双子もいれば、血液型のちがう血液を輸血されたり、四肢を切断されたり、麻酔なしで手術されたりした双子もいた。細菌感染に対する反応の遺伝的なちがいを調べるために、チフス菌に感染させられた者もいた。体をつなぎ合わされるという、とりわけ残酷な実験の対象となった双子もいた。その双子のひとりは背中が曲がっていたため、もうひとりと脊髄を共有することによって障害が治るか確かめようとしたのだ。手術部位は壊疽を起こし、手術後まもなくふたりとも死亡した。

表向きは科学ということになっていたものの、メンゲレの実験の質はじつにお粗末なものだった。何百人という人々を実験の犠牲にしながら、そこから彼が生み出したのは、注釈のほとんどない、注目に値する結果などまったく書かれていない、なぐり書きのノート一冊だけだった。その支離滅裂な書き込みをアウシュヴィッツ博物館で読んだある研究者は、次のように結論づけた。「これをまじめに受け止める科学者はひとりもいない」実際、たとえ初期の双生児研究がドイツで何かを成し遂げていたとしても、メンゲレの実験によってあまりに腐敗させられ、その分野全体があまりの憎悪に浸されてしまったため、その後、世界がふたたび双生児研究を真剣に受け止めるようになるまでには何十年も要した。

遺伝学へのナチスのふたつめの貢献は、意図的なものではなかった。ヒトラーが権力の座につこうとしていた一九三〇年代、ナチス政策の脅威を予感した多くの科学者がドイツを離れた。二〇世紀初頭の科学を支配していたのはドイツであり、原子物理学、量子力学、核化学、生理学、生化学のるつぼのような国だった。一九〇一年から一九三二年のあいだに、物理学、科学、医学・生理学の分野で一〇〇人のノーベル賞受賞者が誕生したが、そのうちの三三人がドイツ人だった（イギリス人は一八人、アメリカ人はわずか六人だった）。ハーマン・マラーが一九三二年にベルリンにやってきたときには、市(まち)は世界的に卓越した科学者たちの本拠地となっていた。カイザー・ヴィルヘルム物理学研究所ではアインシュタインが黒板に方程式を書き、化学者のオットー・ハーンが原子を構成する亜原子粒子を理解しようと原子を分割し、生化学者のハンス・クレプスが細胞を構成している化学的要素を突き止めるために細胞を分割していた。

しかしナチス主義の台頭はドイツ人科学者たちの背筋を凍らせた。一九三三年四月には何人ものユダヤ人教授がいきなり公立大学の職を追われ*32、何千人ものユダヤ人科学者が差し迫った危険を察知して外国へ移住した。アインシュタインも、一九三三年に学会に出席するためにドイツを離れたあと、賢明にも帰国を拒否した。クレプスも同じ年に亡命し、生化学者のエルンスト・チェインと生理学者のヴィルヘルム・フェルトベルクもそれに続き、物理学者のマックス・ペルツは一九三七年にケンブリッジ大学に移籍した。エルヴィン・シュレーディンガーや核化学者のマックス・デルブリュックといったユダヤ人ではない科学者もその状況を道徳的に受け入れられず、多くが嫌悪感を抱いて辞職し、外国へと移住した。またも偽の理想郷に失望したハーマン・マラーは、今度は科学と社会主義を融合させるという新たな目的を持って、ベルリンからソ連へと旅立った（ナチスの支配に対する科学者たちの反応について誤解を生むといけないので、次の事実をお伝えしておこう。多くのドイツ人科学者は、ナチス主義に対して完全な沈黙を守っていた。ジョージ・オーウェルは一九四五年にこう書いている。「ヒトラーはドイツにおける科学の長期的な発展を台無しにしたかもしれないが、合成石油や、ジェット機や、ロケット発射体や、原子爆弾などの必要不可欠な研究をおこなう才能あるドイツ人科学者に不足することはなかった」[*33])。

ドイツにとっての損失は、遺伝学にとっての利益となった。科学者はドイツから移住したことによって、国から国へと移動しただけでなく、ひとつの分野からべつの分野へも移動したのだ。新しい国にやってきた科学者たちは、今こそまったく新しい問題に注意を向けるチャンスだと気づいた。原子物理学者がとりわけ興味を抱いたのは生物学だった。生物学は科学的問題にあふれた、今なお未開の分野だった。物質をその基本的な単位へと還元した原子物理学者は、生命をも物質単位に還元したいと考えた。原子物理学者のそうした気風（分割できない最小の粒子や、普遍的なメカニズムや、系統立った説明を執拗なまでに追い求める姿勢）はたちまち生物学に浸透し、生物学という分野を新たな方法や新たな問題へ向けて動かすことになった。そしてその気風の影響はその後何十年も消えることがなかった。生物学へと移っていった物理学者や化学者は生物を物理学的に、化学的に（分子や、力や、構造や、作用や反作用といったものをとおして）理解しようと努め、そうした新たな大陸への移住者たちはやがて、大陸の地図を書き換えることになった。

最も多くの科学者の注意をひきつけたのは遺伝子だった。遺伝子は何でできているのだろう？ どのように機能するのだろう？ モーガンの研究によって、遺伝子は糸でつながったビーズのようにして染色体上に存在することが示された。グリフィスとマラーの実験によって、遺伝子は個体間を移動でき、X線によって容易に変化する化学物質だということが示された。

まったくの仮説にもとづいて「遺伝子の分子」を説明するなどと聞いたなら、生物学者はおそらく青ざめたはずだ。しかし奇妙で危険な領域をぶらつくことに抵抗を感じる物理学者がどこにいるだろうか？　一九四三年、ダブリンでの講義の際に、量子論の提唱者であるシュレーディンガーは大胆にも、まったくの仮説にもとづいて遺伝子の分子的性質を説明しようと試みた（その講義はのちに『生命とは何か——物理的に見た生細胞』という題名で出版された）。[*34] シュレーディンガーは、遺伝子は矛盾した性質を持つ特異な分子でできているにちがいないと考えた。化学的秩序を持ちながらも（さもなければ複製や伝達といった一定のプロセスをおこなうことはできないからだ）、それと同時にきわめて変則的なはずだった（さもなければ、遺伝形質の途方もない多様性を説明することはできないからだ）。その分子は膨大な量の情報を運べなければならないが、それと同時に、細胞の中に収まるほど小さくなければならなかった。

シュレーディンガーは複数の化学的なひもが「染色体繊維」に沿って伸びているような化学物質を想像し、そうしたひもに暗号が書かれているのかもしれないと考えた。「小さな暗号の中に多種多様な内容が圧縮されているのかもしれない」ひもにとおされたビーズの並び順に生命の秘密の暗号が含まれているのかもしれない。

類似点と相違点、秩序と多様性、メッセージと物質。シュレーディンガーは互いに相容れない、矛盾する遺伝の性質をすべて説明できるような化学物質を、アリストテレスを満足させられるような分子を思い描こうと努力していた。彼はもうすでに心の目でＤＮＡを見ていたかのようだった。

「愚かな分子」

愚かさの力を……侮ってはならない。[*1]

――ロバート・ハインライン

一九三三年にフレデリック・グリフィスの形質転換の実験について聞いたとき、オズワルド・エイヴリーは五五歳だった。しかし外見からは、もっと歳をとっているように見えた。ひ弱そうで、小柄で、眼鏡をかけ、頭ははげ上がり、小鳥のような声で話し、四肢は冬の小枝のようだった。エイヴリーはニューヨークのロックフェラー大学の教授であり、細菌、とりわけ肺炎球菌の研究に生涯を捧げていた。エイヴリーは、グリフィスは肺炎球菌の実験でとんでもないまちがいを犯したと確信していた。ひとつの細胞からべつの細胞へと化学的な滓(かす)が遺伝情報を運ぶわけがないではないか。

科学者というのは音楽家や数学者や優秀な運動選手と同じく、若くして絶頂期を迎え、その後は急速に衰えていく。衰えるのは創造性ではなく、スタミナのほうだ。科学は耐久運動であり、たったひとつの啓発的な実験を生み出すためには、何千もの非啓発的な実験をゴミ箱送りにしなければならない。科学はまた、自然を相手にした神経をすり減らす闘いでもある。すでに有能な細菌学者としての地位を確立していたエイヴリーは、遺伝子と染色体という新たな世界に足を踏み入れようなどと思ったことはなかった。「フェス」[*2](教授(プロフェッサー)を省略して、弟子たちからは愛情を込めてそう呼ばれていた）は優れた科学者だったが、革命的な科学者にはなれそうになかった。グリフィスの実験は遺伝学を片道のタクシーに押し込んで、奇妙な未来へと大急ぎで送り出したかもしれないが、エイヴリー自身は、そのタクシーに便乗する気にはなれなかった。

フェスが乗り気ではない遺伝学者だったとしたら、DNAのほうも、乗り気ではない「遺伝子を担う分子」だった。グリフィスの実験によって、遺伝子の分子的なアイデンティティについての推論が数多く生まれた。一九四〇年代初頭には、生化学者は細胞を分解してその化学的な構成要素を明らかにし、生態系のさまざまな分子を特定していたが、遺伝の暗号を運ぶ分子はいまだ不明なままだった。

クロマチン（細胞の核に存在する構造体で、その中に遺伝子が含まれている）はタンパク質と核酸でできていることが知られていた。クロマチンの化学的構造はいまだ解明されていなかったが、[*3]タンパク質と核酸という「密接に絡み合った」ふたつの構成要素のうち、生物学者にとってはタンパク質のほうがはるかになじみ深いうえに、はるかに万能で、遺伝子の運び手である可能性がはるかに高かった。タンパク質は細胞内で膨大な機能をはたしている。細胞は生きるために化学反応に依存しており、たとえば呼吸をすると、糖が酸素と化学的に結びついて二酸化炭素とエネルギーがつくられる。しかし、どの反応も自然には起きず（もし自然に起きたなら、われわれの体は絶えず、焦がした砂糖のようなにおいを放つことになる）、タンパク質がこうした細胞内の基本的な化学反応を促進したり抑制したりしている。ある反応を速くしたり、べつの反応を遅くしたりして、生きていくのにちょうどいい反応速度に整えるのだ。生命とは化学であると言えるかもしれないが、化学の特殊な状況なのだ。生物は簡単に起きる反応のおかげで存在しているのではなく、かろうじて起こすことのできる化学反応のおかげで存在している。反応性が高すぎれば、われわれは自然発火してしまうだろうし、反応性が低すぎれば、われわれは冷え切って死んでしまうだろう。タンパク質はこのような、かろうじて起こすことのできる反応を可能にし、われわれが化学的エントロピーの端で生きつづけられるようにしている。危なっかしく滑りながらも、決して落下することがないようにしているのだ。

　タンパク質はまた、髪の繊維や、爪や、軟骨などの細胞の構造成分でもある。細胞を閉じ込め、つなぎ止めておく細胞外マトリックスもタンパク質でできている。タンパク質はまた、受容体や、ホルモンや、シグナル伝達分子を形成し、細胞同士のコミュニケーションを可能にしている。代謝、呼吸、細胞分裂、自己防衛、老廃物処理、分泌、シグナル伝達、増殖、細胞死などほぼすべての細胞機能にタンパク質が必要である。タンパク質は生化学界の馬車馬のような存在なのだ。

　一方、核酸は生化学界のダークホースだ。メンデルがブルノ自然協会で論文を発表してから四年後の一八六九年、スイスの生化学者フリードリヒ・ミーシャーが、細胞内に存在するこの新しい分子を発見した[*4]。同僚の生化学者たちと同じくミーシャーも、細胞を分解して得られた化学物質を分離することで細胞の分子的な構成要素を明らかにしようとした。さまざまな構成要素の中にとりわけ興味深いものがあった。それは糸を引くどろりとした分子であり、手術後の包帯から採取したヒトの膿に含まれる白血球から沈殿させたものだった。その白い粘性な化学物質はサケの精子からも得られた。その分子が細胞の核 *nucleus* に存在していることから、彼によって「ヌクレイン *nuclein*」と名づけられ、さらに、酸性であることから、のちに核酸 *nucleic acid* に改名された。しかし、細胞内でのその物質の機能は謎のままだった。

　一九二〇年代初頭までに、生化学者は核酸の機能をより深く理解するようになっていた。核酸にはDNAとRNAがある。どちらも塩基と呼ばれる四つの要素でできた長い鎖である。四つの塩基は植物の巻きひげや蔓についた葉のように、ひものような鎖（骨格）に並んでいる。DNAでは、その四つの「葉」（つまり、塩基）はアデニン、グアニン、シトシン、チミン（略して、A、G、C、T）であり、RNAでは、チミンがウラシルに置き換わっている（したがって、A、G、C、Uとなる）[†]。しかしわかっていたのはこうした基本的な事実だけであり、DNAやRNAの構造や機能については何も解明されていなかった。

エイヴリーの同僚のひとりであるロックフェラー大学の生化学者フィーバス・レヴィーンは、鎖に沿って四つの塩基が突き出しているという滑稽なまでに単純なDNAの構造をきわめて「野暮ったい」ものに感じており[*5]、DNAはおそろしく長い重合体にちがいないと考えていた。四つの塩基が決まった順番で並び、それが延々と繰り返されているにちがいない。AGCT‐AGCT‐AGCT‐AGCT……というように、うんざりするほど、どこまでも。反復性で、周期的で、規則正しく、質素。それはまるで化学物質のベルトコンベアのような、生化学界のナイロンのような存在であり、そんなDNAを、科学者のマックス・デルブリュックは「愚かな分子」[*6]と呼んだ。

レヴィーンが提唱したDNAの構造をさっと見ただけでも、DNAは情報の運び手には向いていないことがわかる。愚かな分子にむずかしいメッセージを運ぶことなどできないからだ。極端なまでに長いDNAは、シュレーディンガーが想像した化学物質の対極にあるように思えた。単に愚かなだけではなく、退屈な分子だったのだ。一方のタンパク質は多様で、おしゃべりで、多芸多才で、カメレオンのように外見を変えることができるうえにカメレオン並の機能をはたすこともでき、遺伝子の運び手候補としてDNAとは比べものにならないほど魅力的だった。モーガンが提唱したように、もし

† DNAやRNAの骨格は糖とリン酸が結合した鎖でできている。RNAの糖はリボース（ゆえにリボ核酸、RNAと呼ばれる）で、DNAの糖はリボースとわずかに構造が異なるデオキシリボース（ゆえにデオキシリボ核酸、DNAと呼ばれる）である。

クロマチンがビーズのひもだとしたら、タンパク質こそが活動的な構成要素、つまりビーズのはずであり、DNAはひものはずだった。ある生物学者の言葉を借りるなら、染色体の中の核酸は「構造を決定したり、支えたりする物質[*7]」、つまり遺伝子の栄誉ある足場にすぎないと考えられた。遺伝情報を運ぶのはタンパク質であり、DNAは埋め草にすぎないのだ。

一九四〇年の春、エイヴリーはグリフィスの実験の主な結果が正しいことを確かめた。彼はまず、病原性のある滑らかなタイプの菌をすりつぶした液と、病原性のない粗いタイプの生きた菌を混ぜ、その混合液をマウスに注射した。すると、滑らかなタイプの生きた菌が出現してマウスに感染し、マウスは死んだ。ここでも「形質転換」は確かに起きたのだ。グリフィスと同じくエイヴリーも、形質転換でいったん滑らかなタイプの菌が生まれると、その滑らかな形質は以後ずっと子孫に受け継がれることを確かめた。つまり、遺伝情報は化学物質という形で菌から菌へと移動し、粗いタイプの菌を滑らかなタイプの菌へと変化させたのだ。

だがそれはどんな化学物質なのだろう？　エイヴリーは細菌学者にしかできないやり方で、いくつもの実験をおこなった。ウシの心臓のスープを加えたり、糖を取り除いたりしたさまざまな培地で菌を培養し、プレートにコロニーを形成させた。コリン・マクロードとマクリン・マッカーティが助手として実験を手伝った。そうした初期の技術的な奮闘が成功の鍵となり、八月初めには、三人はフラスコ内で形質転換を起こすことに成功し、「形質転換の原則」そのものを濃縮させていた。一九四〇年一〇月には、滑らかな菌をすりつぶした液に含まれる化学物質のふるい分けを始めており、さまざまな物質を丹念に分離して、それぞれの物質に遺伝情報を運ぶ能力があるかどうかを調べた。

まず最初に、滑らかな菌の皮膜（糖鎖が連なってできている）をすべて取り除いた液を、病原性のない生きた菌に混ぜて培養した。するとやはり形質転換が起きて滑らかな菌が出現した。次に、脂質をアルコールで溶かして除去した液を、病原性のない生きた菌に混ぜて培養した。やはり形質転換は起きた。タンパク質をクロロホルムで壊した液を混ぜても、やはり形質転換は起きた。さまざまな酵素でタンパク質を分解させても、結果は同じだった。液を六五度（タンパク質を破壊するには十分な高温）に過熱し、そこに酸を加えてタンパク質を凝固させても、遺伝子の伝搬は起こった。そうした一連の実験は綿密かつ徹底的なものであり、そこから導き出される結論もまた決定的なものだった。つまり、形質転換を起こす遺伝子の成分がどんなものであれ、そこには糖も、脂質も、タンパク質も含まれていないということだった。

だとしたら、遺伝子の成分とはなんなのだろう？　その物質は凍らせたのちに解凍することができ、アルコールで沈殿し、その沈殿物は「白い繊維状の物質で……糸巻きに糸が巻きつくように、ガラス棒に巻きついた」もしエイヴリーが、糸巻きに巻きついたようなその繊維状の物質を舐めてみたなら、かすかな酸味と、そのあとに続く糖の甘み、そして塩の金臭さを感じたことだろう。あるライターが書いているように、それはまるで「原始の海」[8]のような味だったはずだ。滑らかな菌をすりつぶした液にRNAを分解する酵素を加えても、やはり形質転換は起きた。形質転換を止めるための唯一の方法は、菌をすりつぶした液をDNA分解酵素で処理して、DNAを壊すことだった。

DNA？　よりによってあのDNAが遺伝情報の運び手なのだろうか？　あの「愚かな分子」が生物界で最も複雑な情報の運び手だということがありうるのだろうか？　エイヴリーとマクロードとマッカーティの三人は紫外線や、化学分析や、電気泳動を用いていくつもの実験を立てつづけにおこなった。どの実験からも明確な答えが得られた。形質転換を引き起こす物質は疑いの余地なく、DNAだったのだ。「誰が予想しただろう？[9]」一九四三年にエイヴリーは弟に宛てて、ためらいがちに書いている。「もし私たちが正しいのなら――もちろん、まだ証明されてはいないが――核酸は構造的に重要なだけでなく、機能的にも活発な物質だということになる……予想可能な、遺伝的変化を細胞に引き起こしているのだ（傍線はエイヴリーが引いたものである）」

エイヴリーは結果をもう一度確認してから発表したいと考えた。[*10]「生煮えの料理を出すのは危険だ。あとで引っ込めるのは恥ずかしい」彼は、自分の画期的な実験がどのような影響をもたらすかを完全に理解していた。「この問題には多くの意味がある……これは遺伝学者たちが長年抱いてきた夢なのだ」ある科学者がのちに述べているように、エイヴリーは「遺伝子の物質的な材料」を発見したのだ。「遺伝子の生地のようなもの」[*11]を。


ＤＮＡについてのオズワルド・エイヴリーの論文は一九四四年に発表された。[*12]ナチスによる虐殺の犠牲者がぞっとするような数に達しつつあった年のことだ。毎月、列車が何千人ものユダヤ人を強制収容所に吐き出した。その数は膨らんでいき、一九四四年だけをとってみても、五〇万人近い男女と子供がアウシュヴィッツに移送された。附属収容所が新たにつくられ、ガス室と焼却炉が増設され、集団墓場は死体であふれた。その年のガス殺による犠牲者は四五万人と推定されている。[*13]一九四五年までにおよそ九〇万人のユダヤ人、七万四〇〇〇人のポーランド人、二万一〇〇〇人のジプシー（ロマニー）、一万五〇〇〇人の政治犯が殺害された。

一九四五年初め、[*14]ソ連赤軍が凍てつく風景の中を進軍し、アウシュヴィッツとビルケナウに接近すると、ナチスは六万人近い囚人を強制収容所とその附属収容所から逃がした。だが、寒さと疲弊とひどい栄養失調のために、多くの囚人が避難途中で命を落とした。一九四五年一月二七日、ソ連軍が強制収容所を制圧し、残っていた七〇〇〇人の囚人を解放したが、それは収容所内で殺害されて埋められた囚人に比べたらごくわずかな数だった。そのころまでには優生学と遺伝学の言語は、大きな憎しみに満ちた人種差別の言語の付属物となっており、遺伝的浄化という名目はすでに民族浄化の中に組み込まれていた。それでも、ナチスの遺伝学の痕跡はまるで消えない傷跡のように残っていた。その朝、収容所から解放された、当惑して痩せ細った囚人たちの中に低身長の家族と数人の双子がいた。メンゲレの遺伝実験を生き延びたごくわずかな人々だった。

もしかしたらこれこそが遺伝学に対するナチス主義の最後の貢献だったのかもしれない。ナチス主義は優生学に究極の恥の烙印を押したのだ。ナチスの優生学の恐怖が教訓となって、優生学に拍車をかけてきた野心について再検討する国際的な動きが起き、世界じゅうで、優生学プログラムは羞恥心とともに中止された。アメリカの優生学記録局[*15]は一九三九年に財政的支援を大幅に失い、一九四五年以降は大きく縮小した。最も熱心な優生学の支持者の多くは、ドイツの優生学の促進に自らがはたした役割については集団的健忘症を都合よく患っており、そして、優生学運動を完全に放棄した。

「重要な生物学的物体は対になっている」

新聞や科学者の母親が支持する通俗的な考えとはちがって、たいていの科学者というのは実のところ、狭量で退屈なだけでなく、単なる愚か者である。そのことに気づかなければ、科学者として成功することはできない。[*1]

——ジェームズ・ワトソン

魅力的なのは科学者ではなく、分子のほうだ。[*2]

——フランシス・クリック

競争を最優先にしたならば、科学は、スポーツのように駄目になる。[*3]

——ブノワ・マンデルブロ

オズワルド・エイヴリーの実験はもうひとつの「形質転換」を成し遂げた。かつてはあらゆる生物学的分子の中の弱者だったDNAがいきなり、スポットライトの下に押し出されたのだ。科学者の中には最初、遺伝子がDNAでできているという考えを受け入れなかった者もいたが、エイヴリーが示した証拠を無視することはむずかしかった（三度もノミネートされていたにもかかわらず、エイヴリーはまだノーベル賞を受賞していなかった。というのも、スウェーデンの化学者エイナル・ハマーステンが、DNAが遺伝情報の担い手だということを信じようとしなかったからだ）。一九五〇年代に他の研究室からさらなる証拠や実験結果が集まってくると、[†] 最も偏屈で疑り深い者たちすら改宗し、信者となった。忠誠の対象が変わった。クロマチンという名の女中がいきなり、女王になったのだ。

DNAという宗教への初期の改宗者の中に、ニュージーランド出身の若き物理学者モーリス・ウィルキンズがいた。[*4] 田舎の医師の息子だったウィルキンズは、一九三〇年代にケンブリッジで物理学を学んだ。砂利に覆われた辺境の地ニュージーランド（はるか彼方にある、地図が逆さまの国）はすでに、二〇世紀の物理学をひっくり返すほどの影響力を持つ人物を生んでいた。そう、アーネスト・ラザフォードだ。[*5] ラザフォードもまた、青年だった一八九五年に奨学金を得てケンブリッジ大学の研究員となり、放たれた中性子線のように原子物理学を駆け抜けた。研究に対する無類の情熱の炎を燃え上がらせて、ラザフォードは放射能の特性を推定し、説得力のある原子の概念的モデルをつくり、原子核を発見して原子を素粒子へと分解し、素粒子物理学という新たな分野を切り開いた。一九一九年、ラザフォードは化学物質の変換という中世のファンタジーを実現させた最初の科学者となった。窒素にアルファ線をあてると酸素に変わることを発見したのだ。彼は根源的な要素ですら実は根源的ではないことを証明した。物質を構成する最小単位と考えられていた原子は、さらに根源的な物質単位である、電子と、陽子と、中性子でできていたのだ。

ラザフォードに刺激を受けたウィルキンズは、原子物理学と放射線を研究した。一九四〇年代にカ

† 一九五二年と一九五三年にアルフレッド・ハーシーとマーサ・チェイスがおこなった実験でも、DNAが遺伝情報の運び手であることが確かめられた。

リフォルニア大学バークレー校でマンハッタン計画に参加し、他の科学者とともにアイソトープの分離と精製にたずさわった。だがその後、イギリスに戻ったウィルキンズは、多くの物理学者と同様に物理学から離れ、生物学へと向かった。シュレーディンガーの『生命とは何か』を読んでたちまち魅了され、遺伝の基礎単位である遺伝子もまた、サブユニットで構成されているにちがいないと考え、DNAの構造を解明すれば、そうしたサブユニットが明らかになるはずだと思った。今こそ、生物学の最も魅力的な謎を物理学者が解明するときだった。一九四六年、ウィルキンズはロンドン大学のキングズ・カレッジに新たに設立された生物物理学科のアシスタント・ディレクターに任命された。

「生物物理学」。ふたつの分野を寄せ集めたその奇妙な言葉すら、新しい時代の訪れを予感させるものだった。生きた細胞というのは連動する化学反応の入った袋にすぎないという一九世紀に生まれた認識によって、生物学と化学とを融合させた力強い分野である生化学が誕生した。「生命とは……化学的な出来事だ」[*6]という化学者のパウル・エールリヒのかつての言葉どおり、生化学者たちは細胞を分解し、細胞を構成する「生きた化学物質」を種類や機能ごとに分類しはじめた。糖はエネルギーを供給し、脂質はエネルギーを蓄えていた。タンパク質は化学反応を可能にし、生化学的プロセスのペースを速くしたり、遅くしたりすることによって、生物学的世界の配電盤の役目をはたしていた。

しかしタンパク質はどのようにして、生理的な反応を可能にしているのだろう？　たとえば血液中の酸素を運ぶヘモグロビンは、最も単純かつ最も重要な生理的反応をおこなっており、酸素分圧の高い場所に来ると酸素と結合し、酸素分圧の低い場所に来ると自発的に酸素を放出する。こうした特性によって、ヘモグロビンは肺から心臓や脳へと酸素を運搬することができるのだ。しかしヘモグロビンのどんな特徴が、こうした効果的な分子の輸送便として働くことを可能にしているのだろう？

その答えはヘモグロビンの分子構造にあった。ヘモグロビンのうち、いちばん詳しく研究されてきたヘモグロビンAは、四つ葉のクローバーのような形をしている。四つの「葉」のうちふたつはαグロビンと呼ばれるタンパク質でできており、残りのふたつはそれとよく似たβグロビンというタンパク質でできている。[†] これら四つ葉はそれぞれの中心に、鉄を含むヘムという名の化学物質をひとつずつ握っている。ヘムは酸素と結合することができ（この結合は鉄が錆びる過程にやや似た反応である）、四つのヘムすべてに酸素が一分子ずつ結合すると、四つの葉がサドル取付金具のように酸素をきつく締めつける。ヘモグロビンが酸素を放出する際には、四つの葉の締めつけが緩む。子供のパズルでひとつのピースがはずれると全体が緩むように、酸素が一分子放出されるとすべての締めつけが緩むようにできており、ヘモグロビンはクローバーの四つの葉を開いて、酸素という積み荷を降ろす。こうした鉄と酸素の結合と分離（周期的な酸化と還元）によって、酸素は効率的に組織へと運ばれる。ヘモグロビンは、血液の液体成分である血漿に溶解している量の七〇倍もの酸素を運ぶことができる。脊椎動物の体の設計はこうした特性に依存しており、酸素を遠くに運搬するというヘモグロビンの能力が障害されたなら、私たちの体はより小さく、より冷たくなってしまう。ある朝、目を覚ましたら、虫になっているかもしれない。

ヘモグロビンはその形のおかげでそうした機能をはたすことができる。分子の物理的構造が化学的性質を可能にし、分子の化学的性質が生理機能を可能にし、分子の生理機能が最終的に、生物学的活動を可能にしている。生物の複雑な働きというのは、こうしたいくつもの層の重なりとして理解でき

---

† ヘモグロビンにはいくつもの種類があり、胎児に特異的なヘモグロビンもある。ここでは最も一般的かつ最も詳しく研究されている、血液中に豊富に存在するタイプのヘモグロビンについて述べる。

る。物理学が化学を可能にし、化学が生理学を可能にしているのだ。シュレーディンガーの「生命とは何か」という問いに、生化学者なら「化学物質にちがいない」と答えるかもしれず、「化学物質とは何か？」という問いに、生物物理学者なら「分子にちがいない」と答えるかもしれない。

構造と機能の分子レベルでの見事な一致という生理学の概念は、アリストテレスにまでさかのぼる。アリストテレスにとって、生物とは機械の精巧な寄せ集めにすぎなかった。だが中世の生物学はそうした古くからの考え方から離れ、生命にしかない「命の」力と神秘的な液体を登場させた。生物を説明するために（そして、「神（デウス）」の存在を正当化するために）、機械仕掛けから出てくる神（デウス・エクス・マキナ）（古代ギリシャの演劇において、最後に現れてすべてを解決し、物語を収束させる、絶対的な力を持つ神）のような存在を登場させたというわけだ。しかし生物物理学者は、生物学をふたたびメカニズムによって厳密に説明すべきだと主張し、生理学は物理学で説明しなければならないと論じた。力や、運動や、作用や、モーターや、エンジンや、レバーや、滑車や、留め金で説明すべきだと。ニュートンのリンゴを地面に落とした法則は、リンゴの木の成長にもあてはまるはずだった。生命を説明するのに、特別な命の力を呼び覚ましたり、神秘的な液体を登場させたりする必要はなかった。生物学は物理学だった。神の中の機械（マキナ・エン・デウス）なのだ。

ロンドン大学キングズ・カレッジでのウィルキンズのプロジェクトはＤＮＡの三次元構造を解明することだった。もしＤＮＡがほんとうに遺伝子の運び手ならば、その構造を解明することで遺伝子の性質がわかるはずだと彼は考えた。進化の恐るべき効率性によってキリンの首が伸びたり、ヘモグロビンの四つの腕のサドル取付金具が申し分なく機能的な構造になったりしたように、機能にぴたりと適合するような構造を持つＤＮＡ分子が生み出されたにちがいなかった。遺伝子の分子というのは遺伝子の分子らしく見えるにちがいなかった。

DNAの構造を解明するために、ウィルキンズは近くのケンブリッジ大学で開発された生物物理学的技術を習得しようと決意した。結晶学とX線回折だ。まずはこの技術を理解するために、次のような想像をしてほしい。あなたは今、三次元構造を持つごく小さな物体（たとえば、立方体）の形を推定しようとしている。この「立方体」を実際に「見る」ことはできないし、端を触ることもできないが、その物体にはあらゆる物理的な物体が持つある性質が備わっている。つまり、影をつくるという性質だ。立方体にさまざまな角度から光をあて、できた影を記録することにする。正面から光をあてると、正方形の影ができる。斜めから光をあてると、ダイアモンド形の影ができる。光源をふたたび動かすと、影は台形になる。一〇〇万の影からひとつの顔を彫り出すかのような、あきれるほどに骨の折れる作業だ。しかし、うまくいく。少しずつ、一連の二次元イメージからひとつの三次元構造が浮かび上がってくる。

X線回折はこれと類似の原理から生まれた（この場合の「影」とは結晶によるX線の散乱である）。ただし、分子の世界で分子に光をあてて散乱をつくり出すには、最も強力な光源、つまりX線が必要だった。さらに、ここには微妙な問題があった。分子というのは一般的に、肖像画を描いてもらうためにじっと座っていたりはしない。液体や気体の形で、埃の粒子のようにふらふらと不規則に動きまわっているのだ。動きまわる一〇〇万個の立方体に光をあてても、ぼんやりとした、動く影しか得られない。いわばテレビ画面の砂嵐の分子バージョンのようなものだ。この問題の唯一の解決策は独創的なもの、つまり溶液に溶けている分子を結晶にすることだ。そうすれば原子の位置はすぐに固定され、影は一定となり、格子状の結晶は規則正しい、回折可能な影をつくる。物理学者が結晶にX線を照射し、その三次元構造を決定することができるようになる。カリフォルニア工科大学のライナス・ポーリングとロバート・コリーはこの技術を用いて、いくつかのタンパク質の構造を解明し、ポーリングはその偉大な業績により、一九五四年にノーベル賞を受賞した。

これぞまさに、ウィルキンズがＤＮＡでやりたかったことだ。ＤＮＡにＸ線をあてること自体は、目新しくもなければ、専門技術もたいして必要としなかった。ウィルキンズは化学学部でＸ線回折装置を入手し、テムズ川沿いにあるキャンパスの地下の、川よりやや低い位置にある鉛合板を裏打ちした部屋（「すばらしいひとり部屋」）に持ち込んだ。*7 重要な実験材料はすべてそろった。あとはＤＮＡをじっと座らせておくことができるかどうかだった。

一九五〇年代初め、こつこつと実験を進めていたウィルキンズは、ありがたくない力に妨害された。一九五〇年の冬、生物物理学科の学科長Ｊ・Ｔ・ランドールが、結晶学の研究員として若い科学者を新たに採用したのだ。貴族出身のランドールはクリケットを愛する小柄で上品な伊達男で、ナポレオンのような権力を振りかざして自らの学科を運営していた。新たに採用されたロザリンド・フランクリンは、パリでおこなっていた石炭の結晶に関する研究を終え、一九五一年一月にロンドンのランドールのもとを訪ねたのだった。

そのときウィルキンズは休暇中で、婚約者と一緒に旅行に出かけていた。だが彼はのちにそのことを後悔することになる。ランドールはフランクリンにあるプロジェクトを提案した。彼がそのとき将来生じる衝突をどの程度予想していたかは不明だ。「ウィルキンズはすでに（ＤＮＡの）繊維から驚くほど質のいい像が得られることを発見した」とランドールはフランクリンに言った。彼はおそらく、フランクリンがＤＮＡ繊維の回折パターンを研究して、その構造を解明したいと考えるのではないかと思ったのだろう。そして、彼女にＤＮＡを渡した。

休暇から戻ってきたウィルキンズは、フランクリンが自分のジュニア・アシスタントとして研究を手伝ってくれるものと期待していた。結局のところ、DNAはずっと自分のプロジェクトだったのだから。だがフランクリンには誰の手伝いもする気はなかった。著名なイギリスの銀行家の娘で、黒髪と黒い目、そしてX線のような鋭い視線の持ち主であるフランクリンは、男性ばかりの世界における独立した女性科学者であり、研究室の変わり種だった。ウィルキンズがのちに書いているように、ロザリンド・フランクリンは「独断的で、押しの強い父親」のもとで育った。「ロザリンドが自分たちよりも高い知能を持っていることに対して、兄たちと父親が憤慨している」ような家庭だ。そんな彼女が誰かのアシスタントとして働きたいと思うはずはなかった。ましてやモーリス・ウィルキンズのアシスタントなどありえなかった。彼女はウィルキンズのおだやかな立ち居振る舞いを嫌っており、彼の価値観を救いようもなく「中流」だとみなしていた。さらに、DNAの構造を解明するという彼のプロジェクトは、今では彼女自身のプロジェクトと正面から衝突するものだった。フランクリンの友人のひとりがのちに述べているように、「(フランクリンはウィルキンズを)ひと目で嫌いになった」[*8]

最初、ふたりは誠意をもってともに働き、ストランド・パレス・ホテルでときおり一緒にコーヒーを飲んだりもしたが、その関係はすぐに露骨で冷ややかな敵対関係へと変化した[*9]。知的な親近感からやがて、激しい軽蔑心が生まれた。数カ月後には、ふたりはほとんど口をきかなくなっていた(「彼女はよく吠えたが、僕をかむことはできなかった」[*10]とウィルキンズはのちに書いている)。ある朝、それぞれの友人グループと一緒にケンブリッジのケム川でパント舟を漕いでいる最中に、ふたりは遭遇した。フランクリンがウィルキンズのほうに向かって猛烈な勢いで漕いできたために、両者の舟は危うく衝突しそうになった。「今度は僕を溺れさせようとしている」[*11]とウィルキンズは恐怖に襲われたふりをして叫んだ。友人たちの中で神経質な笑いがわき起こった。冗談が真実をかすめたときの笑い方だった。

だが彼女がほんとうに溺れさせたかったのは、雑音だった。男たちが群がるパブで、ビアマグがかちんと鳴る音。キングズ・カレッジの男性専用休憩室で男たちが友好的に科学の議論を交わしている声。フランクリンは男性の同僚のほとんどを「ひどく不快」だと感じていた[*12]。疲弊させられたのは、女性差別そのものだけではなく、女性差別のほのめかしもそうだった[*13]。男たちが取るに足らないことを解析したり、意図しない駄じゃれを解読したりするために使うエネルギーだ。彼女にしてみれば、べつの暗号を解読するほうがましだった。自然や、結晶や、目に見えない構造の暗号だ。当時としてはめずらしいことに、ランドールは女性科学者を雇うことに抵抗がなく、キングズ・カレッジではほかにも数名の女性が働いていた。彼女の前には先駆者もおり、そのひとりが厳格で情熱的なマリー・キュリーだった。ひどく荒れた手をし[*14]、焦げた服を着たキュリーは、黒い泥の入った窯(かま)からラジウムを生成して、ノーベル賞をひとつどころかふたつも受賞した。オックスフォード大学では、品のある優美な女性、ドロシー・ホジキンがペニシリン結晶の回折パターンを発見し、のちにノーベル賞を受賞することになる[*15]（ある新聞は彼女を「やさしそうな主婦[*16]」と描写していた）。しかしフランクリンはどちらのモデルにもあてはまらなかった。やさしい主婦でもなければ、煮沸したウールのローブを着て大釜をかき混ぜる女性でもなかった。聖母でもなければ、魔女でもなかったのだ。

フランクリンを最も悩ませた雑音は、DNA写真の中のかすかな音だった。ウィルキンズはスイスの研究室から精製したDNAを入手しており、それを細い、同一の繊維に伸ばしていた。伸ばしたワイヤ（曲げたペーパークリップが最適だった）の溝に繊維を張ることによって、X線回折によるDNAの像が得られるのではないかと考えたのだ。しかしDNAを写真に収めるのはむずかしく、フィルムに残ったのは、散乱し、ぼやけた点だけだった。精製した分子の像を得るのはなぜこんなにもむずかしいのだろうとフランクリンは思った。が、答えはすぐに見つかった。精製したDNAにはふたつのタイプが存在した。水分が含まれているときと、乾いているときとで、DNAの形状は異なり、実験室の湿度の変化によって、DNA分子は緩んだり、縮んだりした。まるで生命そのもののように、息を吐いたり、吸ったり、吐いたりしていたのだ。ウィルキンズが小さくしようと努力していた雑音の原因のひとつは、このふたつの形状の切り替わりだった。

フランクリンは塩水の中で水素の泡を発生させる独創的な装置を使って実験室の湿度を調節し、DNAの水分含有量を上げてみた。すると繊維は永久に緩んだように見えた。[*17] 彼女はついに、DNAを操ることができたのだ。数週間のうちに、それまでに見たことがないほど質が高く、くっきりとしたDNAの写真を撮影することができた。結晶学者のJ・D・バーナルはのちにその写真を「これまでに撮影されたどの物質の写真よりも美しいX線写真」と呼んだ。[*18]

一九五一年の春、モーリス・ウィルキンズはナポリ臨海動物実験所で科学の講演をした。ボヴェリとモーガンがかつてウニの研究をした場所だ。ちょうど暖かくなりはじめた時期だったが、ひょっとしたらまだ、冷たい海風が路地を吹き抜けていたかもしれない。その朝の聴講者の中に、ウィルキンズが一度も名前を聞いたことのない科学者がいた。「シャツの裾を出し、膝をむき出しにし、靴下を足首まで下げ、雄鶏のように首を傾げていた」[*19] その人物は、ジェームズ・ワトソンという名前の興奮しやすい、口達者な青年だった。DNAの構造についてのウィルキンズの講演は退屈で、学術的だった。ウィルキンズが淡々と提示した最後のスライドのひとつに、DNAのX線回折の初期の写真があった。写真は長い講演のあとでスクリーンに映し出されたのだが、ウィルキンズがそのぼやけた像についてたとえわずかでも興奮を感じていたとしても、それを表に出すことはなかった。[*20] 像のパターンはまだはっきりしていなかったが（ウィルキンズの実験は依然として、試料の質と実験室の乾燥に妨害されたままだった）、ワトソンはその像にたちまちひきつけられた。そこから得られる結論は明白だった。Ｘ線回折という簡単な方法でＤＮＡ結晶の三次元構造の解明ができることをその写真は示していたのだ。「モーリスの講演を聴く前は、遺伝子の形はまったく不規則なのではないかと心配していた[21]」とワトソンはのちに記している。だがその写真の像を見て、ワトソンはすぐに、そうではないのだと確信した。「私はいきなり、化学に対して興奮を覚えた」その写真について彼はウィルキンズと話がしたかったが、「モーリスはイギリス人だから、知らない人とは話をしなかった[22]」

ワトソンは「Ｘ線回折の手法については何も[23]」知らなかったが、ある特定の生物学的問題についての確かな直観を持っていた。シカゴ大学で鳥類学者としてのトレーニングを受けた彼は、「化学や物理学の講義は、それほどむずかしくないものでも、受講するのを（ひたすら）避けていた」という。だが、ある種の帰巣本能が彼をＤＮＡへと導いた。彼もまたシュレーディンガーの『生命とは何か』を読んで強い興味をかき立てられており、コペンハーゲンでは核酸の化学についての研究にたずさわってもいた（その研究について、彼はのちに「大失敗だった[24]」と述べている）。ウィルキンズの写真に心を奪われたワトソンはこう語った。「自分には写真を解釈できなかったが、そのことはたいして気にならなかった。自分の考えが正しいかどうか思い切って確かめたこともない鳴かず飛ばずの大学教授におさまるよりも、有名になった自分を想像するほうがまちがいなく楽しかった[25]」

コペンハーゲンに戻ったワトソンは衝動的に、ケンブリッジ大学のマックス・ペルツの研究室に移籍させてほしいと頼んだ（オーストリア出身の生物物理学者ペルツは、一九三〇年代に大勢の科学者たちがナチスドイツから亡命した際にイギリスへ亡命した）。ペルツは分子の構造を研究しており、ワトソンにとっては彼の研究室に行くことが、ウィルキンズの写真に最も近づく方法だった。あの写真の予言的な像が彼の頭からどうしても離れなかった。ワトソンはDNAの構造を自分が解明してみせると決意していた。「DNAの構造は生命の真の謎を解き明かすロゼッタストーンのようなものだった」と彼はのちに述べている。「それこそが、遺伝学者として解く価値がある唯一の問題だった」彼はそのとき、まだ二三歳だった。

写真に恋をしたためにケンブリッジ大学へ移ったワトソン[*26]は、ケンブリッジに着いたまさにその初日に、また恋をした。今度の相手は、ペルツの研究室にいた学生のフランシス・クリックという男だった。それはエロティックな意味での恋ではなく、自分と同じ熱狂と、つきることのない刺激的な会話と、現実を超えて広がる大きな野心への恋だった。[†]「若者らしい傲慢(ごうまん)さと、冷酷さと、いい加減な考えに対するいら立ちをふたりとも持っていた[*27]」とクリックはのちに書いている。

クリックは三五歳で、ワトソンよりひとまわり歳上だったが、まだ博士号を持っていなかった（第二次世界大戦中、英国海軍機雷研究所に勤務していたのがその理由のひとつだった）。クリックはありがたいことに「大学教授」ではなかったし、「鳴かず飛ばず」でないことは確かだった。以前は物理学の学生だった開けっぴろげな性格のクリックは、よく響く大きな声で話し、そのせいで同僚たち

---

† 一九五一年、世界じゅうの誰もがジェームズ・ワトソンという名前を知るようになるはるか昔、小説家のドリス・レッシングが若きワトソンと一緒に三時間も散歩をしたことがあった。レッシングは友人の友人をとおしてワトソンと知り合った。ケンブリッジ近郊の荒地や湿地を歩きながら、レッシングひとりがずっと話しつづけ、ワトソンはひと言も話さなかったという。散歩が終わるころ、「ぐったり疲れていて、とにかく逃げ出したかった」レッシングはついに、相手が人間らしく話すのを聞いた。「困ったことに、僕には話のできる相手が世界にたったひとりしかいないんだ[*28]」

は避難場所を求めて逃げ出したり、頭痛薬の瓶を取りにいったりした。彼もまた、シュレーディンガーの『生命とは何か』(「革命のきっかけとなった(あの)小さな本」)を読み、生物学のとりこになった。

イギリス人には嫌いなことがたくさんあるものだが、朝の通勤電車で隣に座った人間に自分が取り組んでいる最中のクロスワードパズルを解かれてしまうこと以上に嫌いなことはない。クリックの知性は彼の声と同じくらい野放しで、大胆不敵であり、他人の問題に首を突っ込んで答えを教えることなど彼はまったく意に介さなかった。さらに悪いことに、彼の答えはたいてい正しかった。一九四〇年代末、物理学の修士号を取得したあとで、大学院生として生物学の研究にたずさわったとき、彼はすでに独学で結晶学の数学的理論(影を三次元構造へと変換するための、渦巻くような入れ子構造の方程式)をほぼすべて習得していた。ペルツの研究室の同僚のほとんどがそうだったように、クリックも最初はタンパク質の構造の研究に従事したが、みんなとはちがって、最初からDNAに強い興味を持っていた。ワトソンや、ウィルキンズや、フランクリンと同様に、遺伝情報を運ぶことのできる分子の構造に本能的にひかれていたのだ。

ワトソンとクリックはまるで遊戯室に放たれた子供たちのようにずっとしゃべりつづけていたために、やがてふたりだけの部屋をあてがわれた。木の垂木を渡した黄色いレンガの部屋だった。ふたりはその部屋に、自分たちの実験道具と、夢と、「狂気の探求」とともに放置された。ふたりはまるで不遜と、熱狂と、炎のような知性で互いに結びついた相補的な鎖のようだった。ふたりとも権威を毛嫌いしてはいたが、それと同時に、権威からの承認を切望してもいた。科学界の支配層というのは愚かで、のろまな連中だとみなしながらも、そこにうまく取り入る方法を知っていた。自分たちを典型的なはみ出し者だと思ってはいたが、そんなふたりにとっていちばん居心地のいい場所は、ほかでもない、ケンブリッジ大学の中庭だった。ふたりは自称、愚か者の宮廷の道化師だった。

　ふたりが不承不承ながらも尊敬していた唯一の科学者は、カリフォルニア工科大学の伝説的な化学者ライナス・ポーリングだった。ポーリングはちょうどそのころ、タンパク質の構造の重要な謎を解明したと発表したばかりだった。タンパク質はアミノ酸の鎖でできている。鎖は三次元空間で折りたたまれ、さらに、それらが複数組み合わさってより大きな構造となる（鎖がコイル状に巻きついてバネをつくり、そのバネがいくつか合わさって球形の構造をつくっている）。結晶の研究をしているうちに、ポーリングはタンパク質が基本的な単位（バネのようなコイル状のらせん構造）を形成することを発見した。そしてカリフォルニア工科大学の会議中に、帽子から分子のウサギを取り出す魔法使いさながら、いかにも仰々しい様子でタンパク質の模型を披露した。講演が終わりに差しかかるまでカーテンの後ろに隠されていたその模型が、さあ、ごらんあれ！　とばかりに聴衆にお披露目されると、人々はびっくり仰天しながら拍手を送った。噂によれば、ポーリングは今ではタンパク質からDNAの構造へと実験テーマを移しているそうだった。カリフォルニア工科大学から八〇〇〇キロ離れたケンブリッジで、ワトソンとクリックはあたかもポーリングが自分たちの一挙一動を見守っているかのような緊張感を覚えていた。

　タンパク質のへリックス構造についてのポーリングの画期的な論文*[29]は一九五一年の四月に発表された。方程式と数字で飾られたその論文は、専門家ですら威圧的に感じるような代物だった。だが数学の公式に誰よりも詳しいクリックには、ポーリングがまやかしの代数の後ろに本質的な方法を隠しているのがわかった。クリックはワトソンに、ポーリングの模型は実のところ「常識の産物であって、複雑な数学的考察の結果ではない*[30]」と言った。ほんとうの魔法は想像力だったのだ。「彼の主張にはときどき、方程式が入り込んでくるけれど、ほとんどの場合、言葉だけで十分だったはずだ……αへリックスはX線写真をじっと見つめた結果、見つかったわけではない。最も本質的なトリックは、どの原子がどの原子の隣に座りたがるかを見極めることなんだ。主な道具は鉛筆と紙ではなくて、幼稚園の子供のおもちゃみたいに見える分子模型だ」

ワトソンとクリックはこのとき、本能的な科学的大ジャンプをした。DNAの構造が、ポーリングが用いたのと同じ「トリック」で解明されるとしたら？　X線写真はもちろん助けにはなるが、生物の分子構造を実験的手法で解明するというのは途方もなく大変な作業だった。クリックに言わせれば、「階段を転げ落ちている最中のピアノが出す音を聴き、それだけでピアノの構造を決定しようとするみたいなもの」[*31]だったのだ。しかしDNAの構造が実際にはあまりにシンプルで（あまりに洗練されており）、「常識」によって解明できるものだったら？　模型をつくることによって解明できるとしたら？　棒と石の組み合わせによってDNAを解き明かせるとしたら？

八〇キロ離れたロンドン大学のキングズ・カレッジのフランクリンは、おもちゃで模型をつくることにはほとんど興味がなかった。実験に対するレーザーのような集中力で、彼女はDNAの写真を次から次へと撮っており、撮るたびにくっきりとした写真が得られるようになっていた。彼女は、その写真が答えを出すはずだと確信していた。当て推量の必要性はまったくない。実験データが模型を生み出すのであり、その逆ではなかった。[*32]　DNAの二種類のタイプ（「乾いた」結晶と「湿った」結晶）のうち、湿ったタイプのほうがより単純な構造をしていると思われた。だがウィルキンズが湿ったタイプの構造を共同研究によって解明しようと申し出ると、彼女は拒否した。共同研究など降伏と大差なかったからだ。ランドールはほどなく、けんかしている子供たちを引き離すように、ふたりを正式に引き離さざるをえなくなった。ウィルキンズは湿ったタイプの研究を続け、フランクリンは乾いたタイプに集中することになった。

その別離によって、ふたりとも困難に陥った。ウィルキンズはDNAの前処理が苦手なために質のいい写真が撮れなくなり、フランクリンのほうは質のいい写真を手にしていたが、それを解釈するのが苦手だった（「よくもわたしのデータを読んでくれたわね！」*33）。彼女は一度ウィルキンズにそう噛みついたことがあった）。数十メートルしか離れていなかったにもかかわらず、ふたりは戦争中のふたつの大陸に住んでいるも同然だった。

一九五一年一一月二一日、フランクリンはキングズ・カレッジで講演をした。ワトソンはウィルキンズにその講演に招待されていた。どんよりとしたロンドンらしい霧が立ちこめる灰色の午後だった。会場は大学の奥に埋もれたような、じめっとした古い講堂で、ディケンズの『クリスマス・キャロル』の陰気な会計事務所を思わせる場所だった。およそ一五人が出席しており、その中にワトソンの姿もあった（「痩せこけていて、動きがぎこちなく……目がぎょろりとしており、何も書き留めていなかった」）。

「（フランクリンは）神経質そうに、早口で話した……その言葉には温かみもなければ、軽率さもなかった」とワトソンはのちに書いている。「彼女が眼鏡をはずして奇抜なヘアスタイルにしたら、どんなふうに見えるだろうとふと思ったよ」フランクリンはソ連の夕方のニュースを読んでいるかのような、いかめしい、ぶっきらぼうな話し方をわざとしているように見えた。もしそこにいた誰かが、彼女の髪型ではなく講演のテーマに注意を向けたなら、フランクリンが途方もなく大きな概念的革新について話していることに気づいたはずだ。ずいぶんと周到な話し方ではあったが。「数個の鎖からなる大きならせん構造*†34」と彼女のメモには書かれていた。「外側にはリン酸がついている」フランクリンがすでに、きわめて精巧な構造をした骨格を思い描きはじめていたのは確かだった。だが、彼女は大ざっぱな測定結果しか示さず、構造についての詳しい説明もあからさまに避けたまま、生気を失わせるほどに退屈なセミナーを終わらせた。

翌朝、ワトソンは興奮しながらフランクリンの講演についてクリックに伝えた。ふたりは結晶学の大御所であるドロシー・ホジキンに会うために列車でオックスフォードに向かっているところだった。ロザリンド・フランクリンは講演の中でいくつかの予備的な測定結果しか伝えなかったが、クリックがその正確な数値をワトソンに尋ねても、ワトソンにははっきりと答えられなかった。ナプキンの裏に数値を書き留めることすらしなかったのだ。科学者としての彼の人生の中で最も重要なセミナーに出席していながら、メモをとるのを怠ったのだ。

それでもクリックはフランクリンの予備的な考えを理解し、模型をつくるために大急ぎでケンブリッジに戻った。ふたりは翌朝から模型づくりに取りかかった。昼には近くの居酒屋イーグル亭で昼食をとり、グースベリー・パイを食べた。「あのデータから示唆されるのは、鎖は二本か、三本か、四本だということだ[*35]」ということにふたりは気づいていた。問題は、そうした鎖をどのように組み合わせて、謎めいた分子の模型をつくるかだった。

一本鎖のDNAは糖とリン酸の骨格と、その骨格にファスナーの務歯（むし）のようについている四つの塩基（A、T、G、C）からなる。DNAの構造を解明するために、ワトソンとクリックはまず、DNA一分子につきファスナーがいくつあり、どの部分が中心にあって、どの部分が端にあるかを決定しなければならなかった。それは比較的簡単な問題に思えたが、シンプルな模型を組み立てるのは途方もなくむずかしかった。「関係している原子は一五種類ほどしかなかったにもかかわらず、何度やってもうまく模型に収まらなかった」

お茶の時間までには、ふたりは依然として模型をぎこちなくいじりながらも、満足のいきそうな答えを思いついていた。糖とリン酸の骨格を内側にして三本の鎖が互いに絡まり合い、らせんを形づくっているという構造だ。三重らせん。リン酸が内側。「原子同士の距離が近すぎて、収まりが悪い部分もある」ということは認めていたものの、さらに手を加えていくうちにその問題もなんとか解決できるはずだと思った。できあがった模型の構造は洗練されているとは言いがたかったが、もしかしたら自分たちは高望みしすぎなのかもしれない。次の段階は、「ロザリンドの測定値と照らし合わせてみること」[*36]だった。ふたりはほんの気まぐれで、ウィルキンズとフランクリンに電話をかけて、模型を見にこないかと誘った（ふたりはのちにそのことを後悔することになる）。

翌朝、ウィルキンズとフランクリン、フランクリンの学生のレイ・ゴズリングの三人がワトソンとクリックの模型を確認するためにキングズ・カレッジを出て列車に乗った。[*37]ケンブリッジへの旅は期待に満ちたものだったが、フランクリンはひとり考えにふけっていた。

だが、ついにお披露目された模型はとんでもなく期待外れな代物だった。ウィルキンズは模型に「がっかりした」ものの、口をつぐんでいた。しかしフランクリンはお世辞を言うタイプではなかった。模型をひと目見ただけで、無意味な代物だと確信した。単にまちがっているだけではなかった。

† 最初にDNAの研究をおこなった際には、フランクリンにはX線のパターンがらせん構造を示しているという確信はなかった。おそらくそれは、彼女が乾いたタイプのDNAを使っていたからにちがいない。実際、ある時点で、フランクリンと彼女の学生たちは、「らせん構造の死」（DNAはらせん構造ではないということ）を宣言する大胆なメモを回覧していた。しかしX線写真の像の質が改善してくると、フランクリンはしだいに、リン酸が外側についたらせん構造を思い描きはじめた。ワトソンは記者に、フランクリンの欠点は自分のデータに対する冷静すぎるアプローチにあったと語っている。「彼女は人生のすべてをDNAに捧げてはいなかった」

美しくなかったのだ。醜く、出っ張っていて、崩れ落ちそうな残骸、そう、地震のあとの高層ビルのようだった。ゴズリングはこう回想している。[*38]「ロザリンドはできるかぎり教育的な話し方で怒りをぶちまけた。〝あなた方は以下の理由でまちがっています〟といった調子で……それから、理由を列挙しながら、彼らの仮説を粉々に砕いていったんだ」フランクリンは足で模型を蹴飛ばしたも同然だった。

クリックは「ぐらぐらする不安定な鎖」を安定させようとして、リン酸の骨格を内側に持ってきていた。しかし、リン酸は負電荷を持っているために、もしすべてのリン酸が鎖の内側を向いているならば、互いに反発しあい、分子は一瞬でばらばらになってしまうはずだった。クリックはこの問題を解決するために、陽電荷のマグネシウムイオンをらせんの真ん中に差し込んだ。全体が崩れないようにするために土壇場でのり付けするように。だがフランクリンの測定値によれば、マグネシウムは中央には存在しえなかった。さらに悪いことに、ワトソンとクリックがつくった模型では分子同士があまりに密集しているために隙間がなく、十分な数の水分子と結合できなかった。あまりに大急ぎで模型をつくったために、ふたりはフランクリンの最初の発見すら忘れてしまったのだ。つまり、DNAの驚くべき「湿り気」だ。

鑑賞の時間が終了し、取り調べの時間が始まった。フランクリンが分子をひとつひとつはずしながら模型を解体していくのを眺めながら、ふたりはまるで自分たちの体から骨がはずされていくように感じた。クリックの気分はどんどん沈んでいった。「クリックの気分はもはや、恵まれない植民地の子供たちに向かって講義をしている自信満々の主人といった感じではなくなった」[*39]とワトソンは回想する。そのころにはもうフランクリンも、「青臭いたわごと」には心底うんざりしていた。この若造たちも、若造たちのおもちゃも、彼女にとってはとんでもない時間の無駄だった。フランクリンは三時四〇分の列車に乗って帰った。

その間、カリフォルニア州パサデナでもライナス・ポーリングがＤＮＡの構造を解明しようとしていた。ワトソンは、ポーリングの「ＤＮＡに対する攻撃」が容赦のないものになるはずだと覚悟していた。化学や、数学や、結晶学への深い理解、そして何よりも、模型づくりについての本能的な理解力を総動員して、ポーリングはＤＮＡを爆弾で攻撃するはずだった。ある朝目を覚まして権威ある科学雑誌を開いたら、解明されたＤＮＡの構造が自分たちを見つめ返しているのではないか。ワトソンとクリックは心配でたまらなかった。そしてその論文には、ほかでもないポーリングの名前が付されているのではないか。

一九五三年一月の第一週、そんな悪夢が現実になったかに見えた。*[40] ポーリングとロバート・コリーがＤＮＡの構造についての論文を書き、その暫定的なコピーをケンブリッジに送ってきたのだ。それはまるで大西洋の向こうから何気なく放り投げられた爆弾のようなものだった。ワトソンは一瞬、「万事休す」だと思った。だが論文に描かれた構造を注意深く見たワトソンはすぐに「何かがおかしい」と気づいた。偶然にも、ポーリングとコリーも塩基（Ａ、Ｃ、Ｇ、Ｔ）が外側を向いた三重らせんを提唱しており、リン酸の骨格は、踏み板が外側についているらせん階段の中央の支柱のように、内側にねじ込まれていた。だがポーリングの模型には、リン酸をくっつけておくためのマグネシウムの「のり」はなく、その構造はかなり弱い結合によってまとまっているとされていた。そこに手品師の奇術が働いているのは明らかだった。ワトソンはすぐに、その構造は矛盾していると気づいた。つまり、エネルギー的に不安定だったのだ。ポーリングの同僚はのちにこう書いている。「もしそれがＤＮＡの構造だとしたら、爆発するはずだ」ポーリングがつくったのは爆弾ではなかった。分子的なビッグバンだったのだ。

「あまりに信じがたい大失敗だったから、ほんの数分しか秘密にしておけなかった」とワトソン本人が語っているように、彼は近くの研究室で働く友人の化学者のところへ走っていって、ポーリングの模型を見せた。その化学者も同意見だった。ワトソンはクリックに、「巨匠（ポーリング）は大学の初歩的な化学を忘れたんだ」と言い、それからふたりはお気に入りの居酒屋イーグル亭へ出かけていき、ライバルの失敗を祝してウィスキーを飲んだ。


一九五三年一月末、ジェームズ・ワトソンはウィルキンズに会うためにロンドンに行った。フランクリンのオフィスに立ち寄ると、彼女は自分の実験台で作業中だった。彼女のまわりには数十枚の写真が散乱し、机の上にはメモと方程式がびっしりと書き込まれた本が載っていた。ふたりは堅苦しい会話を交わし、ポーリングの論文について議論した。フランクリンはやがてワトソンにうんざりし、研究室の向こう側へと歩いていった。「あの女が激怒したら、攻撃してくるかもしれないぞ」とワトソンは思い、正面のドアから出ていった。

少なくともウィルキンズのほうは、もっと感じがよかった。フランクリンのすさまじい気質について互いを哀れんでいるうちに、ウィルキンズはワトソンにかつてないほど心を開き、自分とフランクリンとのあいだにある不信や、誤解や、推測などについてほのめかした。それから彼はワトソンに、フランクリンがこの夏、十分に湿ったＤＮＡの写真を新たにいくつか撮ったと教えた。それらは驚くほど鮮明な写真で、ＤＮＡの基本的な骨格が事実上、写真から飛び出してくるようだと。

一九五二年五月二日の金曜日の夜に、フランクリンとゴズリングはＤＮＡ繊維に一晩じゅうＸ線をあてていた。カメラがほんの少し中心からずれていたことを除けば、写真は技術的に完璧だった。

「とてもいい。湿った写真」[*41]と彼女は赤いノートに記している。翌日の午後六時三〇分（当然のことながら、ほかのスタッフがパブに行っている土曜の晩も、彼女は働いていた）、彼女はゴズリングの助けを借りてふたたびカメラを設置し、そして火曜の午後に写真を現像した。今度の写真は前回よりも鮮明であり、それまで目にしたことがないほど完璧な写真だった。彼女はその写真に「写真51」とラベルした。

ウィルキンズは隣の部屋へ行って、引き出しからその重要な写真を取り出し、ワトソンに見せた。フランクリンはまだオフィスでいら立っており、ウィルキンズが自分の最も大切なデータをワトソンに見せているとはつゆほども思わなかった。[†]（「ロザリンドの許可をとるべきだったのかもしれないが、私はそうしなかった」とウィルキンズはのちに後悔の念とともに書いている。「状況がとても込み入っていたんだ……少しでも状況がまともだったら、私はもちろん、彼女の許可を求めていたはずだ。とはいえ、少しでもまともだったなら、そもそも許可だのなんだのという問題自体、生じなかったはずだ……いずれにしろ私はその写真を持っていた。写真にはらせん構造が写っていた。見逃しようもなく」）

ワトソンはたちまち、その写真に釘付けになった。「写真を見た瞬間、口があんぐり開いて、心臓の鼓動が速くなった。そこに写っていたパターンは以前のものに比べて驚くほどシンプルだった……

† だがそれはほんとうに彼女の写真だったのだろうか？　ウィルキンズはのちに、その写真はフランクリンの弟子のゴズリングからもらったものだと断言した。したがって、それをどうしようと彼の自由だったのだと。フランクリンは当時、もうすぐキングズ・カレッジを離れてバークベック・カレッジで新たな職に就く予定だった。そこでウィルキンズは、彼女はDNAプロジェクトを断念するつもりだと思ったという。

その黒い十字架のような形は……らせん構造からしか得られなかった。ほんの数分間計算すれば、DNA分子の中の鎖の数がわかるはずだった」

泥沢地帯を走り抜ける列車の凍えるようなコンパートメントで、ワトソンは先ほど見た写真を新聞の端にスケッチした。前回はなんのメモもとらずにロンドンから帰ってきてしまったが、今度は同じまちがいを繰り返すつもりはなかった。ケンブリッジに戻って、大学の裏のゲートを飛び越えたときには、DNAは二本のらせん状の鎖でできていると確信していた。「重要な生物学的物体は対になっている」[*42]

翌朝、ワトソンとクリックは急いで研究室へ行き、模型づくりに猛然と取りかかった。遺伝学者は数を数え、生化学者は精製する。だが、ワトソンとクリックは遊んだ。ふたりは整然と、こつこつと、注意深く仕事をしたが、ふたりの大切な長所である陽気さが消えることはなかった。もしふたりが競争に勝てるとしたら、彼らの武器は斬新さと直感のはずであり、彼らは終始大笑いしながらDNAにたどり着くにちがいなかった。ふたりは最初、自分たちの最初の模型の特徴を残そうと考えた。リン酸の骨格を内側に据えて、塩基が外側に飛び出している形だ。しかしその形では分子がすし詰め状態で押し込まれてしまい、模型は安定しなかった。コーヒーを飲んだあとで、ワトソンはついに降参した。ひょっとしたら、骨格は外側にあって、塩基（A、T、G、C）は内側を向いて並んでいるのかもしれない。だがその場合には、さらに大きな問題が生まれた。塩基が外側を向いているならば、それらを取りつけるのは簡単だった。内側の骨格のまわりをらせん状のロゼットのように並べるだけでよかったからだ。だが塩基が内側を向いている場合には、それらは狭い空間に収まらなければならず、ファスナーの務歯同士が嚙み合うように、お互い同士がうまく嚙み合わなければならなかった。つまりA、T、G、CがDNAの二重らせんの内部に収まるためには、それらは互いになんらかの相互作用や関係を持っていなければならなかった。だがある塩基（たとえば、A）と、べつの塩基とはどのような関係を持っているのだろう？

DNAの塩基は互いに関係しているにちがいないと主張する化学者がひとりだけいた。一九五〇年、ニューヨークのコロンビア大学で働くオーストリア生まれの生化学者エルウィン・シャルガフは、奇妙なパターンに気づいた。シャルガフがDNAを粉々にして、その中の塩基の量を調べてみると、いつもAとTの量、そして、CとGの量がほぼ等しかったのだ。まるで先天的に結びついているかのように、AとT、そしてCとGはなんらかの神秘的な力によって対になっていた。ワトソンとクリックはこの法則を知っていたものの、DNAの最終的な構造にそれをどうあてはめればいいのかはわからなかった。

二番目の問題は、四つの塩基をどのようにらせんの内側に取りつければいいかということだった。それを解明するには、外側の骨格の正確な測定値が不可欠だった。いわば梱包の問題であり、空間の広さが重要であることは明らかだった。ここでもまた、本人が知らないうちに、フランクリンのデータが事態を救った。一九五二年の冬、キングズ・カレッジでの研究を調査するための視察委員会がつくられた。そこでウィルキンズとフランクリンは、DNAに関する自分たちの最新の研究についての報告書を準備し、そこに予備的な測定結果をいくつも盛り込んだ。委員会のメンバーのひとりにマックス・ペルツがいた。報告書のコピーを手に入れると、彼はそれをワトソンとクリックに渡した。報告書に「極秘」というスタンプが押してあったわけではないが、だからといって、第三者に勝手に渡してもいいわけではないことは明らかだった。とりわけ、フランクリンのライバルには。

ペルツの意図がどういうものだったのか、科学界の競争について彼が無知を装っていたのかどうかはいまだ不明のままだ（彼はのちに、「管理上のことについてはよく知らなかったし、無頓着だった。報告書は〝極秘〟ではなかったから、隠しておかなくてはならない理由はないと思ったんだ」と弁解している）[*43]。だがもはや後戻りはできなかった。フランクリンの報告書はワトソンとクリックの手に渡った。糖とリン酸の骨格を外側に据えたうえに、全体の測定値もわかった今、ふたりは模型づくりのいちばん楽しい段階に突入することができた。ワトソンは最初、片方の鎖のAをもう一方の鎖のAと合わせるようにして（同じ塩基同士を対にして）、ふたつのらせんを組み合わせようとした。だがその結果、らせんには膨らんだ部分と細い部分ができてしまい、まるでミシュランタイヤのイメージキャラクター、ミシュランマンのような形になった。ワトソンは模型をマッサージして形を整えようとしたが、うまくいかず、翌朝にはその模型を断念しなければならなかった。

　一九五三年二月二八日の午前中、塩基の形に切り抜いた厚紙で遊んでいたワトソンは、らせんの内側には異なる塩基同士の対があるのではないかと考えはじめた。AはTと、CはGと対になっているのではないだろうか？　「アデニンとチミンのペア（A↓T）と、グアニンとシトシンのペア（G↓C）は同じ形をしていることにいきなり気づいたんだ……何もでっちあげなくても、その二種類の塩基対の形は同じになった[*44]」

　その二種類の塩基対はらせんの中心を向いた状態で、簡単に重ねられることにワトソンは気づいた。今になってようやく、シャルガフの法則の重要性がはっきりとわかった。AとT、そしてGとCの量はつねに同じでなければならなかったのだ。なぜなら、それらはつねに、互いを補っているからであり、ファスナーの向かい合う務歯だったからだ。最も重要な生物学的物体は対になっていなければならないのだ。ワトソンはクリックがオフィスにやってくるのが待ちきれなかった。「クリックがやってくると、まだ彼が部屋に入りきらないうちに伝えたんだ。すべてを解決する答えを僕らは手に入れ

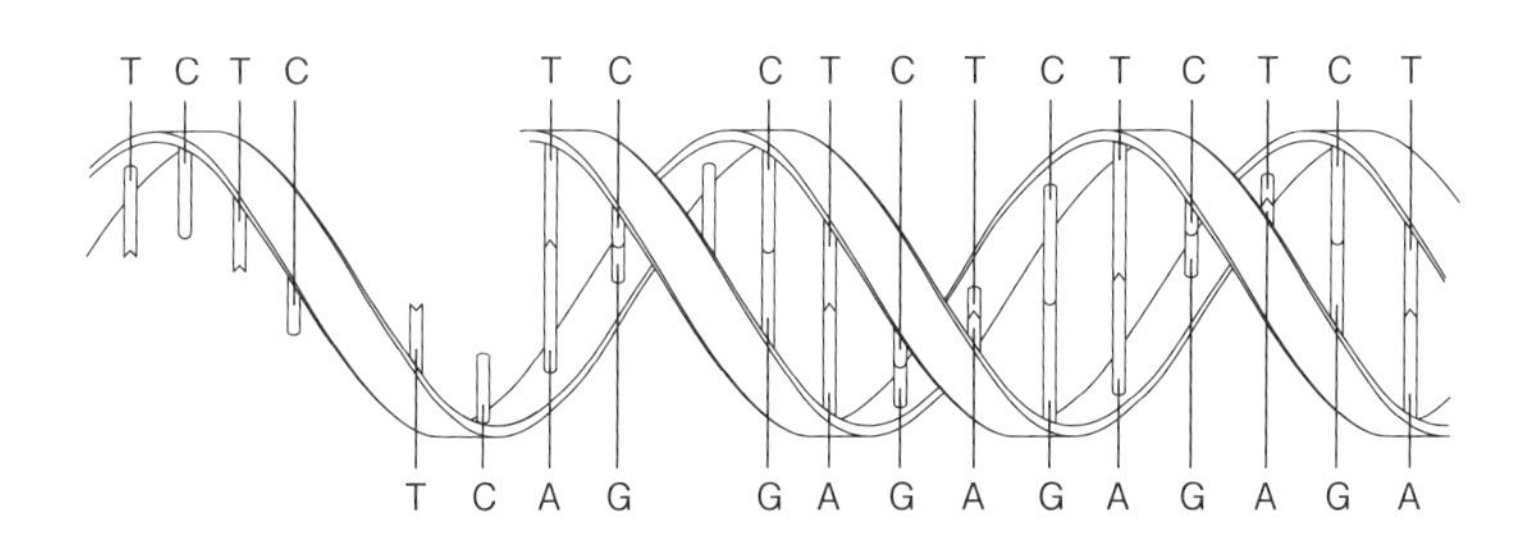

DNAの二重らせん構造。左側は1本のらせんを示し、右側はそれがもう一方のらせんと対になった二重らせんを示している。塩基の相補的な結合に注目してほしい。AはTと対になり、GはCと対になっている。DNAのらせん状の「骨格」は糖とリン酸の鎖でできている。

たって[*45]」

塩基対をひと目見ただけで、クリックは確信した。細かな点を詰めて、AとT、GとCのペアをらせんの骨格の内部に実際に埋め込むという作業がまだ残っていたものの、それが突破口だということは明らかだった。そんなに美しい解決策がまちがいであるわけがなかった。「(クリックは)イーグル亭に飛んでいって、近くにいた全員に向かって、僕らは生命の秘密を見つけたと言った[*46]」とワトソンは述懐している。

ピタゴラスの三角形や、ラスコー洞窟の壁画や、ギザのピラミッドや、宇宙から見た青くはかない地球の姿のように、DNAの二重らせんは人間の歴史と記憶に永遠に刻まれるイコン的なイメージとなる。私は、心の目のほうが細かい点まで見ることができると思っているので、生物学的な図を本文中に載せることはめったにない。だがときに、その方針を破らなければならないこともある。

二重らせん構造では二本のDNA鎖が互いに絡み合う形で存在する。二重らせんは右巻きで、その直径は二三オングストローム(一オングストロームは一〇〇億分の一メートル)で、一〇〇万本ものらせんを「O(オー)」の字の中に詰め込むことができる。生物学者のジョン・サルストンは「私たちが目にするのはかなりずんぐりした形状の二重らせんである。なぜならＤＮＡがそれ以外の形状をとることはめったにないからだ。ＤＮＡは実際には、驚くほど細長い。ヒトの体内の細胞に含まれるＤＮＡの全長は二メートルもある。ＤＮＡを縫い糸くらいの太さに拡大して描いたなら、それに相応する細胞の長さは二〇〇キロメートルにもなる」と書いている。[*47]

ＤＮＡの鎖はＡ、Ｔ、Ｇ、Ｃという四つの「塩基」が長く連なったものであり、それぞれの塩基は糖とリン酸からなる骨格にくっついている。骨格はらせんを描いており、そこからそれぞれの塩基がらせん階段の踏み板のように内側に突き出している。二本のらせんから各々内側に向かって突き出た塩基同士は、ちょうどらせんの真ん中あたりで手をつないで、つながったような構造になっている。その塩基同士のつながり方、つまり組み合わせには法則性があり、Ａは必ずＴと、Ｃは必ずＧと組み合わさる。これをＤＮＡ二重鎖の相補性といい、互いに相補的なＤＮＡ鎖同士は同じ遺伝情報を持っている。ただし、相補的な意味で。つまり、それぞれの鎖は相手の「影」であり、こだまなのだ（陰と陽の関係と言ったほうがより適切かもしれない）。ＤＮＡの二重らせんはこのように、自分の鏡像のようなスナーのように二本の鎖をくっつけている。ＡとＴ、ＧとＣのあいだの分子的な力が、ファ暗号と永久に絡み合った、四つのアルファベットからなる暗号（ＡＴＧＣＣＣＴＡＣＧＧＧＣＣＡＴＣＧ……）なのである。

「見るということは、見ている対象の名前を忘れることだ」と詩人のポール・ヴァレリーは書いている。ＤＮＡを見るということは、その名前も、化学式も忘れるということだ。ハンマーや、鎌や、怒鳴り声や、はしごや、ハサミといった人間の最もシンプルな道具と同じく、分子の機能もその構造から完全に理解することができる。ＤＮＡを「見る」ということは、情報の貯蔵庫としてのＤＮＡの機能を理解することである。生物学で最も重要な分子を理解するのに、その名前は必要ない。

一九五三年三月の第一週に、ワトソンとクリックは模型の完全版をつくった。模型の部品の製作を早めるために、ワトソンはキャヴェンディッシュ研究所の地下にある工作室に走っていった。クリックが階上の部屋でいらいらしながら行ったり来たりしているあいだ、ワトソンは地下で何時間もかけてハンマーで叩いたり、はんだづけをしたり、磨いたりし、ようやく光沢のある金属部品がそろうと、ふたりは模型を組み立てはじめ、部品と部品を危なっかしくつなげていった。すべての部品がぴたりと収まらなければならないうえに、すでに知られている分子の測定値に合致しなければならなかった。クリックが部品をつけ加えながら顔をしかめるたびに、ワトソンは動揺した。だが最終的には、まるで完璧に解かれたパズルのように、すべての部品がきれいに収まった。翌日、ふたりは測鉛線と定規を手に模型のところへ戻り、部品と部品のあいだのすべての距離を測った。どの測定値も（どの角度も、幅も、分子同士を隔てる空間の体積も）ほぼ完璧だった。

モーリス・ウィルキンズが翌朝、模型を見にやってきた。[48] そしてほんの一分見ただけで「それを気に入った」。ウィルキンズはのちに次のように回想している。「模型は研究室のテーブルの上にそびえるように立っていた。生きているみたいだった。生まれたばかりの赤ん坊を見ているような気がして……まるで、模型にこう話しかけられているみたいだった。〝きみがどう思おうかなんて関係ない……自分が正しいってことが僕にはわかっているからね〟」[49] ウィルキンズはロンドンに戻り、二重らせん構造が彼の最新の結晶学のデータとフランクリンのデータによって明確に裏づけられることを確認した。「きみたちふたりははみ出し者だけど、すごいものを持っているかもしれない」[50] とウィルキンズは一九五三年三月一八日、ロンドンから書き送った。「きみたちのアイデアが気に入ったよ」[51]

二週間後に模型を見たフランクリンもまた、すぐに確信した。ワトソンは最初、「彼女自身がこしらえた罠にとらえられたままの、鋭くも頑固な彼女の心」が模型を受け入れないのではないかと心配していた。しかしフランクリンには、それ以上の説得は必要なかった。模型を見たとたん、彼女の鋭い頭脳はそこに美しい解決策があることを悟ったのだ。「骨格が外側に位置するという事実と、A-T、C-Gという特定の塩基対がつくられているという事実に異議を唱える理由はまったくなかった」[*52]その構造は、ワトソンの言葉を借りるなら「あまりに美しく、真実でないわけがなかった」

一九五三年四月二五日、ワトソンとクリックは雑誌《ネイチャー》に「核酸の分子構造——デオキシリボ核酸の構造」という題名の論文を発表した。[*53]その論文にはゴズリングとフランクリンによる論文が添えられており、二重らせん構造を裏づける強力な結晶学的証拠が提示されていた。三つめの論文はウィルキンズによるもので、DNA結晶から得られたさらなる実験データを示して、証拠をいっそう強固なものにしていた。

生物学の最も重要な発見に、最大級に控えめな表現を対置させるという崇高な伝統（メンデルや、エイヴリーや、グリフィスを思い出してほしい）にならって、ワトソンとクリックはその論文を次のような文で締めくくっている。「DNAの塩基が特定の対を形成しているというわれわれの仮説が、遺伝物質の複製というメカニズムの存在を示唆している点を見逃すことはできない」情報のコピーを細胞から細胞へ、個体から個体へと伝えるというDNAの最も重要な機能は、その構造に埋め込まれていた。メッセージ、移動、情報、形。ダーウィン、メンデル、モーガン。それらすべてが、その不安定な分子の集まりの中に書き込まれていた。

一九六二年、ワトソンとクリックとウィルキンズは二重らせん構造の発見によりノーベル賞を受賞した。しかし、その中にフランクリンは含まれていなかった。彼女は一九五八年に、遺伝子の変異を原因とする病である卵巣がんのため、三七歳で他界していた。

テムズ川が弧を描きながらロンドンを離れるあたり、つまりベルグラビア付近の台形の公園から歩きはじめよう。その公園はヴィンセント広場と呼ばれ、王立園芸協会のオフィスに隣接している。一九〇〇年にウィリアム・ベイトソンがメンデルの論文に関するニュースを科学界にもたらしたのはその協会でのことであり、それを機に、近代遺伝学の時代の幕が開いた。広場から北西に向かって歩みを進めていこう。バッキンガム宮殿の南の端を通り過ぎると、ラットランド・ゲートにある洗練されたタウンハウスが見えてくる。フランシス・ゴールトンが一九〇〇年代に、完璧な人類をつくるために優生学理論を考え出した場所だ。

そこからテムズ川を渡り、東にちょうど四・八キロ行ったところに、かつて保健省病理学研究所だった場所がある。一九二〇年代初頭にフレデリック・グリフィスが個体から個体へと遺伝物質が移る現象、すなわち形質転換を発見した研究所だ。その実験を機に、DNAが「遺伝子の分子」であるという発見がもたらされた。テムズ川を北方向に渡ると、キングズ・カレッジの研究所にたどり着く。一九五〇年代初頭にロザリンド・フランクリンとモーリス・ウィルキンズがDNA結晶の研究を始めた場所だ。ふたたび進路を南西に変えてみよう。やがてエキシビション・ロードの科学博物館に到着し、そこで「遺伝子模型」をじかに見ることができる。ガラスケースの中に、ハンマーで打ちつけられた金属板や、金属製の実験用スタンドを危なっかしく取り囲む棒でできた、ワトソンとクリックのDNA模型の現物が展示されている。その模型はまるで狂人が発明した格子細工のコルク栓抜きのように見える。あるいは、人間の過去と未来をつなぐ、ありえないほどにもろいらせん階段のように。クリックがぞんざいに書いたA、T、G、Cの文字が今も金属盤を飾っている。

ワトソンとクリックとウィルキンズ、そしてフランクリンによるDNA構造の解明によって、遺伝子の旅のひとつが終わり、それと同時に、新たな研究と発見につながる扉が開いた。ワトソンは一九五四年に次のように書いている。「DNAの構造がかなり一定だということがわかった今、あらゆる生物の特徴を決定する膨大な量の遺伝情報がどのようにして、そんな一定の構造の中に蓄えられているのかという謎を解き明かさなければならなくなった」[*54]古い疑問は新しい疑問に取って代わられる。二重らせんの持つどんな特徴が生命の暗号を担うことを可能にしているのだろう? 暗号はどのようにして転写され、生物の実際の形や機能に翻訳されるのだろう? さらに言えば、なぜらせんは一本でも、三本や四本でもなく、二本なのだろう? なぜ二本のらせんは、まるで分子的な陰と陽のように相補的なのだろう(AとT、GとCが対になっているのだろう)? なぜほかの構造ではなく、この構造が、あらゆる生物学的情報の中心的な貯蔵庫として選ばれたのだろう? 「(DNAの構造は)とても美しいだけではない」とクリックはのちに述べている。「それはDNAの機能を表す概念なのだ」

像は概念を結晶化している。ヒトを組み立て、修復し、繁殖させるための情報を運ぶ二重らせん分子の像は、一九五〇年代の楽観と驚異を結晶化している。その分子に書き込まれているのは、ヒトの完璧さと脆弱性(ぜいじゃく)が生まれる場所だ。この化学物質を操作する方法を学んだなら、われわれは自分たちの「生まれ」を書き換えるはずだ。病気は治癒し、運命は変わり、未来は再設定されるだろう。

ワトソンとクリックのDNA模型は、世代から世代へとメッセージを伝える謎めいた運び手という遺伝子についてのひとつの概念の終わりと、次の概念の始まりを示していた。情報を書き込み、蓄え、個体から個体へと伝えることのできる化学物質、あるいは分子という概念だ。二〇世紀初頭の遺伝学のキーワードが「メッセージ」だとしたら、二〇世紀後半のキーワードは「コード(暗号)」ということになるかもしれない。遺伝子がメッセージを運ぶということはすでに半世紀前から明らかだった。

次の問題は、人間はその暗号を解読できるかどうかという点だった。

「あのいまいましい、とらえどころのない紅はこべ（バロネス・オルツィの小説『紅はこべ』に登場する謎の秘密結社）」

タンパク質の分子の中に、自然はあるしくみをつくった。基礎的な単純さを用いて、途方もない巧妙さや多様性を表現するというしくみだ。そのような美点の奇妙な組み合わせがなぜ可能なのかが明確に解明されるまでは、分子生物学を正しい視点でとらえることはできない。*1

――フランシス・クリック

コード（暗号）*code* という言葉は、執筆者が文字を引っかいて記すのに使われた木の髄を表すラテン語の *caudex* に由来すると前に書いた。暗号を書くのに使われた物が暗号という言葉自体を生み出したという考えには、心に訴える何かがある。形が機能になったのだ。DNAの場合もまた、分子の形がその機能と本質的に結びついていることにワトソンとクリックは気づいた。遺伝の暗号はDNAという物質に書き込まれているにちがいなかった。木の髄に文字が刻まれたのと同じくらいしっかりと。

だがそもそも遺伝暗号とはなんだろう？　DNAの分子的な鎖の上に存在する四つの塩基、A、C、G、T（RNAではA、C、G、U）は髪や、目の色や、細菌の莢膜（きょうまく）の性質（さらに言うならば、精神疾患や致死的な出血性疾患への家系的なかかりやすさ）の一貫性をどのように決めているのだろう？　メンデルの抽象的な「遺伝の単位」はどのようにして、身体的な特徴となって現れるのだろう？

エイヴリーの画期的な実験の三年前の一九四一年、スタンフォード大学の地下のトンネルで実験をしていたふたりの科学者、ジョージ・ビードルとエドワード・テータムは遺伝子と身体的な形質をつなぐうえで欠けていた要素をついに発見した。[*2] ビードル（同僚からは「ビーツ」と呼ばれていた）は、カリフォルニア工科大学での大学院生時代にトマス・モーガンに師事していた。[*3] ビードルの頭を悩ませていたのは、赤い眼のショウジョウバエと白い眼の変異体だった。ビードルの理解では、「赤い眼の遺伝子」は遺伝情報のひとつの単位であり、DNAに（つまり染色体の中の遺伝子に）含まれる、分割できない一個の粒子として親から子へと伝わるはずだった。一方、身体的な形質である「赤さ」というのはすなわち、眼の化学的な着色だった。遺伝の粒子はどのようにして、眼の着色へと変化するのだろう？　「赤さの遺伝子」と「赤さ」そのものとは（情報と、その身体的、解剖学的な形態とは）どうつながっているのだろう？

ショウジョウバエは、そのめずらしい突然変異体の存在のおかげで遺伝学を転換させた。突然変異体はまさしく、めずらしいがゆえに、あたかも闇の中のランプのような役目をはたして、生物学者が「遺伝子の作用」（モーガンの言葉を借りるなら）を多世代にわたって追いかけることを可能にした。ビードルは、依然としてあいまいで神秘的な概念である遺伝子の「作用」[*4]に興味を覚えた。一九三〇年代後半、ビードルとテータムは、ショウジョウバエの実際の眼の色素を分離すれば、遺伝子の作用についての謎が解けるのではないかと考えた。しかし実験は行き詰まった。遺伝子と色素の関係はあまりに複雑だったために、実際的な仮説を生み出すことができなかったのだ。一九三七年、ビードルとテータムはスタンフォード大学で実験対象をショウジョウバエよりもはるかに単純な生物であるアカパンカビ（パリのパン屋で最初に発見されたカビ）に替え、遺伝子と形質の関係の解明に乗り出した。

アカパンカビは根性のある、元気な生き物だ。栄養価の高い肉汁培地のシャーレ内で増殖するが、実際には、生存のためにそれほど多くのものを必要としてはいない。培地からほぼすべての栄養素を系統的に枯渇させていったところ、最低限の栄養素（ビオチンと糖）しか含まれていない培地でもまだ増殖することをビードルは発見した。カビの細胞が基本的な化学物質をもとにして生存のために必要なあらゆる分子を組み立てているのはまちがいなかった。ブドウ糖から脂質を、前駆体となる化学物質からDNAとRNAを、単純な糖から複雑な炭水化物を組み立てていたのだ。ワンダー・ブレッド（アメリカのパンの大手ブランド）から驚異（ワンダー）を。

ビートルは、カビの細胞にこうした能力をもたらしているのは細胞内に存在する酵素だということを理解した。酵素とは、棟梁（とうりょう）のような役目をはたしているタンパク質で、基礎的な前駆体から複雑な生体高分子化合物を合成する。アカパンカビが最小限の栄養素しかない培地でうまく増殖するためには、あらゆる代謝機能や、分子を組み立てるあらゆる機能がすべて正常でなければならない。突然変異によってそうした機能がひとつでも不活性化されたなら、欠けた栄養素が培地に加えられるまでは、カビは増殖できない。ビードルとテータムはこの点に着目した方法を用いることによって、どの突然変異体についても、その失われた代謝機能がなんなのかを突き止めることができた。たとえばある突然変異体が最低限の栄養素しかない培地で増殖するのに物質Xを必要としていたなら、その突然変異体は物質Xをゼロから合成するための酵素を欠いていることがわかる。このやり方は非常に骨の折れるものだったが、根気強さというのはビードルに備わった資質だった。あるときなどは、午後いっぱいかけてステーキ肉のマリネのしかた（正確な間隔を開けて、スパイスを一種類ずつ加えていくというやり方）を大学院生に教えたこともあったほどだ。

「欠けた栄養素」実験の結果、ビードルとテータムは遺伝子の新たな一面を理解することができた。あらゆる変異体は代謝機能をひとつ失っており、その代謝機能とはひとつの酵素の働きに一致している。さらに交雑をおこなった結果、どの変異体についても、一個の遺伝子しか欠損していないことがわかった。

遺伝子変異が酵素の機能を失わせるとしたら、正常な遺伝子は正常な酵素をつくる情報を持っているにちがいない。ひとつの遺伝単位は、ひとつのタンパク質が規定するひとつの代謝機能をつくるための暗号を担っているにちがいない。ビードルは一九四五年にこう書いている。「遺伝子はその最終的な形状であるタンパク質の分子として視覚化できる」[*5] これこそが、同世代の生物学者たちが解明しようとしてきた「遺伝子の作用」だった。遺伝子はタンパク質をつくる情報をコードすることによって「作用」し、タンパク質が個体の形や機能を実現するのだ。[†]

つまり、情報の流れは次ページのように示される。

ビードルとテータムはこの発見により、一九五八年にノーベル賞を受賞した。しかしビードルとテータムの実験から新たな疑問が生まれた。遺伝子はいかにしてタンパク質をつくる情報を「コードしている」のだろう？　タンパク質はアミノ酸（メチオニン、グリシン、ロイシンなど）と呼ばれる二

---

† 「遺伝子」についてのこの概念は本書の後のページで修正され、拡張されることになる。遺伝子とは単にタンパク質をつくるための指示ではない。だが、ビードルとテータムの実験によって、遺伝子機能のメカニズムの基礎が示されたのは確かである。

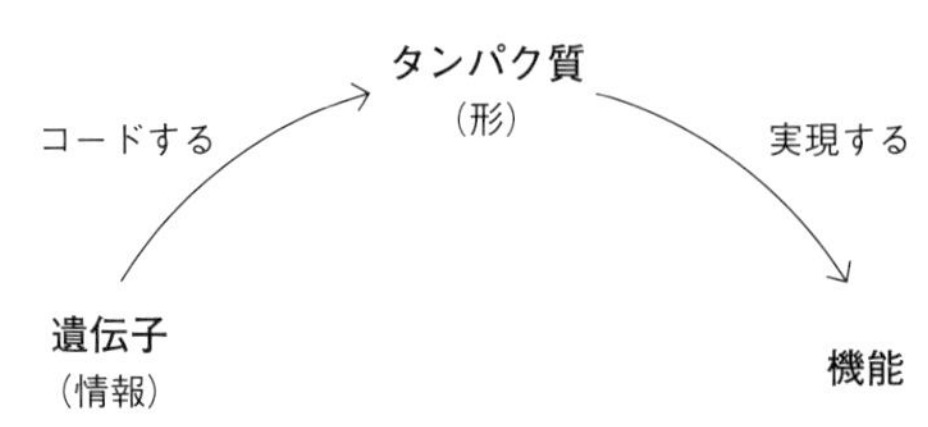

〇種類のシンプルな化学物質が鎖状に連なったものだ。二重らせん構造をとっているＤＮＡの鎖とはちがって、タンパク質は特有の空間に織り込まれたワイヤのように独特の形にねじれたり、曲がったりしており、空間を獲得するこの能力によって、細胞内でさまざまな機能をはたすことができる。伸縮自在な長い繊維（ミオシン）として筋肉内に存在することもできれば、球形のタンパク質として化学反応を助けることもできる（ＤＮＡポリメラーゼなどの酵素がそれだ）。色つきの化学物質と結合して目の色素になることもできれば、ヘモグロビンのように、鞍のような形態をとってほかの分子の輸送係となることもできる。神経細胞同士のコミュニケーションを規定することもできれば、正常な認知機能や神経発達の調停者としての役目をはたすこともできる。

しかしタンパク質を組み立てる情報はＤＮＡの塩基の並び順（たとえば、ＡＴＧＣＣＣ……のような）の中にどのように書き込まれているのだろう？　ワトソンはずっと、ＤＮＡはまず中間のメッセージに変換されるのではないかと考えていた。そうした「メッセンジャー分子」がタンパク質を組み立てるための遺伝暗号にもとづいた情報を運んでいるのではないか。「もう一年以上ものあいだ、私はフランシス（クリック）に言いつづけてきた。ＤＮＡ鎖の遺伝情報はまず最初に相補的なＲＮＡ分子の情報に変換されなければならない[*6]」と一九五三年に彼は書いている。そしてそのＲＮＡ分子がタンパク質を組み立てる「メッセージ」として使われるにちがいない。

一九五四年、物理学者から生物学者に転向したロシア生まれのジョージ・ガモフはワトソンとチームを組んで、タンパク質合成のメカニズムの解明を目的とした科学者の「クラブ」をつくった。「ポーリングへ」とガモフは一九五四年にライナス・ポーリングに宛てて書いている。それは英文法とスペルについての型にとらわれない解釈が満載の、彼らしい手紙だった。「私は今、複雑な生体分子で遊んでいるのですが（そんなことをするのは初めてです！）、おもしろい結果あるので、きみの意研を知りたいです[7]」

ガモフはそのクラブを「RNAネクタイ・クラブ」と名づけた[8]。クリックによれば「クラブのメンバーが全員そろうことはなく、まるで空気のようなクラブだった[9]」正式な会議も、会則も、組織の基本方針すらなく、むしろ形式張らない会話をするためのクラブといった感じだった。会合は偶然開かれたり、あるいはまったく開かれなかったりした。手書きの図が添えられた思いつきのような未発表のアイデアが書かれた手紙がメンバー同士のあいだでまわされた。そうした手紙は、いうなれば、ブログが登場する以前のブログといった感じだった。ワトソンがロサンゼルスの仕立屋に依頼して、緑色のウールのネクタイに金色のRNA鎖を刺繍してもらうと、ガモフは、自らがクラブのメンバーに選んだ友人たちにそのネクタイとピンを送った。便せんにレターヘッドを印刷して、そこに彼自身のモットーを添えた。「死ぬ覚悟でやらないなら、何もやるな[10]」

一九五〇年代半ば、パリで研究していたふたりの細菌遺伝学者、ジャック・モノーとフランソワ・ジャコブもまた、DNAからタンパク質への翻訳には中間分子が必要であることを示唆する実験結果を得ていた[11]。遺伝子はタンパク質の情報を直接規定しているわけではないと彼らは主張した。DNAの遺伝情報はまずソフト・コピー（下書き）に変換されるはずだ。タンパク質へと翻訳されるのはD

NAではなく、このコピーにちがいない。

一九六〇年四月、フランシス・クリックとジャコブはこの謎めいた中間分子について話し合うために、ケンブリッジにある生物学者シドニー・ブレナーの狭いアパートメントに集まった。南アフリカ出身の靴屋の息子であるブレナーは奨学金を得て、生物学の研究をするためにイギリスにやってきた。ワトソンとクリックのように彼も、ワトソンの「遺伝子教」とDNAのとりこになった。三人の科学者は昼食そっちのけで話し合い、やがて、中間分子は遺伝子が蓄えられている細胞の核から、タンパク質が合成される細胞質へと移動しているはずだということに気づいた。

ならば、遺伝子をもとに組み立てられる「メッセージ」の化学的な正体はなんだろう？　タンパク質なのだろうか、核酸なのだろうか、それとも、何かほかの分子なのだろうか？　遺伝子の配列とはどんな関係があるのだろう？　まだ具体的な証拠はなかったものの、ブレナーとクリックは、その正体はDNAの分子的ないとこであるRNAではないかと踏んでいた。一九五九年、クリックはネクタイ・クラブ向けに一篇の詩を書いた（結局、それをメンバーに紹介することはなかったが）。

遺伝物質RNAはいかなる性質を持っているのだろう？
天国にいるのだろうか？　それとも地獄に？[*12]
あのいまいましい、とらえどころのない紅はこべは。

一九六〇年の初春、ジャコブはマシュー・メセルソンと一緒に「いまいましい、とらえどころない紅はこべ」を罠で捕まえるために、カリフォルニア工科大学へ移った。数週間後の六月初め、ブレナーもやってきた。

ブレナーとジャコブは、タンパク質がリボソームという細胞内の構造の中で合成されることを知っていた。メッセンジャーの役割をはたしている中間分子を単離するための最も確実な方法は、タンパク質の合成を唐突に止め（いわば生化学的な冷たいシャワーを浴びせ）、震えているリボソーム関連分子を単離し、それによって、とらえどころのない紅はこべを捕まえるというものだった。

原理自体は明確に思えたが、実際の実験は気が遠くなるほどむずかしいことが判明した。最初は、濃い「カリフォルニアの霧のような、湿った、冷たい、もやもやした」化学物質しか見えなかったとブレナーは報告している。面倒な生化学的手順を完璧なものにするまでに何週間もかかったにもかかわらず、リボソームはやはり、捕まえるたびに粉々に崩れた。細胞内では完全に落ち着いた状態で互いにくっついているように見えるリボソームが、なぜ細胞の外に出たとたん、指のあいだから霧がすり抜けるように変性してしまうのだろう？

答えはまさしく文字どおり、霧の向こうから現れた。その朝、ブレナーとジャコブは浜辺に座っていた。基礎的な生化学的知識について考えていたブレナーはいきなり、きわめてシンプルな事実に気づいた。彼らがつくった溶液には、細胞内でリボソーム同士をくっつけている化学的な因子が欠けているにちがいなかった。では、その因子とはなんなのだろう？ 小さく、ありふれていて、どこにでもあるものにちがいない。ほんの一塗りの分子的なのりのようなものだ。ブレナーははじかれたように砂から立ち上がった。髪ははためき、ポケットから砂がこぼれ落ちた。彼は叫んだ。「マグネシウムだ。マグネシウムだ！」[*13]

確かにマグネシウムだった。マグネシウムイオンの付加が不可欠だったのだ。マグネシウムイオンを補った溶液では、リボソームは互いにくっついたままだった。ブレナーとジャコブはついに、細菌細胞からごくわずかなメッセンジャー分子を単離することに成功した。それは予想どおり、RNAだった。が、特別なタイプのRNAだった。[†] 遺伝子が翻訳される際に、メッセンジャーが新たにつくられており、DNAと同じく、このRNA分子もA、G、C、U（遺伝子のRNAコピーでは、DNAのTがUに置き換わっている）という四つの塩基が連なってできていた。[*14] 注目すべきことに、ブレナーとジャコブはのちに、メッセンジャーRNAはDNA鎖の複製だということを発見した。原本をもとにつくられたコピーなのだ。遺伝子のRNAコピーは核から細胞質へと移動し、そこでメッセージが解読されてタンパク質がつくられていた。メッセンジャーRNAは天国の住人でもなければ地獄の住人でもなく、プロの橋渡し役だった。遺伝子のRNAコピーがつくられる過程は、「転写」と名づけられた。もとの言語に近い言語で単語や文を書き換えるという意味の言葉だ。遺伝子の暗号（ATGGGCC……）はRNAの暗号（AUGGGCC……）に転写されていたのだ。

そのプロセスは、めずらしい本を蔵書している図書館に翻訳依頼が来る過程に似ていた。情報の原本（遺伝子）は奥深くにある書庫（保管庫）に永久に保管されており、細胞が「翻訳を依頼する」と、原本のコピーが核の保管庫から出され、この遺伝子のコピー（RNA）がタンパク質への翻訳の源として使われる。複数のコピーを同時に出まわらせることも可能で、RNAのコピー数を必要に応じて増やしたり減らしたりすることも可能だった。ほどなくしてそれは、遺伝子の発現や機能を理解するうえで非常に重要な事実だということが判明する。

だが転写というプロセスの存在が判明したところで、タンパク質合成のメカニズムの半分が解決されたにすぎず、残りの半分は未解決のままだった。RNAのメッセージはどのようにしてタンパク質へと解読されるのだろう？ 遺伝子のRNAコピーをつくるために、細胞はかなり単純な対合をおこなっている。つまり遺伝子の中のA、C、T、Gはすべて、メッセンジャーRNAの中のA、C、U、

Gにコピーされるのだ（ACT CCT GGG→ACU CCU GGG）。遺伝子の原本とRNAコピーの暗号の唯一のちがいは、チミンがウラシルに変わっていることだ（T→U）。しかし、こうしてできあがった遺伝子の「メッセージ」はいかにしてタンパク質へと翻訳されるのだろう？

ワトソンとクリックはすぐに、A、G、C、Tといった塩基一個では、タンパク質を合成するための遺伝メッセージを運ぶことはできないということに気づいた。アミノ酸は全部で二〇種類あるために、塩基ひとつがアミノ酸ひとつに対応するとしたら、塩基の数が圧倒的に足りないからだ。したがって、DNAとアミノ酸を関連づけるには塩基を組み合わせるしかなかった。「どうやら、塩基の厳密な配列こそが遺伝情報を運ぶ暗号のようだ」[*15]と彼らは書いている。

自然言語にたとえるとわかりやすい。たとえば、A、C、Tという文字そのものはほとんど意味を持たないが、それらを組み合わせることでいくつかのまったく異なるメッセージを伝えることができる。この場合も、メッセージを運ぶのは配列だ。act（活動）、tac（戦術の）、cat（猫）は同じ文字でできているが、まったく異なる意味を伝えている。実際の遺伝暗号を解く鍵は、RNA鎖の配列をタンパク質の鎖の配列に対応させることにあり、それはまるで遺伝学のロゼッタストーンを解読するような作業だった。RNAの中のどの文字の組み合わせがタンパク質の中のどの文字の組み合わせを指定しているのだろう？

概念図で表すと次ページのようになる。

† ジェームズ・ワトソンとウォルター・ギルバート率いるハーバード大学のチームも、一九六〇年に「RNA中間物」を発見した。ワトソンとギルバート、ブレナーとジャコブの論文は《ネイチャー》に続けて掲載された。

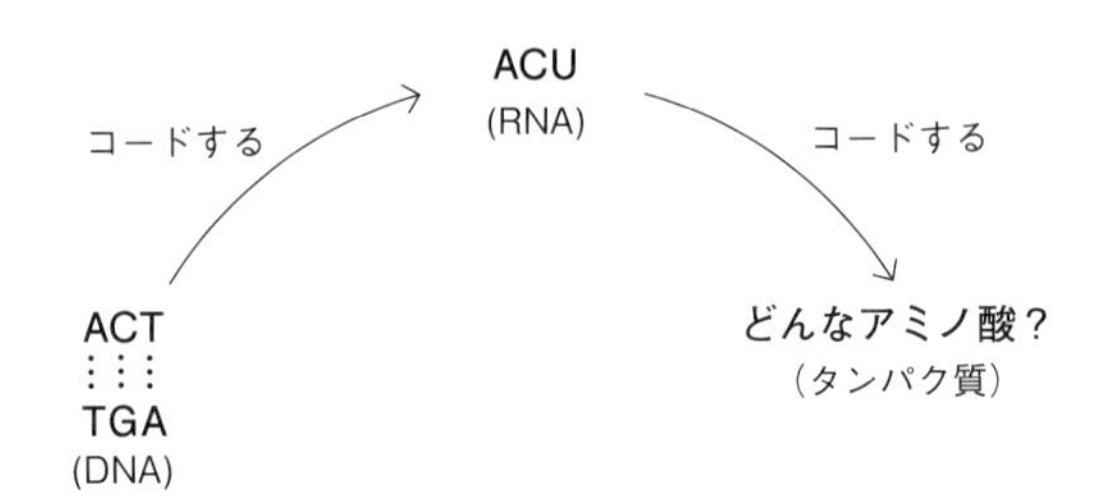

クリックとブレナーは一連の巧妙な実験をとおして、塩基は「三つで一組」になっているにちがいないと気づいた。つまり、ＤＮＡの三つの塩基（たとえばＡＣＴ）が一組の暗号となって、タンパク質のひとつのアミノ酸を指定しているにちがいない†。

だがどの三文字がどのアミノ酸を指定しているのだろう？　一九六一年までに、世界じゅうの研究所が遺伝暗号の解読レースに加わった。ベセスダの国立衛生研究所（ＮＩＨ）では、マーシャル・ニーレンバーグ、ハインリヒ・マッシー、フィリップ・レーダーが生化学的な方法で暗号を解き明かそうとした。インド生まれの化学者ハー・コラナが、暗号解読を可能にする重要な試薬を提供し、ニューヨークのスペイン人生化学者セベロ・オチョアも、塩基三文字が指定するアミノ酸を突き止める実験を開始した。

どんな暗号解読の場合もそうだが、この研究も失敗を重ねるごとに前進していった。最初は三文字同士が重複しているように見えたため、単純な暗号という見通しはありえないことのように思えた。その後、いくつかの三文字がまったく機能していないように見えたこともあった。だが一九六五年までには、こうしたさまざまな研究（とりわけニーレンバーグの研究）の結果、ＤＮＡのすべての三文字暗号について、それが指定するアミノ酸が判明した。たとえばＡＣＴはスレオニンを指定し、ＣＡＴはヒスチジンを指定し、ＣＧＴはアルギニンを指定するというように。ＡＣＴ‐ＧＡＣ‐ＣＡＣ‐ＧＴＧといったＤＮＡの塩基配列はＲＮＡ鎖をつくるために使われ、そのRNA鎖がアミノ酸の鎖に翻訳され、最終的にタンパク質が合成される。ATGという三文字暗号はタンパク質の合成を開始させるための暗号で、TAA、TAG、TGAという暗号はタンパク質の合成を停止させるための暗号だということもわかった。こうして、遺伝暗号の基本的なアルファベットがすべてそろった。

情報の流れを簡単に示すと次ページのⒶのようになる。

概念図で表すと次々ページのⒷあるいはⒸのようになる。

フランシス・クリックはこの情報の流れを生物学的情報の「セントラルドグマ」と名づけた。「ドグマ」とはずいぶん風変わりな言葉の選択だが（「ドグマ」とは固定した、不変の教義という意味なのだが、クリックは、そうした言語的な意味をまったく理解していなかったことを認めている）、「セントラル」のほうは正確な描写だった。‡クリックはその言葉で、生物学全体を貫く遺伝情報の流れの驚くべき不変性を表したのだ。細菌であろうとゾウであろうと、赤い眼のショウジョウバエであろうと青い目の王子であろうと、生物学的情報は系統立った原型的な形で生態系を流れていた。DN

† 「三つで一組」仮説は、初歩的な数学でも裏づけられる。もしふたつで一組だとしたら（ACやTCなどの連続する二文字がひとつのアミノ酸を指定しているとしたら）、一六とおりの組み合わせしかできず、アミノ酸の二〇種類におよばない。三文字を組み合わせると六四とおりとなり、二〇種類をすべてカバーできるうえに、余った組み合わせを「開始」や「停止」の暗号として使い、タンパク質合成がどこで始まりどこで終わるかを指定することもできる。四つ組コードだとしたら、二五六もの組み合わせができ、アミノ酸の二〇種類よりもはるかに多くなってしまう。遺伝子コードは縮重しているが（ひとつのアミノ酸に複数のコードが対応しているが）、それほどまでには縮重していない。

‡ クリックが最初に提唱した図式では、RNAからDNAへの「逆向き」の流れも可能だとされていたが、ワトソンが情報の流れを簡略化して、DNA→RNA→タンパク質とした。この流れがのちに「セントラルドグマ」と名づけられた。

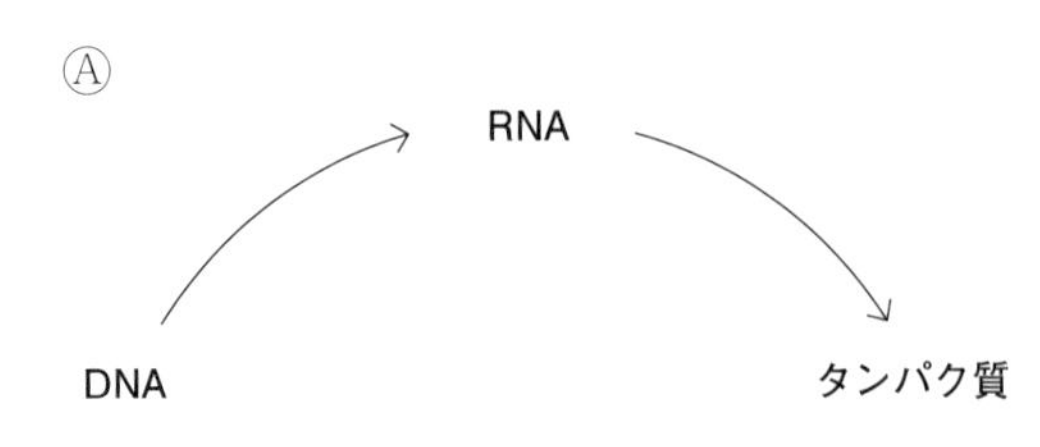

AはRNAをつくる情報を提供し、RNAはタンパク質をつくる情報を提供し、タンパク質は最終的に、構造と機能をもたらしていた。つまり、遺伝子を命にしていたのだ。

この情報の流れの性質と、人間の生理学へのその流れの深い影響を最も強力に表している疾患はおそらく、鎌状赤血球症だろう。紀元前六世紀という大昔に、インドのアーユルヴェーダの療法家はすでに貧血症（血中の赤血球が不足した状態）の一般的な症状を認識していた。唇や、皮膚や、指の青白さだ。サンスクリットで*pandu roga*と名づけられた貧血は、さらにいくつかのタイプに分類された。栄養失調を原因とすることが知られているタイプもあれば、失血が原因であると考えられているタイプもあった。そんな中でも鎌状赤血球症は最も変わった貧血だったにちがいない。しばしば遺伝性で、症状が消えたり現れたりし、そうしているうちにいきなり、骨や、関節や、胸にすさまじい痛みが生じたからだ。西アフリカのガ族はその痛みを*chwechweechwe*（体を殴られるような痛み）と呼び、エウェ人は*nuiduidui*（体をねじられるような痛み）と呼んだ。それらの擬音語の響きそのものが、コルク栓抜きを骨髄にねじ込まれるような容赦のない痛みの性質をとらえていた。

一九〇四年、顕微鏡下でとらえられたひとつの像が、この一見ばらばらな症状を引き起こしている単一の原因を明かした。*16 その年、ウォルター・ノエルという名の若い歯学部の学生が、貧血の急激な悪化と特徴的な胸痛および骨痛を

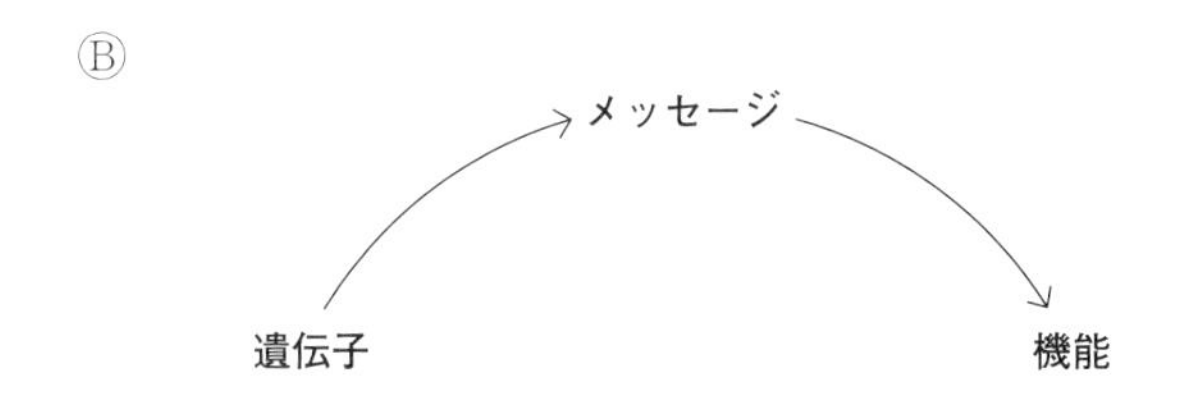

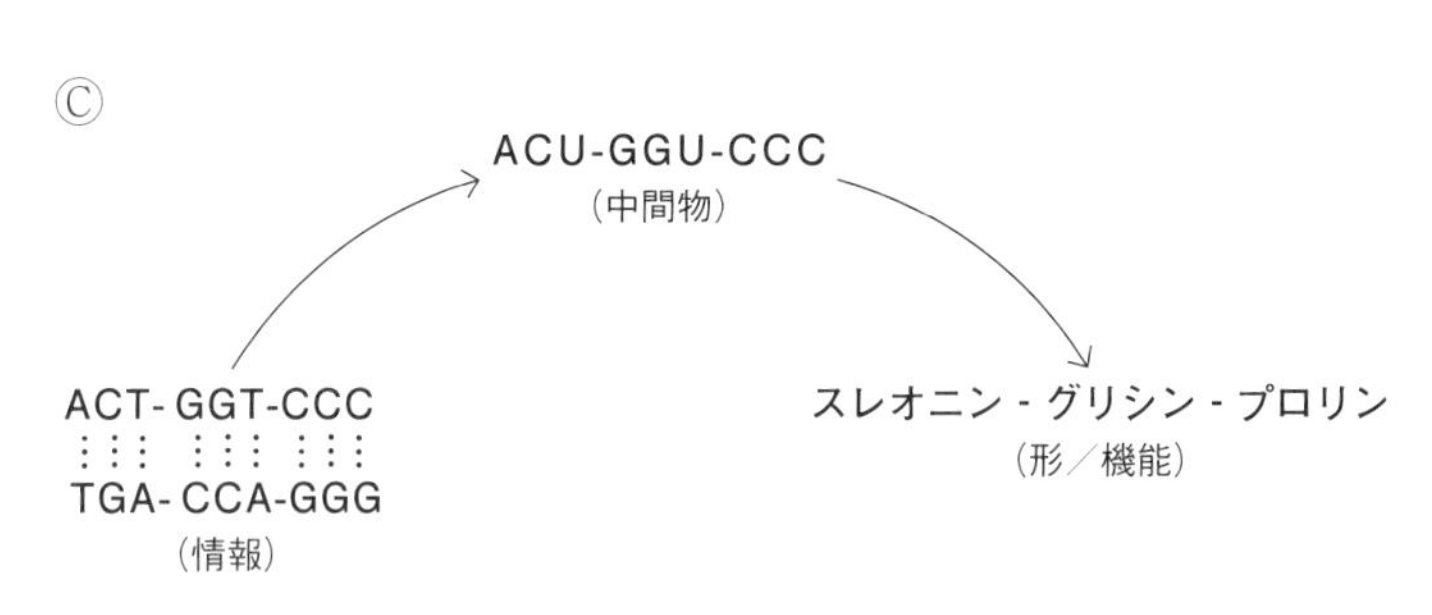

訴えてシカゴのかかりつけ医を受診した。ノエルはカリブ海地域の出身で、西アフリカに祖先を持ち、何年も前からときおり同様の症状に見舞われてきた。ジェームズ・ヘリックという名の循環器内科医は心臓発作を除外したあとで、深く考えもせずに、アーネスト・アイアンズという名の医学生にノエルを受け持たせた。アイアンズはふと思いついて、ノエルの血液を顕微鏡で見てみることにした。

　アイアンズが目にしたのは、唖然とさせられるような変化だった。正常の赤血球は円盤のような形をしているために重なりあうことができ、そのおかげで、動脈や毛細血管や静脈のネットワークの中をスムースに移動して肝臓や心臓や脳に酸素を届けることができる。だがノエルの血液では、赤血球は不思議なことに、縮んだ鎌のような、あるいは三日月のような形に変形していた。アイアンズはのちにそのような赤血球を「鎌状赤血球」と名づけた。

　赤血球が鎌状になる原因はなんなのだろう?

加えて、なぜこの病気は遺伝するのだろう？　その原因はヘモグロビンの遺伝子の異常だった。酸素を運ぶタンパク質であるヘモグロビンは、赤血球の中に豊富に含まれている。ライナス・ポーリングは一九四九年、カリフォルニア工科大学のハーベイ・イタノとの共同研究によって、鎌状赤血球中に存在するヘモグロビンは正常のヘモグロビンとは異なっていることを発見した。[*17] その七年後、今度はケンブリッジ大学の科学者が、正常のヘモグロビンのタンパク質と「鎌状の」ヘモグロビンのタンパク質とのちがいは、一個のアミノ酸であることを突き止めた。[†]

　タンパク質の鎖の一個のアミノ酸だけが変化しているということは、その遺伝子の一組の三文字暗号だけが変化しているということを意味していた（「三文字一組で一個のアミノ酸を指定する」）。実際、のちに鎌状赤血球症の患者のβグロビンの遺伝子が特定されてその塩基配列が解読されると、一組だけが変化していることが確認された。DNAの中の一組の三文字（GAG）がべつの三文字（GTG）に変化しており、その結果、アミノ酸がべつのアミノ酸に置き換わっていたのだ。つまりグルタミンがバリンに置換されており、その置換のせいで、ヘモグロビンの鎖の折りたたまれ方が変化していた。きっちりと折れ曲がった留め金のような構造ではなく、赤血球内で糸状のやっとこのような形となって蓄積していたのだ。とりわけ酸素のない状態では、やっとこは非常に大きくなって赤血球の膜を引っぱり、やがて正常の円盤が三日月形の「鎌状赤血球」へと変形してしまう。鎌状赤血球は毛細血管や静脈の中を滑らかに移動することができないため、全身の血管内で小さな塊をつくり、その結果、血液の流れが妨げられて、とてつもない痛みが生じる。

　それは「ピタゴラスイッチ」に出てくる装置のような病気だ。ひとつの遺伝子の塩基配列の中のひとつの変化がタンパク質の中のひとつの変化を引き起こし、その結果、タンパク質の形がゆがんで細胞が縮み、血管が詰まって流れが滞り、体（その遺伝子がつくった体）に痛みが生じる。遺伝子、タンパク質、機能、運命。それらはすべて一本の鎖につながっていた。DNAのひとつの塩基対が変化しただけで、人間の人生に劇的な変化がもたらされるのだ。

† 一個のアミノ酸が変化していることを突き止めたのは、マックス・ペルツの元弟子のヴァーノン・イングラムである。

調節、複製、組み換え

この悩みの種の起源を見つけることが不可欠である。*1

――ジャック・モノー

核となるいくつかの重要な原子が秩序正しく配置されると、それを発端にして巨大な結晶が形成されるように、いくつかの重要な概念の連結が核となって、大きな科学体系が誕生することがある。ニュートン以前には、何世代もの物理学者が「力」や、「加速」や、「質量」や、「速度」について考察してきた。だがニュートンはその類いまれな能力によって、そうした用語を厳密に定義し、一連の方程式でそれらを互いに結びつけ、その結果、力学という科学を立ち上げた。

同じく、いくつかの重要な概念の連結によって（次ページの図）――

遺伝学という科学が再生した。やがてニュートンの力学と同じように、遺伝学の「セントラルドグマ」も大幅に改良され、修正され、再構築されることになる。しかし、生まれたばかりの科学にセントラルドグマがもたらした影響は計り知れなかった。セントラルドグマによって、ひとつの思考体系が定着したのだ。一九〇九年に「遺伝子」という言葉をつくったヨハンセンは、その言葉には「どんな仮説も含まれてはいない」と断言したが、一九六〇年代初頭までには、遺伝子は「仮説」の域を大きく出ていた。遺伝学はすでに個体から個体への情報の流れと、ひとつの個体内における暗号から形

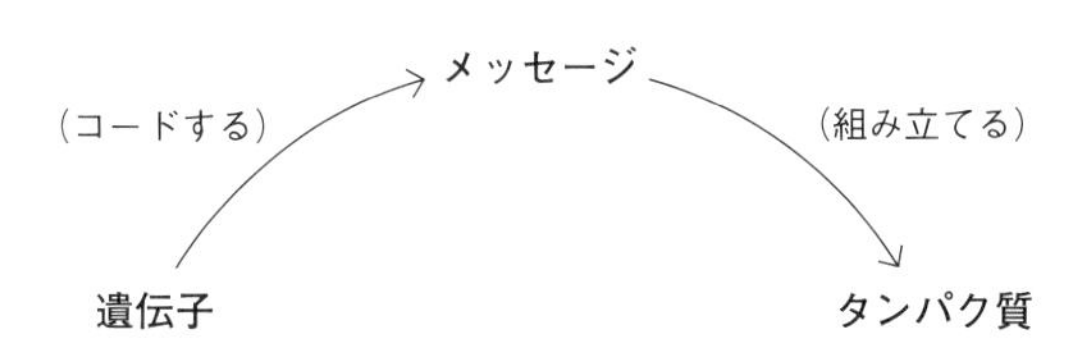

までの情報の流れを描写する方法を発見した。遺伝のメカニズムが浮かび上がってきたのだ。

では、この生物学的情報の流れはいかにして、われわれが目にするような生態系の複雑さを実現しているのだろう？　鎌状赤血球症を例に挙げてみよう。ウォルター・ノエルはβヘモグロビン遺伝子の異常なコピーをふたつ受け継いでおり、彼の体内のすべての細胞がふたつの異常なコピーを持っていた（体内のすべての細胞が同じゲノムを受け継ぐからだ）。しかしその異常遺伝子の影響を受けたのは赤血球だけであり、ノエルの神経細胞も、腎臓や肝臓や筋肉の細胞も、その影響を受けてはいなかった。目の細胞も、皮膚の細胞も、ヒトの体のすべての細胞が同じ遺伝子の同じコピーを持っているのに、なぜヘモグロビンは赤血球の中だけで「作用」するのだろう？　なぜ目や皮膚にはヘモグロビンが存在しないのだろう？　トマス・モーガンの言を借りるなら、「遺伝子に潜在する性質はどのようにして、（さまざまな）細胞で顕在化する（のだろう？）」*[2]

一九四〇年、最も単純な生物である大腸菌（消化管に生息する円筒状の微細な細菌）を用いた実験によって、この疑問を解く最初の重要なヒントが見つかった。大腸菌は二種類の糖を栄養として生き延びることができる。グルコース（ブドウ糖）とラクトース（乳糖）だ。どちらか一方の糖だけを与えると、大腸菌は急速に分裂しはじめ、二〇分ごとに数が倍になっていく。一、二、四、

八、一六……と指数関数的に増殖し、やがて培地に大腸菌が隙間なく生え、栄養源の糖が枯渇するまで増殖は続く。

フランス人生物学者のジャック・モノーはこのすさまじい増殖力に魅了された。[*3] モノーは、カリフォルニア工科大学のトマス・モーガンのもとで一年間、ショウジョウバエの研究にたずさわったあと、一九三七年にパリに戻った。カリフォルニアでの一年間はそれほど実り多いものではなかったが（彼はたいていの時間を地元のオーケストラでバッハを演奏したり、「ディキシー」やジャズを習ったりして過ごした）、パリに戻ってくると、市（まち）はすでに包囲されており、どこまでも気の滅入る場所になっていた。一九四〇年の夏には、ベルギーとポーランドがドイツに占領された。一九四〇年六月、ドイツによる侵攻作戦に大敗したフランスはドイツとのあいだに休戦協定を締結し、その結果、国土の大部分に相当する北西側をドイツの占領に委ねることになった。

パリは「無防備都市」を宣言し、それによって戦火は逃れたものの、ナチス軍に進駐された。子供たちは避難し、美術館からは絵画が消え、店は休業した。モーリス・シュヴァリエは一九三九年に『パリはいつだってパリ』という歌を歌ったが（それは懇願だったのかもしれない）、「光の都」に光が満ちることはもはやほとんどなかった。通りは死に絶えたように閑散とし、カフェは空っぽだった。夜には毎日のように停電が起き、市は地獄を思わせる殺伐とした闇に包まれた。

一九四〇年の秋、ありとあらゆる政府関係の建物に鉤十字が描かれた赤と黒の国旗が掲げられ、ドイツ軍の車両がシャンゼリゼ通りを走りながら夜間外出禁止令をスピーカーで叫ぶなか、モノーはソルボンヌ大学のうだるように暑く薄暗い屋根裏の実験室で、大腸菌を使った実験をおこなっていた（その年、彼はひそかにフランスのレジスタンス運動に加わる。だが同僚の多くは彼の政治傾向について知らなかった）。その冬、今では凍えるように寒くなった実験室で（通りに響き渡るナチスのプロパガンダを悔しい思いで聞きながら、モノーは酢酸が解凍されるのを昼まで待たなければならなかった）大腸菌の増殖についての実験を繰り返したが、あるときふと思いついて、そこに戦略的な工夫を加えてみた。異なる種類の糖であるグルコースとラクトースをふたつとも培地に加えたのだ。

もしどの糖も同じなら、つまりラクトースとグルコースの代謝が同じなら、グルコースとラクトースの混合物を餌とした大腸菌はいつもどおりの滑らかな増殖カーブを描くはずだった。だがモノーはつまずいた。文字どおり。大腸菌は最初、予想どおり指数関数的に増殖したが、その後しばらくのあいだ、まるでつまずいたかのように増殖を休止し、それからまた増えだしたのだ。その休止について調べた結果、モノーは不思議な現象を発見した。大腸菌は二種類の糖を均等に摂取するのではなく、まず最初にグルコースだけを摂取し、その後、一時的に増殖をやめてから、あたかも食生活を見直したかのように、餌をラクトースに切り替えてふたたび増殖を開始したのだ。モノーはこの現象を「ジオキシー（二重の増殖）」と呼んだ。

増殖カーブ上のこのつまずきは小さなものだったが、それでも、モノーを混乱させ、まるで科学的本能の目に入った砂粒のように、彼を悩ませた。二種類の糖を与えられた大腸菌は滑らかな増殖カーブを描くはずだった。なぜ摂取する糖が切り替わると、増殖が止まるのだろう？　糖の種類が変わったことに、なぜ大腸菌は気づいたり、勘づいたりするのだろうか？　それに、なぜ一種類の糖だけを最初に摂取して、その後ようやく別の糖を摂取するのだろう？　料理が二品のランチ・コースのように？

一九四〇年末には、モノーは、つまずきの正体が代謝の再調節の結果だということを発見していた。グルコース摂取からラクトース摂取に切り替えるとき、大腸菌はラクトース分解酵素を誘導する。その後またグルコースに切り替えた場合には、ラクトース分解酵素はなくなり、グルコース分解酵素がふたたび現れる。切り替えの過程において、分解酵素の誘導――ディナーのコースでカトラリーを換えるのに似ている（フィッシュ・ナイフを下げて、デザートフォークをセットするといったように）――には数分を要し、そのために増殖が一時的に停止したのだ。

モノーは、ジオキシーという現象は代謝のインプットによって遺伝子が調節されていることを示していると考えた。誘導によって酵素（つまりタンパク質）が細胞内で消えたり現れたりするなら、その遺伝子も分子のスイッチのようにオンになったり、オフになったりしているにちがいない（酵素は結局のところ、遺伝子にコードされているのだから）。一九五〇年代初め、モノーはフランソワ・ジャコブとともに大腸菌の変異体を用いて、遺伝子調節についての体系的な実験を開始した。ふたりが採用したのは、モーガンがショウジョウバエの実験で用い、すばらしい成功を収めたのと同じ手法だった[†]。

ショウジョウバエの場合と同じく、細菌の突然変異体もまた示唆に富んでいることがわかった。モノーとジャコブはアメリカ出身の微生物遺伝学者アーサー・パーディーとともに、遺伝子調節を支配している主要な原則を発見した。ひとつめの原則は、「遺伝子のスイッチがオンになったりオフになったりするあいだ、DNA自体は変化しない」ということだ。つまり、実際に作用するのは、RNAなのだ。遺伝子のスイッチがオンになると、より多くのRNAメッセージがつくられるように誘導され、その結果、より多くの糖分解酵素がつくられる。ラクトースを摂取するか、グルコースを摂取するかという細胞の代謝の性質はDNAの配列で決まるのではなく（DNA配列はつねに一定である）、遺伝子がつくるRNAの量で決まる。ラクトースを代謝するあいだは、ラクトース分解酵素のRNAが大量につくられるが、グルコースを代謝するあいだはそのメッセージが抑制されて、グルコース分解酵素が大量につくられる。

ふたつめは、「RNAのメッセージは協調的に調節されている」ということだ。栄養源の糖がラクトースに切り替わると、大腸菌はラクトース代謝に関わる遺伝子全体のスイッチをオンにして、ラクトースを消化する。そうした遺伝子のひとつは、ラクトースを大腸菌細胞内に入れる働きをする「輸送タンパク質」をコードしており、べつの遺伝子はラクトースを複数の化学成分に分解するのに必要な酵素をコードしており、またべつの遺伝子はそうした化学成分をその構成成分へとさらに分解するのに必要な酵素をコードしている。驚くべきことに、ひとつの代謝経路に関与するすべての遺伝子が、あたかもテーマごとに並べられた図書館の本のように、大腸菌の染色体上で物理的に隣り合って並んでおり、それらがすべて同時に誘導されていた。代謝の変化が細胞内で深い遺伝的変化をもたらしていたのだ。単にカトラリーが替わっただけでなく、ディナー全体がいっぺんに替わっていた。マスタースイッチで操作されているかのように、ひとつの機能経路全体のスイッチがオンになったりオフになったりしていたのだ。モノーはそのような一組の遺伝子単位を「オペロン」と名づけた。[‡]

タンパク質の生成はこのように、環境の条件と完璧に同調していた。適切な糖が加えられたなら、一連の糖代謝遺伝子がまるごとスイッチ・オンになるのだ。進化の恐るべき効率性はここでもまた、遺伝子の調節に関する最も洗練された解決策を生み出していた。どの遺伝子も、どのメッセージも、どのタンパク質も無駄な働きをしてはいないのだ。

---

† モノーとジャコブは以前からお互いをなんとなく知っていた。どちらも微生物遺伝学者アンドレ・ルヴォフの親しい仲間だったからだ。ジャコブは屋根裏の反対側の実験室で大腸菌に感染したウイルスの実験をおこなっていた。ふたりの実験戦略は表面上は異なっていたが、遺伝子の調節について研究している点は同じだった。ふたりは実験ノートや結果を見せ合い、自分たちが同じ問題の異なる側面について研究していることを知って驚いた。そして、一九五〇年代に、研究のいくつかの部分を統合した。

ラクトースを感知するタンパク質はなぜ、数ある遺伝子の中からラクトース分解遺伝子だけを見つけ出して、調節できるのだろう？ 細胞にはほかに何千もの遺伝子があるというのに。モノーとジャコブが発見した遺伝子調節の三つめの特徴は、「すべての遺伝子には特別な認識タグのようなDNA配列がついている」ということだった。糖を感知するタンパク質が環境中の糖を検知すると、遺伝子についているあるタグを認識し、必要な遺伝子をオンにする。それこそが、RNAのメッセージを大量につくり、そうすることで糖の分解酵素を生み出すための遺伝子シグナルなのだ。

要するに、遺伝子はタンパク質をコードしているだけでなく、いつ、どこでそのタンパク質をつくるかという情報も持っているということだ。そうした情報はたいてい、タンパク質をコードする塩基配列の前方に書き込まれている（後方や真ん中に書き込まれている場合もある）。つまり遺伝子とは、調節のための塩基配列とタンパク質をコードする塩基配列の組み合わせでできているのだ。

ふたたび英文にたとえてみよう。一九一〇年にモーガンが遺伝子連鎖を発見したとき、なぜある遺伝子がべつの遺伝子と同じ染色体上に存在するのか、それを説明する理論を見いだすことはできなかった。黒い体色の遺伝子と白い眼の遺伝子には機能的な関連性はないように思えるにもかかわらず、そのふたつの遺伝子は同じ染色体上に仲むつまじく存在していた。一方、ジャコブとモノーのモデルでは、大腸菌のいくつかの遺伝子が同じ染色体上に存在するのにはしっかりとした理由があった。つまり同じ代謝経路に関わる遺伝子同士は物理学的にもつながっていたのだ。一緒に働くなら、ゲノム上の同じ領域に一緒に住もうじゃないか、といった具合に。特定の塩基配列が遺伝子にくっつき、その遺伝子の発現パターンの文脈を生み出していた。遺伝子のスイッチをオンにしたりオフにしたりするそうした塩基配列は、たとえるならば文中の句読点や、注釈や、引用符や、コンマや、大文字のようなものであり、文脈や、強調や、意味を文に与え、読み手にどの部分を一緒に読めばいいか、どこからが次の文なのかを教える。

〝*This is the structure of your genome. It contains, among other things, independently regulated modules. Some words are gathered into sentences; others are separated by semicolons, commas, and dashes.*〟

「これがヒトのゲノムの構造です。ゲノムには、個別に調節される基本単位が、いくつも存在しています。いくつかの単語が一緒に文章をつくっている場合もあれば、それぞれの単語がセミコロンや、コンマや、ダッシュで分けられている場合もあります」

DNAの構造についてのワトソンとクリックの論文が発表されてから六年後の一九五九年、パーデ

‡　パーディーとモノーとジャコブは、ラクトース・オペロンが一個のマスタースイッチで操作されていることを一九五七年に発見した。そのスイッチとは、のちにリプレッサーと呼ばれることになるタンパク質だった。リプレッサーは分子的な錠のようなもので、ラクトースが培地に加えられると、リプレッサータンパク質がラクトース濃度の上昇を感知して自らの分子構造を変化させ、ラクトース分解酵素遺伝子と、ラクトース輸送タンパク質遺伝子を「解錠する」（つまり、遺伝子の発現をうながす）。その結果、細胞はラクトースを分解できるようになる。グルコースのような他の糖が存在するときには、錠は下りたままであり、そのために、ラクトース分解酵素が活性化されることはない。一九六六年、ウォルター・ギルバートとベンノ・ミュラー＝ヒルは大腸菌細胞からリプレッサー遺伝子を分離し、モノーのオペロン説を証明した。一九六六年には、マーク・プタシュンとナンシー・ホプキンズによってべつのリプレッサーがウイルスから分離された。

ィーとジャコブとモノーは、ラクトース・オペロンについての画期的な研究結果を論文にまとめて発表した[*4]。三人の著者のイニシャルをとって、パ・ジャ・モ（あるいはもっとくだけて、パジャマ）論文と呼ばれたその論文は生物学にとって大きな意味を持つものであり、たちまち古典になった。遺伝子というのは受動的な青写真ではないとパジャマ論文は主張していた。ひとつの個体のすべての細胞が同じ遺伝子の組み合わせ、つまり同一のゲノムを持っているが、ある特定の遺伝子のサブセットが選択的に活性化されたり抑制されたりすることによって、個々の細胞はまわりの環境に対応することができる。ゲノムというのは能動的な青写真であり、ある暗号だけを異なる時間に、異なる状況で配備することができるのだ。

タンパク質はこのプロセスにおいて調節のセンサー、あるいはマスタースイッチとして働き、特定の遺伝子（ときに遺伝子の組み合わせ）のスイッチを協調的にオンにしたりオフにしたりする。ゲノムはまるで魅惑的なほど複雑なシンフォニーの楽譜のようであり、そこには生物の成長や維持のための指示が書かれている。だがゲノムという「楽譜」はタンパク質がなければ使い物にならず、タンパク質が遺伝子を活性化したり抑制したりすることによって、ゲノムの情報を実現している（そのような調節タンパク質のいくつかは、転写因子と呼ばれる）。タンパク質がゲノムどおりに指揮をとり、演奏を導いているのだ。一四分後にビオラを奏で、アルペジオのあいだにシンバルを一回叩き、ドラム・ロールをクレッシェンドにするといった具合に。それらを概念図に表すと次ページのようになる。

パジャマ論文は遺伝学の中心的な疑問を解決した。固定された遺伝子セットを持つにもかかわらず、なぜ個体は環境の変化にすかさず対応することができるのかという疑問だ。しかしパジャマ論文はまた、胚発生についての疑問に対する答えも示唆していた。なぜ固定された遺伝子セットを持つ胚から、種類の異なる何千もの細胞が分化するのだろう？　ある特定の細胞で、ある特定のタイミングで、あ

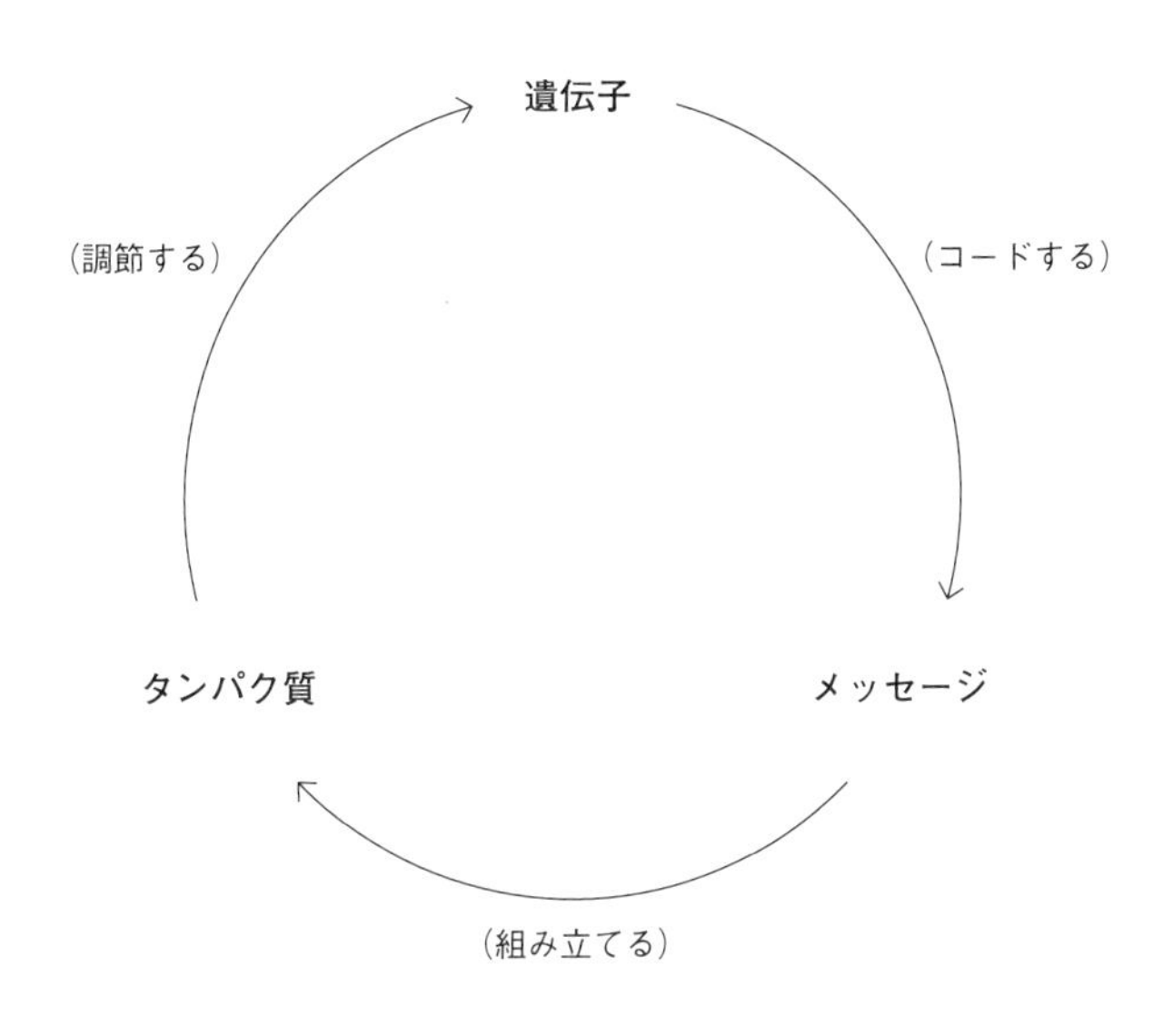

る特定の遺伝子だけを選択的にオンにしたりオフにしたりする遺伝子調節によって、生態情報の揺るぎない性質に重要な複雑さの層が加えられているにちがいない。

モノーは、細胞が時間と空間の中で特定の機能をはたすことができるのは、遺伝子調節のおかげだと論じた。「ゲノムには一連の青写真（つまり遺伝子）だけでなく、協調的なプログラムや……プログラムの実行をコントロールするための手段も存在している」[*5]とモノーとジャコブは結論づけた。ウォルター・ノエルの赤血球と肝臓の細胞には同じ遺伝情報が含まれているが、遺伝子調節のおかげで、ヘモグロビンのタンパク質は赤血球だけに存在し、肝臓の細胞には存在しないということが起きる。イモムシとチョウはまったく同じゲノムを持っているが、遺伝子調節のおかげで、イモムシはチョウへと変態できる。

胚発生は、一細胞の胚から遺伝子調節が徐々に展開していく過程と考えることができる。これこそが、何世紀も前にアリストテレスがありありと思い描いていた「動き」なのだ。ある有名な話の中で、大地を支えているのは何かと宇宙学者が質問される。

「カメ」と宇宙学者は答える。

「それでは何がカメを支えているのですか？」

「より多くのカメだ」

「では、そのカメを支えているのは？」

「わからんのか」と言って、宇宙学者は足を踏み鳴らした。「どこまでもカメが続いているのだ」

遺伝学者は個体の成長を、遺伝子と遺伝子経路が次々と誘導（あるいは抑制）される過程として説明する。遺伝子は他の遺伝子のスイッチをオンにするタンパク質を指定し、オンにされた遺伝子がさらにべつの遺伝子のスイッチをオンにするタンパク質を指定する……といったようなつながりが、最初の一個の胚細胞まで続いている。まさに、どこまでも遺伝子が続いているのだ[†]。


遺伝子調節（タンパク質による遺伝子のオンとオフ）は、一個の細胞の遺伝情報のハードコピーから組み合わせの複雑性が生み出されるメカニズムを説明することはできたが、遺伝子自体の複製については説明できなかった。一個の細胞が二個に分裂する際や、精子や卵子がつくられる際に、遺伝子はどのように複製されるのだろう？

ワトソンとクリックは、ＤＮＡの構造が二重らせんだという（相補的な二本の「陰と陽の」鎖が対置しているという）事実がわかったことによって、複製のメカニズムも解明されたと考えた。一九五三年に発表した論文[*6]の最後の文に、ふたりはこう書いている。「われわれが仮定する（ＤＮＡの）対合は遺伝物質の複製メカニズムも示唆しているという点に注目せずにはいられない」彼らのＤＮＡモデルの構造は単に美しいだけでなく、最も重要な機能を予測してもいたのだ。つまり、どのDNA鎖も自分自身の複製をつくるために使われ、その結果、もとの二重らせんを鋳型にして、二組の二重らせんができるはずだと彼らは考えたのだ。複製のあいだ、陰と陽の関係にあるDNA鎖は引き離され、陰は陽をつくるための鋳型として使われ、陽は陰をつくるための鋳型として使われ、その結果、陰と陽のペアが二組できる（マシュー・メセルソンとフランク・スタールのふたりが一九五八年にこのメカニズムを証明した）。

しかしDNAの二重らせんは自らの複製を自動的につくることはできない。もしそれが可能なら、無制御に複製してしまうはずだからだ。すなわちDNAの複製には酵素（複製を可能にするタンパク質）が関与しているにちがいなかった。一九五七年、生化学者のアーサー・コーンバーグはDNA複製酵素の分離に乗り出した。もしそのような酵素が存在するのなら、いちばん見つけやすい場所は、急速に分裂している生物だと彼は考えた。すさまじい勢いで増殖中の大腸菌だ。

一九五八年までに、コーンバーグは大腸菌の抽出液を何度も精製して、ほぼ純粋な酵素の分離に成功し（「遺伝学者は数えるが、生化学者は精製する」と彼は私に言った）、その酵素をDNAポリメラーゼと名づけた[*7]（DNAはA、C、G、Tの重合体(ポリマー)なので、〝ポリマーをつくる酵素〟である）。精製した酵素をDNAに加え、エネルギー源と新鮮な塩基（A、T、G、C）を豊富に与えたところ、試験管内で新しい鎖が形成された。DNAが自分とそっくりのDNAをつくったのだ。

コーンバーグは一九六〇年に次のように書いている。「五年前はDNAの合成もまた〝生命現

---

† 宇宙学者のカメとちがって、この考えはばかげてはいない。一個の細胞からなる胚は実際に、完全な個体をつくるためのすべての遺伝情報を持っている。連続的な遺伝子ネットワークがいかにして個体の成長を「実現」しているのかは、次章で説明する。

象」[*8]だと考えられており、試験管の中で化学物質を足したり引いたりして再現することなどできない神秘的な反応だとみなされていた。「（生命の）遺伝装置そのものをいじったなら、無秩序しか生まれない」はずだと。しかしコーンバーグによるDNAの合成によって、無秩序から秩序が、化学的なサブユニットから遺伝子がつくり出された。今ではもう、遺伝子を容易に扱えるようになったのだ。

注目すべきは、遺伝子の複製を可能にするDNAポリメラーゼ自体も他のあらゆるタンパク質と同じく、遺伝子の産物だという点だ。[†] つまり、すべてのゲノムには、そのゲノムの複製を可能にするタンパク質の暗号も含まれているということになる。このさらなる複雑さの層（DNAはDNAの複製を可能にするタンパク質をコードしている）は重要である。なぜならそれは、調節の重要なノード（コンピューター・ネットワークの接続ポイント）を提供しているからだ。DNAの複製は、年齢や細胞の栄養状態といった他のシグナルや調節因子によってオンになったりオフになったりするために、細胞分裂の準備ができた場合にのみ、DNAの複製が可能になる。だがこの機構には同時に、問題もある。調節因子そのものが暴れはじめたら、細胞の絶え間ない複製を止めることができなくなるのだ。それこそが、機能不全に陥った遺伝子が原因の究極の病である、がんの発生メカニズムだ。がんについては後述する。

遺伝子は遺伝子を調節する（Regulate）タンパク質をつくる。遺伝子は遺伝子を複製する（Replicate）タンパク質をつくる。遺伝子の生理機能の三つめのRは、人間の一般的な語彙には含まれないが、私たちの生存にとってきわめて重要な能力である。新しい遺伝子の組み合わせをつくるという組み換え（Recombination）の能力だ。

組み換えを理解するために、ここでもやはり、メンデルとダーウィンから話を始めよう。一世紀にわたる遺伝学の探究によって個体が個体へといかにして「類似点」を伝えているのかが明らかになった。DNAにコードされ、染色体上に存在している遺伝情報の単位は精子と卵子を介して胚に伝えられ、その後、胚からその個体の体内にあるすべての細胞に伝わる。こうした遺伝情報の単位はタンパク質をつくるメッセージをコードしており、そのメッセージとタンパク質が個体に形や機能を与える。「なぜ瓜の蔓に茄子はならぬのだろう?」というメンデルの疑問はこのメカニズムの説明によって解決したが、その逆の「なぜ瓜の蔓に茄子がなるのだろう?」というダーウィンの謎は解決しなかった。進化が起きるためには、個体は遺伝的多様性をつくり出さなければならない。つまり、どちらの親とも遺伝的に異なる子をつくらなければならないのだ。もし遺伝子がたいていは「類似点」を伝えるのだとしたら、いかにして「相違点」を伝えることができるのだろう?

自然が多様性を生むメカニズムのひとつが突然変異である。DNAの塩基配列が変化することによって(たとえばAがTに替わることによって)、タンパク質の構造が変化し、その結果、タンパク質の機能が変化する。突然変異というのは、DNAが化学物質やX線によって傷ついたり、DNA複製酵素が遺伝子をコピーする際にたまたまコピーミスをおかしたりすることによって起きる。だが、遺伝的多様性を生み出すメカニズムはこれだけではなく、染色体間で遺伝情報が交換されることによる場合もある。母親由来の染色体上のDNAが父親由来の染色体上のDNAと場所を交換し、母と父の遺伝子のハイブリッドをつくる場合だ。この場合には、染色体間で遺伝物質の塊がまるごと交換され

† DNAの複製にはDNAポリメラーゼ以外にも多くのタンパク質が必要だ。絡み合った二重らせんをほどいたり、遺伝情報が正しくコピーされるようにしたりするタンパク質だ。さらに、細胞内にはわずかに機能の異なる複数のDNAポリメラーゼが存在することもわかった。

るわけだが、このような組み換えも「突然変異」の一形態だ†。

　染色体から染色体への遺伝情報の転移はきわめて特殊な状況でしか起きない。そのひとつが、生殖のために精子と卵子がつくられる過程だ。精子形成や卵子形成の直前、精子や卵子になる細胞の核はつかの間、遺伝子の遊技場のようになり、その遊技場で、対をなす母親由来の染色体と父親由来の染色体同士が抱き合って、遺伝情報を交換する。父親と母親の染色体間での遺伝情報の交換は、父親と母親の遺伝情報を混ぜ合わせるために不可欠であり、モーガンはこの交換を「乗り換え」と名づけた（彼の弟子はショウジョウバエの特定の遺伝子の染色体上の位置を突き止めるために、この乗り換えを利用していた）。乗り換えは現代の遺伝学の用語では「組み換え」と呼ばれる。遺伝子の組み合わせのそのまた組み合わせをつくる能力を指す用語だ。

　ふたつめの状況はさらに驚異的だ。ＤＮＡがX線などの変異原によって傷つけられると、遺伝情報が失われる危険性が生じる。そうした損傷が起きた場合には、対をなしている染色体上の「双子の片割れ」遺伝子をもとにして複製される。その結果、母親由来の遺伝子の一部は父親由来の遺伝子から複製されたものになり、この場合も、ハイブリッド遺伝子がつくり出される。

　ここでもまた、対になる遺伝子の塩基配列を鋳型にして遺伝子が修復される。陰が陽を修復し、像が原本をもとに戻す。ドリアン・グレイ（オスカー・ワイルドの小説『ドリアン・グレイの肖像』の主人公）と同じようにＤＮＡでも、肖像画が絶えず原型を生き返らせているのだ。その過程全体を監督し、調整しているのはタンパク質である。損傷を受けた鎖を正常な鎖のところへ導き、失われた情報を複製して修正し、途切れた場所を縫い合わせ、その結果、損傷されていない鎖から損傷された鎖へと遺伝情報を移行させる。

　調節（Regulation）、複製（Replication）、組み換え（Recombination）。驚くべきことに、遺伝子

の生理機能のこの三つのRは、DNAの分子構造、つまりワトソンとクリックが発見した二重らせん構造に強く依存している。

遺伝子の「調節」はDNAからRNAへの転写の際におこなわれる。転写では、塩基が対になることが利用されており、DNAを鋳型にして、DNAの塩基にRNAの塩基を対合させることによってRNAがつくられていく。「複製」の際にも、DNAはやはり自らの鏡像を鋳型にしてコピーされる。それぞれの鎖を鋳型にしてその相補的な鎖がつくられ、一個の二重らせんから二個の二重らせんが生み出される。DNAの「組み換え」の際にも、塩基に塩基を対合させる方法によって、損傷されたDNAが再建される。相補的な鎖（遺伝子の二番目のコピー）を鋳型にして、損傷されたDNAが再建されるのだ。[‡]

二重らせん構造は同じテーマを巧妙に使い分けることによって、遺伝の生理機能の三つの主な問題をすべて解決した。鏡像の化学物質が鏡像の化学物質をつくるのに使われ、反射像が現物を再建するのに使われ、情報の忠実性と不変性を維持するために遺伝子対が使われていた。「モネはひとつの目にしかすぎない」と友人のセザンヌは言った。「しかし、なんという目だろう」同じように、DNA

---

† バーバラ・マクリントックはゲノム上の位置を転移させることのできる塩基配列、いわゆる「動く遺伝子」を発見し、一九八三年にノーベル賞を受賞した。

‡ イブリン・ウィトキンとスティーヴ・エレッジをはじめとする数人の遺伝学者によって、ゲノムには損傷を修復するための遺伝子もコードされているという事実が発見された。ウィトキンとエレッジは、DNAの損傷を察知して損傷箇所を修復したり、一時的に修繕したりする（損傷がひどい場合には、細胞分裂を休止させたりする）反応を活性化するタンパク質のカスケードをそれぞれ個別に見つけた。修復のための遺伝子に変異が起きると、DNAの損傷が蓄積し（変異が増加し）、結果的にがんが発生する。生物の生存と変異性にとって不可欠な遺伝の生理機能の四つめのRは「修復 Repair」かもしれない。

もひとつの化学物質にしかすぎない。しかし、なんという化学物質だろう。

生物学では科学者は古くからふたつの陣営に分かれていた。解剖学者と生理学者だ。解剖学者は物質や、構造や、身体各部の性質を描写する。それらの状態を描写するのだ。一方の生理学者は、生物構造や身体部分が機能を生み出すために相互作用するメカニズムを研究する。それらの働きに関心があるのだ。

解剖学者と生理学者のそうしたちがいは遺伝学の物語の重要な推移を象徴してもいる。メンデルはおそらく、遺伝子の最初の「解剖学者」といえるだろう。エンドウマメの世代から世代への情報の流れをとらえることで、彼は遺伝子の基本的な構造を、分割できない情報の粒子として描写した。モーガンとスタートバントは一九二〇年代にその解剖学的な考え方を広げて、遺伝子というのは染色体上に一列に並ぶ物質単位であることを示した。一九四〇年代から五〇年代にかけて、エイヴリー、ワトソン、クリックが、DNAが遺伝分子であることを発見し、さらに、その構造は二重らせんであることを示して、遺伝子の解剖学的概念はその集大成を迎えた。

しかし一九五〇年代末から一九七〇年代にかけての科学的問題を支配していたのは遺伝子の「生理学」だった。遺伝子というのは調節できる、つまり特別な合図によって「オン」になったり「オフ」になったりするという事実が明らかになったことで、個々の細胞の特徴を指定するために遺伝子が時間と空間の中でどのように機能するかがより深く理解されるようになった。遺伝子が複製されたり、染色体間で組み換えられたり、特定のタンパク質によって修復されたりするという事実によって、細胞と個体が世代を超えてどう遺伝情報を保持し、コピーし、再編するかが説明づけられた。

ヒト生物学者にとっては、そうした発見はどれも大きな報酬をもたらすものだった。遺伝学が物質的な概念から機序的な概念へと、すなわち遺伝子とは何かという問題から遺伝子は何を、している、のかという問題へと移行するにつれ、ヒト生物学者は遺伝子と、ヒトの生理学と、病理学との長年追い求めてきたつながりを見いだすことができるようになってきたのだ。病気というのは、鎌状赤血球症のヘモグロビンのように、ある特定のタンパク質の遺伝暗号の変化だけを原因とするのではなく、遺伝子調節の異常を原因としている可能性もあった。つまり、しかるべきタイミングで、しかるべき細胞のしかるべき遺伝子が「オン」になったり「オフ」になったりできないために生じている可能性もあるのだ。なぜ一個の細胞から多細胞生物が出現するのかは、遺伝子複製のメカニズムで説明できるにちがいなかった。自然発生する代謝病や深刻な精神疾患が、そうした病気の家族歴を持たない人に発生する理由は、複製のミスで説明できる可能性があった。親と子が似ているのはゲノムが似ているからだと説明できる可能性があり、親と子のちがいは突然変異や組み換えで説明できる可能性があった。家族が共有しているのは社会的・文化的ネットワークだけではない。活性化した遺伝子のネットワークも共有しているのだ。

一九世紀のヒト解剖学と生理学が二〇世紀の医学の礎となったように、遺伝子の解剖学と生理学も新しい強力な生物科学の礎となった。その後の数十年で、この革命的な科学はその領域を単純な生物から複雑な生物へと拡大することになる。「遺伝子発現調節」、「組み換え」、「突然変異」、「DNA修復」といった概念的な用語は基礎科学雑誌から飛び出して医学の教科書へと入り込み、やがて、科学や文化についての広い議論の中へ浸透していく（後述するように、まず最初に組み換えや突然変異について理解しないかぎり、「人種」という言葉をほんとうに理解することはできない）。新しい科学は、遺伝子が人間をどのように組み立て、維持し、修復し、繁殖させるかを、さらには、遺伝子の構造と生理機能の多様性が、人間のアイデンティティや、運命や、健康や、病気の多様性にどのように関わっているかを説明しようと試みることになる。

遺伝子から発生へ

初めは単純であった。[*1]

——リチャード・ドーキンス『利己的な遺伝子』

私もまた、
おまえのような蠅なのではないだろうか？
あるいはおまえのほうが、
私のような人なのだろうか？[*2]

——ウィリアム・ブレイク「蠅」

遺伝子が分子レベルで説明されたことによって、遺伝情報がいかに受け継がれるかが解明された。だがその一方で、一九二〇年代にトマス・モーガンの心を奪っていた謎はいっそう深まるばかりだった。モーガンにとって、生物学のいちばんの謎は遺伝子ではなく発生のほうだった。「遺伝の単位」はどのようにして動物を形づくったり、器官や個体の機能を維持したりしているのだろう？ （「大あくびを許してくれ」と彼は学生に言ったことがある。「ちょうど、（遺伝学の）講義を終えて戻ってきたところなもので」）。

遺伝子がそうした途方もない問題に対する驚くべき答えであることはモーガンも気づいていた。生殖は個体に、一個の細胞へと縮小することを求め、その後、ふたたび個体へと拡大することを求める。遺伝子は遺伝情報がいかに受け継がれるかというひとつの問題を解決したが、その一方で、べつの問題を生んでいた。個体の成長という問題だ。個体をゼロからつくり出すためには、一個の細胞は情報のセット、すなわち遺伝子のセットをまるごと持っていなければならないが、それでは、そうした遺伝子のセットはなぜ一個の細胞から個体全体をつくることができるのだろう？

発生生物学者が発生という問題にアプローチする際には、未来に向かって、すなわち胚の発生の最初期の段階から、完全な個体のボディープランへと順を追って考える。そのことは直感的に理解できる。だが後述するように、生物の成長についての理解は、実際には、フィルムを巻き戻すことによってもたらされた。まず解明されたのは、遺伝子が肉眼で見える解剖学的な特徴（四肢や、器官や、構造など）を指定するメカニズムであり、その後、器官がどこに配置されるか（前か後ろか、左か右か）を決めるメカニズムが解明され、そして最後に、胚の指定（体の軸や、前後、左右の指定）という最も初期のプロセスのメカニズムが解明された。

なぜ理解が逆向きにもたらされたのかは明らかだ。四肢や翼などの肉眼的な構造を決定する遺伝子の突然変異は最も見つけやすいために、最初に特徴づけることができたからだ。一方、ボディープランの基本的な要素を決定する遺伝子の突然変異は見つけるのはむずかしい。なぜなら、そうした遺伝子に突然変異が起きると、個体が生き残れる率が激減するからだ。さらに、胚発生の最初期の段階での突然変異体を生きたままとらえるのはほぼ不可能である。頭や尻尾の構造がでたらめになっているために、胚はすぐに死んでしまうからだ。

一九五〇年代、カリフォルニア工科大学のショウジョウバエ遺伝学者のエドワード・ルイスは、ショウジョウバエの胚発生を再現する実験を始めた。ルイスはまるでたったひとつの建築物にしか興味がない建築史家のように、二〇年近くもショウジョウバエの発生を研究しつづけてきた。豆のような形をした、砂粒よりも小さいショウジョウバエの胚の一生はめまぐるしく始まる。受精から約一〇時間後、胚は大きな三つの部分、つまり頭部と、胸部と、腹部に分かれ、それらがさらに細かな体節に分かれる。ルイスはこうした胚の体節からやがて、成虫の体を構成する各部分がつくられることに気づいた。ある体節は胸部の第2体節となり、ふたつの翅を生やす。三つの体節から六本の脚ができる。またべつの体節からは毛が生え、さらにべつの体節からは触角ができる。ヒトの場合と同じく、成虫の基本的なボディープランは胚にたたみ込まれており、ショウジョウバエの成長というのはそうした体節がまるで生きたアコーディオンのように次々と広がっていく過程とみなすことができる。

それにしても、ショウジョウバエの胚はなぜ胸部の第2体節から脚を生やしたり、頭から触角を生やしたりすることを（その反対ではなく）「知って」いるのだろう？　その答えを探すために、ルイスは体節の構成に異常をきたした変異体の研究をした。[*3] それらの変異体の奇妙な特徴は、肉眼的な構造の基本的な計画そのものはたいてい保持されており、体節がショウジョウバエの体内の場所を替えたり、アイデンティティを替えたりしているだけだという点だった。たとえばある変異体では、構造も機能もほぼ正常な胸部がひとつ余分に出現しており、その結果、翅を四つ持つハエができていた（一組の翅は正常な胸部から、もう一組の翅は余分な胸部から生えていた）。まるで体内の本来の部位ではない場所で「胸部をつくる」遺伝子が命令を受け、楽観的に命令を実行に移したかのようだった。べつの変異体では、ショウジョウバエの頭の触角から二本の脚が生えていた。「脚をつくれ」という命令が誤って頭で実行されたかのように。

器官と構造をどう組み立てるかは、複数の主要調節（マスター）遺伝子、つまり「エフェクター」遺伝子にコードされており、それらは自律的な単位（サブルーチンのようなもの）として働く、とルイスは結論づけた。ショウジョウバエをはじめとするあらゆる生物の正常な発生のプロセスにおいては、そうしたマスター遺伝子が特定の場所で、特定のタイミングで作動し、体節や器官のアイデンティティを決定する。マスター遺伝子は他の遺伝子をオンにしたりオフにしたりすることによって機能する。たとえるならば、マイクロプロセッサ内の回路のようなものだ。そうした遺伝子に変異が起きると、本来の部位ではない場所に奇形の部位や器官が生じる。『不思議の国のアリス』のハートの女王に仕える困惑した召し使いたちのように、それぞれの遺伝子は忙しく動きまわって「胸部をつくれ、翅を生やせ」といった指示を出すものの、指示を出すべき場所もまちがっていれば、タイミングもまちがっている。「触角をオンにしろ」とマスター遺伝子が叫んだなら、たとえその場所がショウジョウバエの胸や腹であっても、アンテナをつくるサブルーチンがオンになり、触角がつくられるのだ。

だが誰が司令者に命令するのだろう？　エドワード・ルイスが体節や、器官や、構造の成長をコントロールするマスター遺伝子を発見したことによって、胚発生の最終段階についての疑問は解決したものの、それと同時に、あたかも永遠に繰り返すように思える謎が生まれた。もし胚がそれぞれの体節や器官のアイデンティティを決める遺伝子によって、体節ごとに、器官ごとにつくられていくのなら、そもそも体節は自分のアイデンティティをいかにして知るのだろう？　たとえば、翅をつくるマスター遺伝子はなぜ、胸部の第1体節や第3体節ではなく、第2体節に翅を生やすことを「知って」いるのだろう？　遺伝子の基本単位が自律的に働くとしたら、なぜ（モーガンの謎を逆さにするならば）ショウジョウバエの頭から脚が生えたり、ヒトの鼻から親指が生えたりしないのだろう？

この疑問に答えるためには、胚発生の時計を巻き戻す必要がある。ルイスが脚と翅の発生をつかさどる遺伝子についての論文を発表してから一年後の一九七九年、ドイツのハイデルベルクのふたりの発生生物学者、クリスティアーネ・ニュスライン＝フォルハルトとエリック・ヴィーシャウスは、胚発生の最初期の段階をとらえるために、ショウジョウバエの変異体をつくりはじめた。

ニュスライン＝フォルハルトとヴィーシャウスがつくった変異体は、ルイスが描写したものよりもずっと大きな奇形を持っていた。いくつかの変異体では、胚のいくつかの体節全体がなくなっていたり、胸部や腹部が極端に短くなっていたりした。こうした変異体をヒトの胎児でたとえるならば、体の真ん中や後方の部分がすっかり失われた状態であり、そのような変異体で変化している遺伝子は、胚の基本的な建築計画を決める遺伝子にちがいないとニュスライン＝フォルハルトとヴィーシャウスは考えた。その遺伝子は胚の地図をつくり、胚を基本的な体節に分け、それから、ルイスの司令遺伝子を活性化させて、器官や身体各部をつくっていくのだ。頭に触角を、胸部の第2体節に翅を、というように。ニュスライン＝フォルハルトとヴィーシャウスはそれらを「体節遺伝子」と名づけた。

しかし体節遺伝子ですら、自分たちの司令者を必要とする。ショウジョウバエの胸部の第2体節はなぜ、自分は腹部ではなく胸部の体節だということを「知って」いるのだろう？　頭はなぜ、自分が尻尾ではないことを「知って」いるのだろう？　胚のすべての体節は、頭から尻尾まで続く軸によって定義される。頭は内部GPSシステムのように働き、頭と尻尾からの相対的な位置によって、それぞれの体節には胚内の特定の「住所」が与えられる。それにしても胚はどうやって、その基本的な非対称性をつくり出すのだろう？　「頭を持つ状態」や「尻尾を持つ状態」を生み出すのだろう？

一九八〇年代末、ニュスライン＝フォルハルトと学生たちは、胚の非対称性が形成されなかったシヨウジョウバエの変異体の特徴を調べはじめた。それらの変異体はたいていの場合、頭や尻尾がなく、体節ができる前に（構造や器官ができるずっと前に）成長を止めていた。頭部に奇形を持つ胚もあれば、前後の区別ができず、実物とその鏡像がつながったような奇妙な形をした胚もあった（最も有名な変異体はビコイド *bicoid* と呼ばれる、文字どおり「尻尾がふたつ」ある変異体だ）。その変異体は明らかに、ショウジョウバエの体の前後を決めるなんらかの因子、すなわち化学物質を持っていなかった。一九八六年、ニュスライン＝フォルハルトの弟子は驚くべき実験をおこなった。正常の胚を小さな針で刺して、頭から少量の液体を採取し、頭のない変異体にその液体を移植したのだ。信じられないことに、その細胞レベルの手術はうまくいった。正常な頭から採取した一滴の液体によって、本来は尻尾となる場所に頭ができたのだ。

一九八六年から一九九〇年にかけて立てつづけに発表された革新的な論文の中で、ニュスライン＝フォルハルトと彼女の同僚たちは、胚を「頭のある状態」にしたり、「尻尾のある状態」にしたりするシグナルを提供するいくつかの因子を特定している。そのうちの約八種類の化学物質（ほとんどがタンパク質）は、卵が形成される際につくられ、卵の中に非対称的に沈殿することが知られている。こうした「母体因子」は母親ショウジョウバエによってつくられ、卵の中に入れられる。非対称的な沈着は、卵そのものが母親の体内で非対称的に配置しているからこそ可能なのであり、この非対称性のおかげで、母親はある母体因子を卵の頭部に沈着させ、べつの母体因子を尾部に沈着させることができる。

卵の中でそうした母体因子のタンパク質の濃度勾配ができる。コーヒーの入ったカップの中で角砂糖が溶けるように、それらのタンパク質は卵の一方の端では高濃度になり、反対の端では低濃度になる。そして化学物質がタンパク質のあいだを抜けて拡散することによって、シロップがオートミールの中でリボン状に広がるように、より明確な三次元のパターンが形成される。ある遺伝子は、タンパク質の濃度が濃い端でのみ活性化されるため、胚の前後軸などのパターンが決まる。

このプロセスは永久に繰り返される。まさに「卵が先か、ニワトリが先か」という問題の究極の形だ。頭と尾があるショウジョウバエが、頭と尾のある卵をつくり、その卵が頭と尾のある胚になり、その胚が頭と尾のあるショウジョウバエになる……これがどこまでも繰り返されるのだ。このプロセスは、分子レベルでは次のように説明できる。母親が発生初期の胚のタンパク質を一方の端だけに沈着させ、それらのタンパク質が遺伝子を活性化させたり、抑制したりする結果、胚の前後軸が決まる。これらのタンパク質はまた、体節をつくったり、体を大きな部分に分割したりする「地図づくり」遺伝子を活性化する。地図づくり遺伝子は器官や構造をつくる遺伝子を活性化させたり抑制したりする。[†] 最終的に、器官形成と体節アイデンティティ遺伝子が遺伝子のサブルーチンを活性化させたり抑制したりし、その結果、器官や、構造や、身体各部がつくられる。

人間の胚の成長もまた、同様の三段階のプロセスを経ていると考えられる。まず、ショウジョウバエと同じく、受精後の胚を体軸に沿って構成していく。頭と尾、前と後ろ、左と右といった具合に。

---

† この説明は、最初の非対称的な生物が自然界でいかにして出現したのかという問題をうまくはぐらかしている。その答えはまだ見つかっておらず、ひょっとしたら永遠に見つからないかもしれない。進化の歴史のどこかで、ある生物が、体のある部分の機能をべつの部分の機能と切り離すように進化した。もしかしたら、一方の端は岩のほうを向いていたのかもしれない。足のあるほうの端ではなく、口のあるほうの端にタンパク質を沈着させることのできる驚くべき能力を持つ幸運な変異体が誕生した。その変異体は、口と足が区別されたことによって、有利な立場に立つことができた。それぞれの非対称部分は特定の仕事に適するようにさらに分化し、結果的に、その生物は環境によりうまく適応できるようになった。私たちの頭と尾は、そのような進化の革新の幸運な産物だといえる。

次に、ショウジョウバエの体節遺伝子に相当する一連の遺伝子が胚を脳、精髄、骨格、皮膚、腸管などの主要な構造へと分割していく。最後に、器官形成遺伝子が器官や身体の各部位や構造（四肢、指、目、腎臓、肝臓、肺など）をつくっていく。

「イモムシを蛹（さなぎ）にし、蛹をチョウにし、チョウを埃にするものの正体は罪なのだろうか？」[*4]と神学者のマックス・ミュラーは一八八五年に問いかけている。それから一世紀後、生物学はその答えを出した。その正体とは罪ではない。遺伝子の一斉射撃なのだ。

レオ・レオニの名作子供絵本『ひとあしひとあし』では、コマドリに食べられそうになった小さなシャクトリムシが危うく難を逃れる場面がある。[*5]なぜ助かったかといえば、シャクトリムシがコマドリに、自分の一インチの長さの体を使って「いろんなもののながさをはかれるんだ」と言ったからだ。シャクトリムシはコマドリの尾の長さを測り、オオハシのくちばしの長さを測り、フラミンゴの首を測り、サギの脚を測る。こうして鳥の世界に初めて、比較解剖学者が現れる。

遺伝学者もまた、大きな物の寸法を測ったり、大きな物を理解したり、大きな物同士を比較したりするためには、小さな個体が役に立つことを学んだ。だからこそメンデルは、何十リットルものエンドウマメの鞘をむき、モーガンはショウジョウバエの突然変異率を測定したのだ。ショウジョウバエの胚ができてから最初の体節がつくられるまでのはらはらするような七〇〇分間はまちがいなく、生物学の歴史において最も詳しく調べられた時間だった。そしてその七〇〇分が、遺伝子がどのようにして一個の細胞からきわめて複雑な個体をつくりあげているのかという、生物学の最も重要な疑問のひとつを半分解決した。

残りの半分を解決するには、さらに小さな個体、いわば一インチよりも小さなシャクトリムシのようなものが必要だった。胚のそれぞれの細胞はなぜ自分が何になればいいかを「知っている」のだろう？　ショウジョウバエの発生を研究していた研究者は胚の発生を体軸の決定、体節の形成、器官の形成という、どれも遺伝子経路によって制御されている連続的な三つの段階に分けた。しかし胚の成長を最も深いレベルで理解するには、個々の細胞の運命が遺伝子によっていかに支配されているかを理解しなければならなかった。

一九六〇年代半ば、シドニー・ブレナーはケンブリッジで、細胞の運命決定についての謎を解くのに役立ちそうな生物を探しはじめた。「複眼と関節のある脚を持ち、高度な行動パターンを示す」ショウジョウバエは確かに小さかったものの、ブレナーにとってはやはり大きすぎた。遺伝子が細胞の運命をどう制御しているかを理解するために必要だったのは、胚から発生する細胞を残らず数えることができるうえに、時間と空間の中で細胞を残らず追跡できるほどに小さな生物だった（参考までに述べると、ヒトは約三七兆個の細胞でできている。最も強力なコンピューターの能力をもってしても、ヒトの細胞の運命地図をつくるのは不可能だ）。

ブレナーは小さな生物の目利きであり、小さなものたちの神になった。目的にぴたりと合う動物を見つけようと、彼は一九世紀の動物学の教科書を熱心に読み、最終的に、土壌に棲む極小の線虫、カエノラブディティス・エレガンス、略してシー・エレガンス *C. elegans* を使うことに決めた。動物学者たちはその線虫を「ユーテリック *eutelic*」だと記していた。成虫になった個体はどれも同じ数の体細胞を持っているという意味だ。ブレナーにとって、体細胞の数が同じであるというその特徴は新たな宇宙への扉の鍵のようなものだった。すべての線虫の体細胞の数がまったく同じならば、遺伝子は線虫のすべての細胞の運命を指定する情報を持っているにちがいなかった。「線虫のすべての細胞の種類を特定して、それぞれの系統をもとの細胞までたどっていこうと思います[*6]」と彼はペルツに宛てて書いている。「突然変異体を見つけて、成長の一貫性と遺伝子による成長の制御についても調べるつもりです」

一九七〇年代初め、細胞の数を数えるという作業が熱意とともに始まった。ブレナーは最初、彼の研究室で働くジョン・ホワイトを説得して、線虫の神経系のすべての細胞の位置を突き止めさせたが、すぐに研究範囲を広げて、線虫のすべての体細胞の系統を追いかけはじめた。ポスドクのジョン・サルストンが呼ばれ、細胞を数える作業にたずさわることになった。一九七四年、ブレナーとサルストンのチームにハーバード大学で生物学の学位を取得したばかりの若き生物学者、ロバート・ホルビッツが加わった。

それは疲労困憊させられる、幻覚を起こさせるような作業だった。「何百ものブドウの粒が盛られたボウルをじっと（ときに何時間も）眺めているような感じだった」[*7]とホルビッツは回想している。そしてブドウの粒が時間と空間での位置を変えるたびに、それらの粒の位置を記録していくのだ。成虫には、雄雌同体と雄というふたつのタイプがあった。雄雌同体は全部で九五九個の細胞を持ち、雄は一〇三一個の細胞を持っていた。一九七〇年代末には、成虫の九五九個すべての細胞の系統をもとの細胞までたどることができていた。科学の歴史上のどの地図ともちがっていたものの、その細胞の系統図もまたひとつの地図だった。いわば、運命の地図だ。こうして、細胞の系統とアイデンティティについての実験を開始することができるようになった。

細胞の地図には驚くべき点が三つあった。ひとつは不変性だ。どの線虫のどの九五九個の細胞も、画一的な現れ方をしたのだ。「地図を見れば、個体の形成過程を細胞ごとに要約することができる」とホルビッツは言った。「ある細胞は一二時間後に一回分裂し、四八時間後には神経細胞になり、六

○時間後には神経系の所定の位置に移動し、生涯ずっとそこに留まる、といったように。すると実際に、そのとおりになるんだ。細胞はまさにそのとおりにする。そのとおりのタイミングで、そのとおりの場所に移動するんだ」

個々の細胞のアイデンティティを決めるものはなんだろう？　七〇年代末までには、ホルビッツとサルストンは細胞の系統に異常をきたした線虫の変異体を数十種類つくっていた。頭から脚を生やしたショウジョウバエというのは確かに奇妙だったが、線虫の変異体はそれよりもずっと異様な生物集団だった。たとえばある変異体では、子宮の出口を形成する陰門の遺伝子が機能しておらず、陰門のない線虫では、卵が母親の子宮の外に出ることができなかった。母親はまだ生まれていない子によって、まるでチュートン神話の怪物に飲み込まれるように、生きたまま飲み込まれてしまったのだ。この変異体では、陰門細胞のアイデンティティや、一個の細胞がふたつに分裂する時期や、特定の位置への移動や、細胞の最終的な形と大きさを制御する遺伝子が変異していた。

「歴史はない。あるのはただ、伝記だけだ[*8]」とエマーソンは書いているが、線虫の場合も確かに、あるのは歴史ではなく、個々の細胞の伝記だった。どの細胞も自分の正体を知っていた。なぜなら遺伝子が何に「なる」べきかを教えていたからだ（「いつ」、「どこで」それになればいいかも教えていた）。線虫の解剖学は遺伝子の規則正しい仕事の結果であり、それ以外の何ものでもなかった。そこには偶然も、謎も、あいまいさも、運命もなく、動物は細胞ごとに、遺伝子の指示どおりに組み立てられていた。発生（genesis）とは遺伝子（gene）によるものだったのだ。

遺伝子がすべての細胞の誕生や、位置や、形や、大きさや、アイデンティティを完全に制御しているという事実は確かに驚くべきものだったが、線虫の変異体の最後の系列から、さらに驚くべき事実がもたらされた。一九八〇年代初めまでに、ホルビッツとサルストンは細胞の死ですら遺伝子に制御されているという事実に気づいていた。雄雌同体の成虫はどれも九五九個の細胞を持っているが、線虫が成長していく過程で出現する細胞を実際に数えてみると、全部で一〇九〇個の細胞が生まれていることがわかった。その数のちがいはわずかなものだったが、ホルビッツはそれに心底魅了された。一三一個の細胞がどういうわけか消えていたのだ。[*9] 一度つくられたあと、線虫が成熟する過程で殺されていた。一三一個の細胞は成長過程で捨てられたものであり、いわば発生の途中で失われた子供たちだった。サルストンはホルビッツとともに細胞の系統図を使って、一三一個の失われた細胞をたどり、その結果、特定のタイミングで生まれた特定の細胞だけが殺されていることを知った。それは選択的な粛清だった。線虫の成長の過程で起きる他のすべての出来事のように、やはり、偶然は何ひとつなかったのだ。これらの細胞の死は自らの意思による計画的な自殺と言ったほうがいいかもしれなかった。そうした死もまた、遺伝子に「プログラムされている」ように思えた。

プログラムされた死？　遺伝学者はちょうど今、線虫のプログラムされた生という問題に取り組んでいる最中だった。死もまた、遺伝子に制御されているのだろうか？　一九七二年、オーストラリアの病理学者ジョン・カーは、正常組織とがんの組織で同じようなパターンの細胞死が起きていることを発見した。生物学者はそれまで、死というのは外傷や、損傷や、感染によって偶然引き起こされるプロセスだとみなしており、そうしたプロセスは壊死（necrosis）（文字どおりの意味は「黒くなる」）と呼ばれていた。壊死のあとにはたいてい、組織が腐敗し、やがて膿や壊疽ができる。だが、ある種の組織では、死にゆく細胞があたかも「死のサブルーチン」のスイッチをオンにしたかのように、死の直前に特定の構造変化を誘発しているように見えた。壊疽も傷もつくらず、炎症も起こすことなく、枯れる前の花瓶の中のユリのようにしおれ、半透明の真珠色を帯びる。壊死が黒変だとしたら、この場合は、白で塗りつぶされるような死だった。カーは直感的に、これらふたつのタイプの死は根本的に異なっているにちがいないと考えた。彼は次のように書いている。「このコントロールされた死は、死の遺伝子によって制御された、遺伝的にプログラムされた能動的な現象である」彼はこの過程を描写する言葉を探し、最終的に「アポトーシス（apoptosis）」と名づけた。[*10] 「木から葉が落ちる」あるいは「花から花びらが落ちる」という意味を持つ、示唆に富むギリシャ語だ。

だがその「死の遺伝子」の正体はなんなのだろう？　ホルビッツとサルストンはさらにべつの変異体をつくった。今度は細胞の系統を変化させた変異体ではなく、細胞死のパターンを変化させた変異体だ。ある変異体では、死にゆく細胞の内容物が十分に分解されず、またある変異体では、死んだ細胞が線虫の体から除去されずに、まるでゴミ収集作業員がストライキしている最中のナポリの街のように、細胞の残骸が線虫の体の端に散乱していた。[*11] これらの変異体で変化した遺伝子は、細胞ワールドの死刑執行人や、清掃人や、掃除人や、火葬人、つまり殺害に積極的に参加する者たちにちがいないとホルビッツは考えた。

その次につくった変異体の死のパターンは、さらに劇的にゆがんでいた。なんと死骸すらなかったのだ。ある線虫では、死ぬはずの一三一個の細胞がすべて生きており、またべつの線虫では、特定の細胞が死をまぬがれていた。ホルビッツの弟子は、その変異体を「死なない線虫（undead）」や、「線虫ゾンビ（worm zombies）」を縮めて「ウォンビ（wombies）」と呼んだ。これらの変異体では、死のカスケードを制御する主要な遺伝子が不活性化されており、ホルビッツはその遺伝子にｃｅｄ遺伝子（シー・エレガンスの死 *C. elegans* death より）と名づけた。

驚いたことに、細胞死を制御する遺伝子のいくつかはほどなく、ヒトのがんの発生に関与していることが判明した。ヒトの細胞にもアポトーシスによる細胞死を制御する遺伝子が存在する。それらの遺伝子の多くは太古からあるもので、その構造や機能は線虫やショウジョウバエで見つかった死の遺伝子と似ている。一九八五年、腫瘍生物学者のスタンリー・カーズメイヤーが、BCL2という名の遺伝子の変異がリンパ腫で頻繁に見られることを発見した。[†] BCL2はホルビッツが発見した、線虫の死を制御するced9遺伝子に相当するものであることが判明した。線虫では、ced9は細胞死をもたらす「死刑執行タンパク質」の機能を遮断することで細胞死を防いでいる（それゆえに、変異体では「死なない」細胞が出現したのだ）。ヒトの細胞では、BCL2の活性化によって細胞内の死のカスケードが阻害され、その結果、病的なまでに死ねない細胞、つまり、がん細胞がつくり出される。

それにしても、線虫のすべての細胞の運命は遺伝子に、遺伝子だけに制御されているのだろうか？ホルビッツとサルストンは、線虫の細胞の中にはまれに、自分の運命をランダムに、まるでコインを投げるみたいにして選ぶことができるものが存在することを発見した。[*12] それらの細胞の運命は遺伝的に決まっているわけではなく、他の細胞との距離によって決まっていた。コロラドで研究をしていたふたりの生物学者、デイヴィッド・ハーシュとジュディス・キンブルはこの現象を「自然の多義性」と呼んだ。

だがキンブルは、自然の多義性すら厳しい制約を受けていることに気づいた。[*13] 多義的な細胞も実際には、近くの細胞からのシグナルによって制御されており、そうした近くの細胞自体は、遺伝的にプログラムされていたのだ。線虫の神は明らかに、線虫をデザインするうえで小さな抜け穴のようなチャンスを残してはいたが、神自体にはサイコロを転がすつもりはないということだ。

線虫はこのように、二種類のインプットによって形成されることがわかった。遺伝子からの「内因性」のインプットと、細胞間の相互作用による「外因性」のインプットだ。ブレナーは冗談めかして、それらを「イギリス・モデル」と「アメリカ・モデル」と呼んだ。ブレナーは書いている。「（イギリス式は）、細胞が自分自身のことだけをやり、近所の細胞とはあまり話さない。重要なのは家系であり、いったんある場所で生まれた細胞は、ずっとそこに留まり、厳しいルールにしたがって成長する。アメリカ式はそれとは正反対だ。つまり家系は重要ではないのだ……大切なのは、ご近所との関係であって、細胞は仲間の細胞と頻繁に情報を交換したり、引っ越しをしたりしなければならない。そうやって目的を達成し、適切な場所を見つけるのだ*14」

もし線虫の一生に機会を、すなわち運命をむりやり与えたらどうなるだろう？　一九七八年、キンブルはケンブリッジ大学に移り、細胞の運命を大きく攪乱《かくらん》することによってもたらされる影響について研究しはじめた*15。レーザーを使って線虫の体内の一個の細胞を焼き殺すと、一個の細胞が除去されたことによって、隣の細胞の運命は変化するものの、その変化自体も厳しい制約を受けていることがわかった。すでに遺伝的に運命が決まっている細胞には、運命を変える余地はほとんど残されていなかったのだ。一方、「自然の多義性」を持つ細胞はもっと柔軟だったものの、そうした細胞でもやはり、自らの運命を変える能力は限られていた。外因性の合図は内因性の決定因子を変化させることができたが、それもある程度までだった。ロンドンの地下鉄のピカデリー線に乗っている灰色のフランネルのスーツを着た男性をさっとさらって、ニューヨークのブルックリン方面へ向かう地下鉄F線に乗せたなら、男性は別人のようになるかもしれない。だが、トンネルから出たところで男性が昼食に

† ＢＣＬ２の死を制御する機能はオーストラリアのデイヴィッド・ヴォーとスーザン・コリーによっても発見された。

食べたいと思うのはやはり、イギリスの伝統的な料理であるミートパイのままだろう。線虫のごく小さな世界では、機会はある程度の役割をはたしてはいたが、その機会自体も遺伝子による厳しい制約を受けていた。遺伝子はレンズであり、そのレンズが機会をフィルターにかけ、屈折させるのだ。

ショウジョウバエや線虫の生と死を制御する遺伝子のカスケードが存在するという事実は、発生生物学者にとって驚くべき発見だった。そしてその事実はまた、遺伝学にも同じくらい強い影響をおよぼした。「遺伝子はどのように、一匹のショウジョウバエを指定しているのか？」というモーガンの謎を解く過程で、発生生物学者はそれよりもはるかに深い謎を解き明かしたのだ。遺伝の単位はなぜ、困惑させられるほどの複雑さを生物につくり出すことができるのか、という謎だ。

その答えは組織化された構成と相互作用にある。一個のマスター遺伝子にコードされているタンパク質は、かなり限定的な機能しか持たない。たとえば標的となる一二個の遺伝子のスイッチをオンにしたりオフにしたりするといったような機能だけだ。しかしそれらのスイッチの作用がタンパク質の濃度に依存しており、個体の体内ではそのタンパク質の濃度に勾配ができていて、一方の端では濃度が高く、もう一方の端では濃度が低いと仮定してみよう。するとタンパク質は個体のある体節では一二個の遺伝子のスイッチすべてをオンにすることができるが、べつの体節では八個の遺伝子のスイッチしかオンにできず、さらにべつの体節では三個のスイッチしかオンにできなくなる。スイッチがオンになる一二個と、八個と、三個の標的遺伝子の組み合わせはさらに、べつのタンパク質の濃度勾配に影響を受けており、その濃度勾配にしたがってべつの遺伝子をオンにしたりオフにしたりする。このレシピにさらに時間と空間という次元（いつどこで遺伝子がオンになったりオフになったりするか）を加えたなら、複雑に入り組んだ構成の幻想曲を生み出すことができる。遺伝子やタンパク質それぞれの階層や、濃度勾配や、スイッチや、経路を混ぜ合わせたり、調和させたりすることで、生物の個体はきわめて複雑な構造や生理機能を身につけることができるのだ。

ある科学者はこう述べている。[*16]「……個々の遺伝子はとりわけ賢いわけではない。この遺伝子はあの分子のことだけ気にしていて、あの遺伝子はべつの分子のことだけ気にしている……だが遺伝子がそんなふうに単純だからといって、途方もない複雑さをつくる妨げにはならない。異なる種類の愚かなアリ（働きアリ、雄のアリなど……）がほんの数匹いさえすれば、アリのコロニーができる。だとすれば、三万もの遺伝子を思いどおりに働かせられたなら、何を成し遂げられるか想像してみるといい」

遺伝学者のアントワーヌ・ダンシャンは、個々の遺伝子が自然界の複雑さを生み出す過程を説明するのに、ギリシャ神話に登場するデルポイの船の話を用いた。[*17]その有名な話の中で、デルポイの神託は川に浮かんだ一隻のボートを思い浮かべるようにと言われる。ボートの板はすでに腐りかけており、木が朽ちるたびに、板は一枚ずつ新しいものに交換されていく。一〇年後には、もとのボートの板は一枚も残っていない。だが持ち主はそれが同じ船だと確信している。なぞなぞは問いかける。もとの船の物質的な要素がすべてべつのものに交換されてしまったというのに、なぜ同じ船だと言えるのか？

その答えは、「船」というのは板でできているのではなく、板同士の関係でできているからだ、というものだ。一〇〇枚の木の板を次々に重ねてハンマーで打ちつけていったなら、壁ができる。板を横に並べて釘で打ちつけていったなら、甲板ができる。板をある特定の配置で、特定の順番で、特定の関係で組み合わせることによって初めて、船ができるのだ。

遺伝子も同じだ。個々の遺伝子が指定するのは個別の機能だが、遺伝子同士の関係が生理機能を可能にする。こうした関係がなければ、ゲノムは何もできないのだ。ヒトと線虫はどちらも約二万個という同じ数の遺伝子を持つが、それらふたつの生物のうちのひとつだけが、システィーナ礼拝堂の天井に絵を描ける。その事実が示唆しているのは、複雑な生理機能をもたらすには遺伝子の数というのは重要ではないということだ。私はブラジルのサンバの先生にこう言われたことがある。「大事なのはきみが何を持っているかではなくて、それで何をするかだ」

遺伝子と、形と、機能の関係を説明するのに最も役立つ比喩はもしかしたら、進化生物学者で文筆家のリチャード・ドーキンスが考え出したものかもしれない。遺伝子の中には実際に、青写真のようにふるまうものがあるとドーキンスは述べている。*[18] 青写真とは、構造と機序の正確な計画のすべての点と、それがコードする構造とが一対一の関係にある。ドアは正確に二〇分の一に縮小されており、ネジは軸からきっちり七インチ離れたところに位置している。それと同じ理論で、「青写真」の遺伝子もひとつの構造（タンパク質）を「組み立てる」ための指示をコードしている。第Ⅷ因子の遺伝子はひとつのタンパク質だけをつくり、そのタンパク質はひとつの機能、つまり血液を凝固させるという機能だけをはたす。第Ⅷ因子遺伝子の変異は、青写真のミスのようなもので、それがどんな影響をもたらすかは、ドアノブがなかったり、ある部品がなかったりする場合と同様に、完全に予測できる。変異した第Ⅷ因子は血液を凝固させることができず、その結果として引き起こされる病気、すなわちわずかな刺激で出血してしまうという病気はタンパク質の機能異常がもたらす直接の結果である。

しかしほとんどの遺伝子は、青写真のようにはふるまわない。ひとつの構造や部分だけを指定しているわけではなく、他の遺伝子と協力しあって複雑な生理機能をもたらしているのだ。ドーキンスは、そうした遺伝子は青写真ではなくレシピのようなものだと主張している。たとえばケーキのレシピの場合には、砂糖が「てっぺん」をつくり、小麦粉が「底」をつくるなどという考えは無意味であり、レシピの材料と構造とのあいだにはなんの対応もない。レシピが提供しているのは過程についての指示にほかならないからだ。

ケーキというのは、砂糖とバターと小麦粉が正しい割合で、正しい温度で、正しいタイミングで出会った結果できあがったものである。ヒトの生理機能も同様に、ある遺伝子がべつの遺伝子と正しい順番で、正しい空間で相互作用した結果である。一個の遺伝子は生物をつくるレシピの中の一行であり、ヒトのゲノムはヒトをつくるレシピなのだ。

生物学者たちは一九七〇年代初頭までに、生物の驚くべき複雑性をつくり出すために遺伝子が次々と作用するしくみを理解しはじめていた。しかしそれと同時に、生物の遺伝子の意図的な操作という、避けがたい問題にも直面していた。一九七一年四月、アメリカ国立衛生研究所（ＮＩＨ）は、近い将来、遺伝子を意図的に変化させることが可能になるかどうか見極めるための学会を開いた。「デザインされた遺伝子改変についての展望」という挑発的なタイトルのついたその学会の目的は、ヒトの遺伝子操作の可能性についての最新情報を世の人々にもたらすことであり、さらに、そうした技術の社会的・政治的な意味を考えることだった。

パネリストたちは、一九七一年にはまだ、遺伝子を操作する技術は（たとえ単純な生物を対象にしたものですら）生み出されていないと指摘したが、そのような技術の開発は時間の問題だと確信していた。「これはサイエンス・フィクションではありません」とある遺伝学者は宣言した。「サイエンス・フィクションと呼べるのは、実験すら不可能な場合だけです……今から一〇〇年以内に、いや、二五年、もしかしたら五年から一〇年のあいだに、欠損している遺伝子を導入することによって……なんらかの先天異常を治療し、完治させられる技術が誕生する可能性が十分に出てきました。社会がこういった変化に備えられるように、私たちがすべきことはたくさんあります」

もしそのような技術が開発されたなら、影響は計り知れないものになると思われた。人間をつくるレシピを書き換えることが可能になるのだ。ある科学者はその学会で、遺伝子変異は何千年もの時間をかけて選択されてきたが、文化的な変異はほんの数年で導入され、選択される可能性があると述べた。「デザインされた遺伝的変化」を人間に導入する能力が生み出されたなら、遺伝的変化が文化的変化の速度にまで加速される可能性がある。人間の病気のいくつかは消え去り、個人と家族の歴史は永久に変わるだろう。遺伝や、アイデンティティや、病気や、未来についての私たちの概念を、その技術は変えるだろう。カリフォルニア大学サンフランシスコ校(UCSF)の生物学者ゴードン・トムキンズもまた、次のように指摘した。「大勢の人々が初めて自問しはじめました。〝私たちは今、何をしようとしているのだろう?〟と」

ある記憶について話そうと思う。ときは一九七八年か七九年。私は八歳か九歳で、父は出張から帰ったばかりだ。父の鞄はまだ車の中にあって、ダイニングルームのテーブルに置かれたトレーには、水滴のついた氷水入りのコップがのっている。天井扇が部屋じゅうに熱をまき散らし、部屋をさらに暑くしているように感じられる、デリーのうだるように暑い午後のことだ。近所の住人ふたりが居間で父を待っている。私には、空気が不安でぴんと張り詰めているように感じられる。でも、それがなぜなのかはわからない。

父が居間に入ってくると、男たちは数分かけて父に話をする。楽しい会話でないことが私にはわかる。男たちの声は大きくなり、言葉はきつくなる。私には男たちの言っていることがだいたいわかる。私は隣の部屋で勉強していることになっており、ふたつの部屋は分厚いコンクリートの壁で隔てられているにもかかわらずわかるのだ。

ジャグがふたりの男から金を借りていたらしい。たいした額ではなかったが、ふたりがうちにやってきて、返済を要求するくらいの額ではある。ジャグはふたりのうちのひとりに、薬を買う金がいると言い（実際には、ジャグが薬を処方されたことはなかった）、もうひとりには、兄弟を訪ねるためにカルカッタ行きの列車の切符を買う金がいると言った（そのような旅行は計画されていなかった。ジャグがひとりでカルカッタに行くのは不可能だったからだ）。「あんた、あいつをちゃんとコントロールできるようにならないと」とひとりがとがめるように言う。

父は黙ったまま、辛抱強く聞いている。だが私には、父の中で燃えるような怒りの新月がのぼっていき、喉を苦々しく覆ったことがわかる。父は生活費をしまっておく金属の戸棚まで歩いていき、金を手に男たちのところへ戻る。わざわざ札を数えたりはしない。数ルピーくらい余分に返したって、こっちは痛くもかゆくもない、釣りは取っておけ、とでも言いたげに。

男たちが帰るころには、私にはもうわかっている。すぐに家で激しい口論が始まることを。わが家の料理人は、津波がやってくる前に高所へ逃げる野生動物のような本能に導かれて台所を離れ、祖母を呼びにいく。しばらく前から、父とジャグの関係はぎくしゃくしており、最近はそれがいっそうひどくなっていた。ここ数週間、家でのジャグのふるまいはとりわけ乱暴になっており、この出来事で父の堪忍袋の緒はついに切れたようだ。父の顔は羞恥心で真っ赤になっている。父がこれまで何度も上塗りしてきた階級と正常の薄いニスが今ではぱっくりと割れて、中から家族の秘密が漏れ出していた。ジャグの狂気も、作話症も今では近所の人に知られてしまった。自分は弟にすら手を焼いている、見下げはてた、さもしい、非情で愚かな男だと思われているにちがいない。さらに悪いことには、家系的な精神疾患によって汚れた男だと思われているはずだ。

　父はジャグの部屋に入っていき、ジャグを力ずくでベッドから引きはがす。ジャグは、自分では理解できない罪のために罰せられている子供のように、わんわん泣いている。激怒している今の父は危険だ。父はジャグを部屋の向こう側へ突き飛ばす。信じられない暴力だ。父は家で指一本上げたことがなかったのだから。妹は二階に駆け上がって隠れる。母は台所で泣いている。私は居間のカーテンの後ろから、目の前のシーンの醜さが最高潮に達するのを見守る。まるでスローモーションの映画を見ているようだ。

　祖母が自室からやってくる。雌オオカミのように父をにらみつけている。父の暴力を止めようと、祖母は賭けに出る。父に向かって叫ぶ。その目は石炭のように燃え、言葉は辛辣だ。「その子に指一本触れるんじゃないよ」

「逃げなさい」と祖母はジャグに言い、ジャグはさっと祖母の後ろに隠れる。

　こんなに恐ろしい祖母を見たことはない。祖母のベンガル語は導火線を伝うように後方へ、かつて暮らした村の言葉へと戻っていく。私にはいくつかの言葉がわかる。強いなまりや方言がミサイルのように繰り出される。「子宮」、「洗う」、「汚れ」。文をつないでみると、そこにはすさまじい毒が含まれていることがわかる。「この子をぶったら、あたしは子宮を洗っておまえの汚れを落とす。子宮を洗うよ」と祖母は言う。

　今では父も涙を流し、頭（こうべ）を垂れている。ひどく疲れているように見える。「洗ってくれ」と父は小声で懇願する。「洗ってくれ、汚れを落としてくれ、洗ってくれ」

第三部

「遺伝学者の夢」

遺伝子の解読とクローニング（一九七〇～二〇〇一）

科学の進歩は技術と、新たな発見と、新しい考えに、おそらくはこの順序で依存している。[*1]

——シドニー・ブレナー

われわれが正しいならば……細胞に予測可能な遺伝的変化をもたらすことができるはずだ。これは遺伝学者が長年夢見てきたことだ。[*2]

——オズワルド・エイヴリー

「乗り換え」

人間とはなんとすばらしい自然の傑作だろう！　その理性の気高さ。能力の限りなさ。形と動きの適切さ、すばらしさ。行動は天使さながら。理解力は神さながら。[*1]

——ウィリアム・シェイクスピア『ハムレット（第二幕第二場）』

一九六八年の冬、ポール・バーグはカリフォルニア州サンディエゴ郊外のラホヤにあるソーク研究所での一一カ月間の研究休暇を終えて、スタンフォード大学に戻ってきた。バーグはそのとき四一歳だった。運動選手のようなたくましい体格をし、肩を前に揺らして歩く癖があった。ブルックリンでの子供時代の習慣がまだ完全には抜けておらず、たとえば科学的な議論の際などには、片手をあげて、「あのさ」と言ってから話しはじめる癖があった。彼は芸術家、とりわけ画家、なかでも抽象画家を称賛していた。ポロック、ディーベンコーン、ニューマン、フランケンサーラー。古い語彙を新しい語彙に変化させる彼らの能力や、抽象的な道具箱から光、線、形といった本質的な要素を取り出してそれらにふたたび目的を持たせ、けたはずれの生命力に脈打つ大きなキャンバスを生み出していく能力に魅了されていた。

生化学者としての訓練を受けたバーグは、セントルイスのワシントン大学でアーサー・コーンバーグと一緒に研究をし、[*2]その後、スタンフォード大学に新しい生化学教室を設立するために、コーンバーグとともにやってきた。ずっとタンパク質合成について研究してきたバーグだったが、ラホヤでの研究休暇をきっかけに、新しい研究テーマについて考えはじめた。ソーク研究所は、太平洋を見下ろすメサ(テーブル状の台地)の上にあり、濃い朝霧に閉ざされることが多かった。まるで開放的な修道院のようなその研究所で、バーグはウイルス学者のレナート・ダルベッコとともに動物のウイルスの研究に取り組み、そして研究休暇のあいだずっと、遺伝子や、ウイルスや、遺伝情報の伝達について考えつづけた。

とくにバーグの興味をひいたのは、シミアン(類人猿の)ウイルス40、略してSV40と呼ばれるウイルスだった。なぜシミアンかといえば、サルとヒトの細胞に感染するからだ。概念的な意味でいえば、すべてのウイルスがプロの遺伝子の運び手だ。ウイルスは単純な構造をしており、その構造はたいていの場合、膜に包まれた一組の遺伝子にすぎない。免疫学者のピーター・メダワーはそんなウイルスを「タンパク質の膜に包まれた悪い知らせ」[*3]と呼んだ。細胞の中に入り込むと、ウイルスは殻を脱ぎ捨て、細胞を工場のように利用して自分の遺伝子をコピーし、新しい殻をつくり、最終的には何百万もの新しいウイルスが細胞から放出される。ウイルスはこのように、自分のライフサイクルを最低限の本質にまで純化している。感染し、繁殖するためだけに生き、生きるために感染し、繁殖するのだ。

そんな純化された本質の世界の基準からいっても、SV40は極端なまでに純化されている。そのゲノムはDNAの切れ端にすぎず、長さはヒトのゲノムの六〇万分の一しかない。ヒトのゲノムには二万一〇〇〇個の遺伝子があるが、SV40のゲノムにはたったの七個しかない。たいていのウイルスとはちがって、SV40は自分が感染した細胞とかなり平和的に共存できる[*4]。他のウイルスのように、感染したあとで何百万もの新しいウイルスをつくり、その結果、宿主細胞を殺してしまうのではなく、自分のＤＮＡを宿主細胞の染色体に挿入し、その後は、特定の合図によって活性化されるまで小休止状態に入る。

ＳＶ40はそのゲノムの小ささと、細胞内に効率よく導入できる点から、ヒトの細胞に遺伝子を運ぶ理想的な運び手だった。バーグはその考えにひきつけられた。ＳＶ40におとりとなる「外来」（少なくともＳＶ40にとっては外来の）遺伝子を組み込んだなら、ウイルスのゲノムがその遺伝子をヒトの細胞に運び、その細胞の遺伝情報を変えるにちがいなかった。それが達成できたなら、まったく新しい遺伝学のフロンティアを切り開く偉業になるのはまちがいなかった。だが、ヒトのゲノムを変化させることについて考える前に、バーグは技術的な難問に立ち向かわなければならなかった。すなわち、外来遺伝子をウイルスのゲノムに挿入する方法を開発しなければならなかったのだ。遺伝子の「キメラ」、つまりウイルスの遺伝子と外来遺伝子のハイブリッドを人工的につくり出す方法だ。

端が縛られていないひもに通されたビーズのように染色体上に並んでいるヒトの遺伝子とはちがって、ＳＶ40の遺伝子は環状のＤＮＡとして存在するため、そのゲノムはまるで分子のネックレスのようである。ＳＶ40が細胞に感染し、その染色体に自らの遺伝子を挿入する際には、ネックレスの留め金をはずして遺伝子をまっすぐにしてから、染色体の真ん中にそれを組み込む。バーグが外来遺伝子をＳＶ40に組み込むには、まずは留め金をむりやりはずして、開いた輪の中に外来遺伝子を挿入し、それからまた端を閉じなければならない。そうすれば残りは全部ウイルスのゲノムがしてくれるにちがいなかった。ヒトの細胞に遺伝子を運んで、ヒトの染色体に挿入するはずだ[†]。

外来遺伝子を挿入するためにウイルスのＤＮＡの留め金をはずし、ふたたび留めることについて考えていた科学者はバーグだけではなかった。一九六九年、スタンフォード大学のバーグの研究室から廊下を少し行ったところにある研究室に所属していたピーター・ロバンという名の大学院生もまた、三度目の学位試験のための論文を書いた際に、その論文の中で、べつのウイルスを用いた同様の遺伝子操作を提案していた。[*5] マサチューセッツ工科大学で学部時代を過ごしたあとでスタンフォード大学にやってきたロバンは、技術者としての訓練を受けていた。というよりも、技術者としての感覚を持っていた。ロバンは、遺伝子は金属のはりのようなものにすぎず、それゆえに入れ替えたり、変化させたり、ヒトの仕様に形を変えて利用したりすることができると主張していた。秘訣は適切な仕事をするための適切な道具を見つけることにあると考えており、指導教官のデール・カイザーと一緒に、生化学分野で使用されている標準的な酵素を使って、分子から分子へと遺伝子を移す予備実験をすでに開始していた。

実際、バーグとロバンがそれぞれ別々に思いついたように、ほんとうの秘訣はＳＶ40がウイルスだということをすっかり忘れて、ＳＶ40のゲノムを化学物質として扱うことだった。一九七一年には遺伝子はまだ「近づきがたい」ものだったが、ＤＮＡは非常に利用しやすかった。結局のところエイヴリーも、むき出し状態のＤＮＡが含まれる溶液を沸騰させたあとでも、ＤＮＡが細菌から細菌へと遺伝情報を伝えられることを確かめたではないか。[*6] コーンバーグもまた、ＤＮＡに酵素を加え、試験管で複製させたではないか。ＳＶ40のゲノムに遺伝子を挿入するためにバーグが必要としていたのは、一連の反応だけであり、それを可能にするには、ゲノムのネックレスを開く酵素と、外来のＤＮＡをＳＶ40のゲノムのネックレスに「ペーストする」酵素が必要だった。うまくいけば、ＳＶ40は、というよりもＳＶ40に含まれる情報は、切り貼りしたあとでよみがえる可能性があった。

だがＤＮＡをカット＆ペーストできる酵素はどこにあるのだろう？　遺伝学の歴史ではよくあるよ

うに、その答えは細菌の世界からやってきた。一九六〇年代以来、細菌学者たちは、試験管内でDNAを操作するための酵素を細菌から精製してきた。細菌細胞は（さらに言えば、他のどんな細胞も）、自らのDNAを操作するための「道具一式」を持っている。細胞が分裂したり、傷ついた遺伝子を修復したり、染色体間で遺伝子を交換したりするたびに、細菌は遺伝子をコピーするための酵素や、損傷によってできた隙間を埋めたりするための酵素を必要とする。

ふたつのDNA断片を「貼り合わせる」のは、こうした道具がおこなう反応のひとつだ。バーグは、最も原始的な生物ですら遺伝子を縫いつける能力を持っていることを知っていた。DNAの鎖がX線などの損傷因子によって切断されてしまうことを思い出してほしい。DNAの損傷は細胞内で日々起きており、切れた鎖を修復するために、細胞は切れた断片を貼り合わせるための特別な酵素をつくっている。そうした酵素のひとつが「リガーゼ」（「くっつける」という意味のラテン語 *ligare* に由来する）と呼ばれ、切断されたDNAの骨格同士を縫い合わせ、二重らせんをふたたび完全な状態にする。その際に、DNAを複製する酵素である「ポリメラーゼ」が隙間を埋めたり、損傷されたDNAを修復したりするために動員されることもある。

DNAを切断する酵素はめずらしい場所にあった。実質上、すべての細胞が損傷されたDNAを修復するためのリガーゼとポリメラーゼを持っているが、ほとんどの細胞には、DNAを切断するため

† 遺伝子がSV40のゲノムに組み込まれると、SV40はもはやウイルスをつくることができなくなる。DNAがあまりに長くなってしまったために、ウイルスの殻の中に収めることができなくなるからだ。にもかかわらず、外来遺伝子を組み込まれて長くなったSV40ゲノムは自分自身と、搭載した外来の遺伝子を動物の遺伝子に完璧に挿入することができる。バーグが利用したいと思ったのは、SV40のこの能力だった。

の酵素を持たなければならない理由はない。しかし食糧源が乏しく、成長するのが困難で、生存競争も激しい生態系の最も過酷な隅っこで生きる細菌は、ウイルスから身を守るためにそうしたナイフのような酵素を持っている。細菌はDNA切断酵素をまるで飛び出しナイフのように使う。侵入者であるウイルスのDNAを切り開き、侵入者から攻撃能力を奪うのだ。ウイルスによる感染を制限する働きを持つことから、こうした酵素は「制限」酵素と呼ばれる。制限酵素はDNAの特定の塩基配列を見つけ出し、分子的なハサミのように、その特定の部位で二重らせんを切断する。この特異性が鍵なのだ。DNA分子の世界では、敵の最大の弱点にねらいを定めてそこを切断すれば、敵にとって致命的になる。微生物は侵入者である微生物の情報の鎖を切断することによって、侵入者を無力化できるのだ。

バーグは、微生物の世界のこの道具、つまり酵素が、自分の実験の土台になると考えた。彼は、遺伝子を操作するために必要なそうした一連の重要な酵素が五つの研究所の冷凍庫の中にあることを知っており、あとはただそれらの研究室まで歩いていって酵素を集め、一連の反応を起こすだけでよかった。ある酵素でカットし、べつの酵素でペーストしたなら、どんなDNA断片同士もくっつくはずだった。驚くほど巧妙に、精巧に、遺伝子を操作できるようになるのだ。

今から生まれようとしている技術がどれほど大きな影響力を持つか、バーグは理解していた。遺伝子はべつの遺伝子と組み合わされて新しい組み合わせをつくり、新しい組み合わせ同士がさらに新しい組み合わせをつくる。それらは改変され、変異させられ、個体から個体へと移動させられる。カエルの遺伝子をウイルスのゲノムに挿入して、そのウイルスゲノムをヒトの細胞に導入することも、ヒトの遺伝子を細菌の細胞に移すことも可能になる。もしその技術を際限なく利用したなら、遺伝子をどこまでも変化させることができる。特定の遺伝子を消すために新しい突然変異をつくったり、遺伝そのものを修正したりすることも可能になる。遺伝の印を消したり、洗い流したり、好きなように変えたりできるのだ。バーグは次のように回想している。「（そうした遺伝的キメラをつくるための）組み換えDNA作製の手順や、操作法や、試薬に目新しいものは何もなかった。目新しかったのは、それらの特殊な組み合わせだった」[*7] 真の根本的な前進は概念のカット＆ペーストをおこなうことであり、すでに一〇年近く前から遺伝学という分野に存在していた見識や技術を混ぜ合わせたり、強固にしたりすることだったのだ。

一九七〇年の冬、バーグは自分の研究室で働くポスドクのデイヴィッド・ジャクソンと一緒に、DNAを切断してつなげる最初の実験をおこなった。[*8] バーグが「生化学者の悪夢」と書いているように、その実験はおそろしく退屈だった。DNAを精製し、酵素と混ぜ合わせ、抽出液を氷水で冷やしたカラム（化合物の精製をおこなうための充塡剤を詰めた円筒状の容器）で再精製し、個々の段階で完璧な反応が得られるまで全過程を繰り返さなければならなかった。問題は、制限酵素を効率的に活用することができず、わずかな収穫しか得られない点だった。ロバンもまた独自にハイブリッドDNAをつくろうと懸命に取り組んでいた最中だったが、それでも、ジャクソンに重要な技術的洞察を与えつづけた。ロバンはDNAの端に塩基配列を付加して留め金のような部分をつくり、留め金と留め金がまるで掛け金とその鍵のようにぴたりと合うようにする方法をすでに発見しており、その結果、ハイブリッドDNAをつくる効率を大幅に上げることに成功していた。

高い技術的なハードルにもかかわらず、バーグとジャクソンは、細菌に感染するλ（ラムダ）ファージという名のウイルスから取り出したDNA断片と、大腸菌から取り出した三つの遺伝子をSV40のゲノム全体に組み込むことに成功した。

これは平凡な達成などではなかった。λファージもＳＶ40も「ウイルス」ではあったが、両者は馬と海馬ほどちがっていたからだ（ＳＶ40は霊長類の細胞に感染するが、λファージは細菌にしか感染しない）。さらに、ヒトの腸管に生息する細菌である大腸菌もまた、それらとはまったくちがう生き物だった。それらを合体して得られたのは奇妙なキメラだった。進化の木の遠く離れた枝に位置する遺伝子同士が縫い合わされ、切れ目のない一本のＤＮＡになったのだ。

バーグはこのＤＮＡの雑種を「組み換えＤＮＡ」と名づけた。それは有性生殖の際に遺伝子が混ぜ合わされる「組み換え」という自然現象を思い起こさせる、抜け目のない名前の選択だった。自然界では、多様性を生み出すために染色体間で遺伝情報の頻繁な混ぜ合わせや組み合わせがおこなわれている。父親由来の染色体上のＤＮＡは母親由来の染色体上のＤＮＡと場所を交換し、その結果「父と母」のＤＮＡの混合物ができる。モーガンはその現象を「乗り換え」と名づけた。自然状態で個体の遺伝子を切断し、貼りつけ、修復するためのまさにその酵素を使ってつくられたバーグのＤＮＡハイブリッドは、乗り換えの原則を、有性生殖を超えて拡大した。バーグが合成したのもまたＤＮＡハイブリッドにほかならなかったが、異なる複数の個体から得られた遺伝物質が試験管の中で混ぜ合わされ、組み合わされたのだ。生殖によらない組み換え。バーグは生物学の新たな宇宙へと渡っていこうとしていた。

その冬、ジャネット・マーツという名の大学院生がバーグの研究室で実験をおこなうことに決めた。バーグが「とんでもなく頭が切れる」と評したマーツという女性は粘り強く、自分の意見を臆面もなく熱心に語るタイプで、生化学者の世界では変わり種だった。一〇年近くのあいだにスタンフォード大学の生化学教室に入った女性は、彼女をいれてふたりしかいなかった。ロバンと同じくマーツもマ

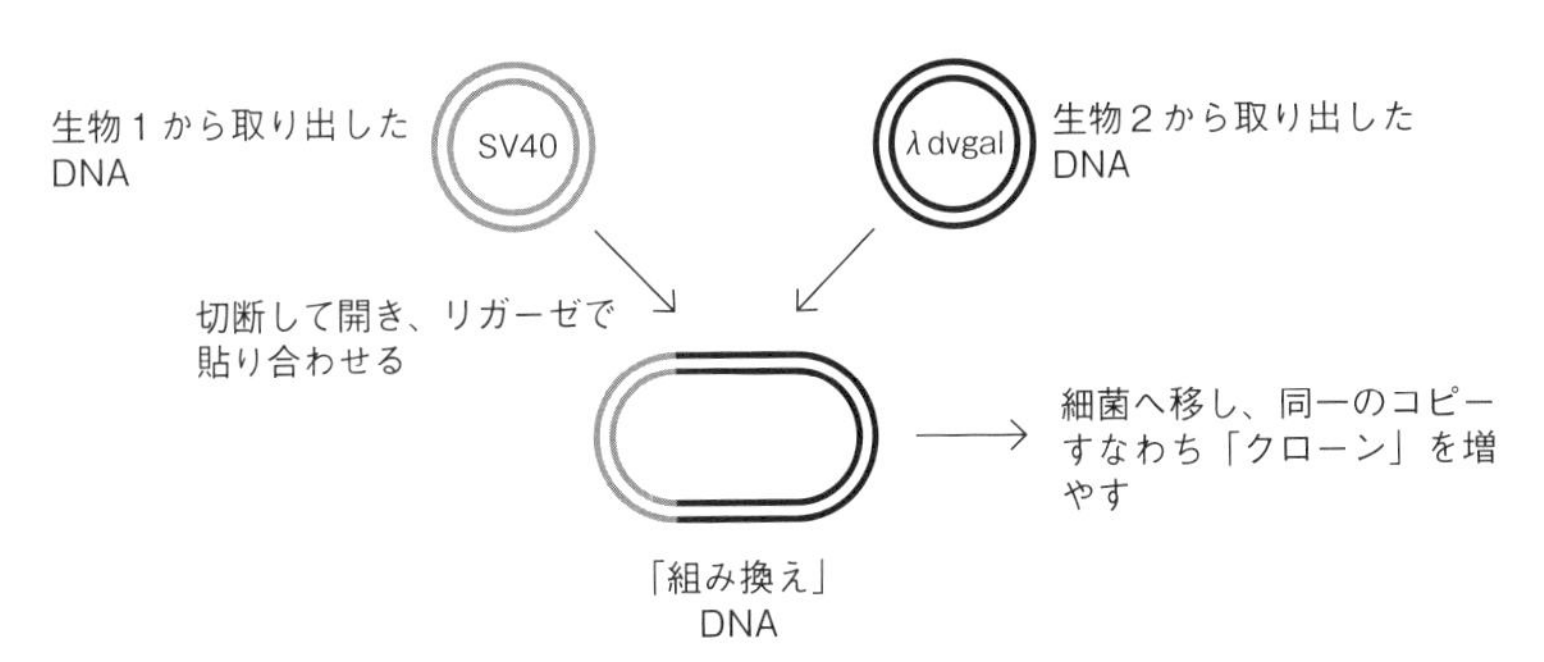

図は「組み換え」ＤＮＡについてのポール・バーグの論文中の図を一部改変したものである。さまざまな個体の遺伝子を組み合わせることによって、科学者は遺伝子を好きなように操作することができるようになる。ヒトの遺伝子治療や、ゲノム工学につながる技術である。

サチューセッツ工科大学（ＭＩＴ）出身であり、ＭＩＴ時代には工学と生物学を専攻した。彼女はジャクソンの実験に興味をひかれており、異なる個体の遺伝子からなるキメラをつくるという考えに夢中になっていた。

しかし、ジャクソンの実験の目的を逆にしてみたらどうなるだろう、と彼女は考えた。ジャクソンは細菌の遺伝物質をＳＶ40のゲノムに挿入したが、その反対に、ＳＶ40の遺伝子を大腸菌のゲノムに挿入してＤＮＡハイブリッドをつくったらどうなるだろう？　細菌の遺伝子を運ぶウイルスではなく、ウイルスの遺伝子を運ぶ細菌をつくったら？

この論理の反転（というよりもむしろ、生物の反転といったほうがいいかもしれない）がうまくいったなら、きわめて重要な技術的利点がもたらされるはずだった。多くの細菌と同様に大腸菌も、核に存在する通常の染色体以外に、プラスミドと呼ばれる小さな染色体を細胞質内に持っている。ＳＶ40のゲノムと同じくプラスミドもネックレスのような環状ＤＮＡとして存在し、細菌の細胞質の中で生き、複製する。細菌の細胞が分裂し、増殖する際には、プラスミドも複製する。マーツは、もしＳＶ40遺伝子を大腸菌のプラスミドに挿入できたなら、大腸菌を新しいＤＮＡハイブリッドの「工場」として使えることに気づいた。大腸菌が増殖、分裂するたびに、プラスミドとその中に挿入された遺伝子を何倍にも増やすことができるはずだ。変化したプラスミドとその荷物である外来遺伝子のコピーが次から次へとつくられていき、最終的にはＤＮＡ断片の正確なレプリカ、つまり「クローン」が何百万もできることになる。

一九七一年の六月、マーツは動物細胞とウイルスについてのサマーコースを履修するために、スタンフォード大学からニューヨークのコールド・スプリング・ハーバー研究所へ行った。[*9] コースの一環として、学生たちは今後やってみたい研究プロジェクトについて説明することになった。マーツに発表の番がまわってくると、彼女はＳＶ40と大腸菌の遺伝子のキメラをつくり、大腸菌細胞内でそれを増殖させる計画について話した。

サマーコースでの大学院生の発表が興奮を呼ぶことはまずない。しかしマーツのスライドが終わるころには、彼女の発表がいつもの大学院生の発表とは異質なものであることがはっきりしていた。発表が終わると部屋の中は一瞬静まり返り、それから、学生や教官からの質問の波がどっと打ち寄せてきた。そのようなＤＮＡハイブリッドをつくる危険性については考え抜いたのですか？　バーグとマーツがつくろうとしているＤＮＡハイブリッドが人間に解き放たれたりしたらどうするつもりですか？　まったく新しい遺伝因子をつくることの倫理面については考えたんですか？

セッションが終わるとすぐに、サマーコースの教官であるウイルス学者のロバート・ポラックはバーグに電話をかけた。ポラックは「細菌とヒトが共通の祖先から分かれて以来ずっと、両者のあいだに存在してきた進化の障壁に橋を架けること」に潜む危険性はあまりに大きいため、実験を気軽に続行してはならないと主張した。

SV40はハムスターで腫瘍をつくることが知られており、さらに、大腸菌はヒトの腸管に生息することが知られていたために、その問題はとりわけ厄介だった（現在では、SV40はヒトでは腫瘍をつくらないという証拠が集まっているが、一九七〇年代にはまだその危険性は未知数だった）。バーグとマーツが遺伝的な大惨事という最悪の事態を招いてしまったらどうなるだろう？　ヒトの腸管に生息する細菌がヒトのがんをつくる遺伝子を運ぶなどという事態になってしまったら？　「原子の分裂を止めることはできる。月に行くのをやめることもできる。エアロゾルの使用をやめることもできる……だが、いったんできてしまった新しい形の命を回収することはできない[*10]」と生化学者のエルウィン・シャルガフは書いている。「（新しいDNAハイブリッド）はひとりの人間よりも、その人の子供よりも、そのまた子供よりも長生きする……プロメテウス（天界の火を盗んで人間に与えたとされるギリシャ神話の男神）とヘロストラトス（有名になりたいがために高名な神殿に放火した古代ギリシャの若者）を組み合わせたら、邪悪な結果がもたらされるのは目に見えている」

バーグは何週間ものあいだ、ポラックとシャルガフの懸念について考えつづけた。「最初はばかげていると思った。なんの危険性もないと思ったからだ[*11]」実験は封じ込め設備の整った施設で、殺菌された道具を使っておこなわれる予定だった。SV40がヒトのがんに直接関係したことはそれまでなかった。実際、多くのウイルス学者がSV40に感染していたが、がんを発症した者はひとりもいなかったのだ。SV40についての世間のヒステリーがいつまでも続くのにいら立ったダルベッコは、ヒトのがんとは無関係だということを証明するために、SV40を飲んでみようかと提案したほどだった[*12]。

だが潜在的な危険性を前に、バーグは無頓着ではいられなかった。数人の腫瘍生物学者と微生物学者に手紙を書いて、危険性についての個人的な意見を求めた。ダルベッコはSV40に関しては一歩も譲らなかった。だが、未知の危険性を実際に予測できる科学者などいるだろうか？　バーグは結局、バイオハザード（生物災害）が起きる可能性はきわめて小さいが、ゼロではないと結論づけた。「実のところ、危険性はほとんどないということはわかっていた」[13]とバーグは言っている。「だが、まったくないという確信はなかったんだ……予測した実験結果がまちがっていたことが、それまでにも何度もあったことに気づいたんだと思う。で、もしこの危険性についての自分の考えがまちがっていたら、その結果を受け入れることなんてできないと思ったんだ」危険性の正確な性質がはっきりし、危険の封じ込め計画ができるまで、バーグは実験の一時停止を自らに課した。当面は、SV40ゲノムの断片を含むDNAハイブリッドは試験管内に留まることになり、生物に導入されることはなくなった。

その間にも、マーツは新しい重要な発見をしていた。バーグとジャクソンが最初に考案したDNAのカット＆ペーストは、六段階もの退屈な酵素反応を必要としたが、マーツは効率的な近道を思いついた。サンフランシスコの微生物学者ハーブ・ボイヤーから入手したEcoRI（エコアールワン）という名のDNAを切断する酵素を使えば、DNAのカット＆ペーストが六段階ではなく、たったの二段階で完了することを発見したのだ†。「彼女はハイブリッドをつくる過程をものすごく効率のいいものにした」[14]とバーグは回想している。「今ではたった数回の化学反応だけで、新しいDNAをつくることができるようになった……彼女はDNAを切断し、混ぜ、端と端を結合させる酵素を加え、ふたつの出発物質の性質を併せ持つ産物が得られたことを示した」。マーツはこうして、「組み換えDNA」をつくった。しかしバーグの研究室が実験の一時停止を自らに課していたために、そのDNAハイブリッドを生きた細菌へと移すことはできなかった。

一九七二年の一一月、バーグがウイルスと細菌のハイブリッドの危険性について考察しているあいだに、マーツにDNAを切断する酵素を提供したサンフランシスコの科学者、ハーブ・ボイヤーは微生物学会に参加するためにハワイを訪れた。一九三六年にペンシルヴェニア州の炭坑の町で生まれたボイヤーは、高校生のときに生物学に目覚め、ワトソンとクリックのようになりたいとずっと思ってきた（二匹のシャム猫に彼らの名前をつけたほどだ）。六〇年代初めにメディカル・スクールに出願したものの不合格になり、形而上学でDという悲惨な成績をとったことが頭から離れなくなった。彼は結局、大学院で微生物学の研究をすることにした。

ボイヤーは一九六六年の夏に、カリフォルニア大学サンフランシスコ校（UCSF）の准教授としてサンフランシスコにやってきた。[*15] アフロヘアで、トレードマークの革のベストにカットオフジーンズという恰好だった。彼は主に、バーグの研究室に送ったような新しいDNA切断酵素の単離に取り組んでおり、マーツから、DNAを切断する反応についての報告や、ハイブリッドDNAをつくり出す過程をシンプルにすることができたという報告を受けていた。

ハワイでの学会は細菌の遺伝子に関するものだった。学会を沸かせたのは、新たに見つかったばかりの大腸菌のプラスミドの話題だった。それは小さな環状の染色体で、大腸菌の中で複製し、ある菌株からべつの菌株へと移すこともできた。午前中の発表がようやく終わると、ボイヤーは浜辺へ行き、一杯のラムとココナッツのカクテルをゆっくり飲みながら午後を過ごした。

その日の午後遅く、ボイヤーはスタンフォード大学の教授であるスタンリー・コーエンにばったり出くわした。[*16] コーエンのことは彼の論文を通じて知っていたが、実際に会うのはそれが初めてだった。

† マーツがロン・デイヴィスとともに発見したその事実には、EcoRIなどの酵素が持つ幸運な性質が関係していた。細菌のプラスミドとSV40のゲノムをEcoRIで切断したなら、端がまるでマジックテープのように自然に「くっつきやすく」なることにマーツは気づいた。そのおかげで、端同士をくっつけてDNAハイブリッドをつくるのがより簡単になったのだ。

白髪交じりの顎ひげをきれいに切りそろえ、まるい黒縁の眼鏡をかけ、慎重に言葉を選んで話すコーエンは「タルムード（ユダヤ教の伝承を記した書）の学者のような外見だった」とある科学者は回想している。彼は実際に、微生物遺伝学についてタルムード並みの膨大な知識を持っていた。コーエンはプラスミドの研究をしており、フレデリック・グリフィスの「形質転換」反応の手技、つまりDNAを細菌に挿入する技術も習得していた。

夕食は終わっていたが、コーエンとボイヤーはまだ空腹だった。ふたりは、知り合いの微生物学者であるスタンリー・フォーコウと一緒にホテルを出て、ワイキキ・ビーチのそばの商業地へと歩いていった。闇に包まれた静かな通りを歩いていくと、ありがたいことに、火山の影がつくる闇の中から、明るく点滅するネオン看板のついたニューヨークスタイルのデリが現れた。三人は店の中に入り、空いているボックス席を見つけた。ウェイターはキシュケ（ユダヤ風の腸詰め）とクニッシュ（小麦粉の生地でジャガイモと炒めたタマネギなどを包んだ東ヨーロッパ系ユダヤ人の伝統的な軽食）を区別できなかったものの、メニューにはコンビーフとチョップレバーが載っていた。ボイヤーとコーエンとフォーコウの三人はパストラミ・サンドイッチを食べながら、プラスミドや、キメラ遺伝子や、細菌遺伝学について語り合った。

ボイヤーもコーエンも、バーグとマーツがハイブリッドDNAをつくることに成功したことを知っていた。いつしか話題はコーエンの仕事へと移っていた。コーエンは大腸菌からプラスミドをいくつか分離しており、その中には、確実に精製できるうえにある菌株からべつの菌株へと簡単に移すことのできるプラスミドも含まれていた。さらに、こうしたプラスミドの中には、抗生物質（たとえば、テトラサイクリンやペニシリン）に対する耐性を授ける遺伝子を持っているものもあった。

もしコーエンが抗生物質耐性遺伝子をプラスミドから取り出して、べつのプラスミドに移したらどうなるだろう？　それまで抗生物質で殺されていた細菌のうち、プラスミドに耐性遺伝子を挿入された細菌だけが選択的に生き延び、成長し、増殖するようになるのだろうか？
闇に包まれた島のネオンサインのように、その考えは闇の中からいきなり現れた。バーグとジャクソンの最初の実験では、「外来」遺伝子が組み込まれた細菌やウイルスを見分ける方法がなかった（ハイブリッド・プラスミドを生化学的なスープから精製するには、大きさを頼りにする以外になかった。A＋Bは、AやBよりも大きいという点を利用するしかなかったのだ）。一方、抗生物質耐性遺伝子を持つコーエンのプラスミドは、組み換えDNAを見分ける強力な方法を提供していた。進化を実験に利用するのだ。つまり、抗生物質を添加したシャーレの上で起きる自然選択によって、ハイブリッド・プラスミドだけが生き残ることになる。ある細菌からべつの細菌へ抗生物質耐性が移ったということはすなわち、ハイブリッドDNA、つまり組み換えDNAがつくられたことを意味していた。

　だがバーグとジャクソンに立ちはだかった技術的なハードルについてはどうすればいいだろう？もしハイブリッドDNAが一〇〇万回に一回しかできないとしたら、どれだけ巧みで強力な方法でも、自然選択による方法は役に立たない。そもそも選択されるハイブリッド自体が存在しないからだ。ボイヤーはほんの思いつきで、DNA切断酵素についてや、ハイブリッドDNAをより効率的につくるためのマーツの方法について説明した。沈黙ができ、その間、コーエンとボイヤーは考えをめぐらせていた。ボイヤーはハイブリッドDNAを効率的につくり出すことのできる酵素を単離しており、コーエンは抗生物質耐性の有無によって見分けることができるうえに、細菌の中に簡単に導入することのできるプラスミドを単離していた。「その考えは」とフォーコウは回想している。「あまりに明白であり、気づかずにはいられなかった」

　コーエンは明瞭な声で、ゆっくりと言った。「それはつまり――」

ボイヤーが遮った。「そのとおりだ……きっと、可能だよ……」

「人生ではよくあることだが、ときに科学でも、文や考えを最後まで言う必要がないことがある」とフォーコウはのちに書いている。実験はきわめて簡単だった。標準的な試薬を使って、午後いっぱい費やせば終わってしまうほど単純なものだった。「ＥｃｏＲＩで切断したプラスミドＤＮＡ分子を混ぜ合わせて、それらを再結合させれば、組み換えプラスミド分子がいくつかできる。抗生物質耐性を目印にして、外来遺伝子を獲得した（組み換えプラスミド分子を持つ）細菌を選択すれば、おのずとハイブリッドＤＮＡが選択されることになる。そのような細菌を無数に増やすことによって、ハイブリッドＤＮＡを無数に増やすことができる。つまり、組み換えＤＮＡのクローンをつくることができるのだ」

その実験は革新的で効率的なだけではなく、安全性も高い可能性があった。ウイルスと細菌のハイブリッドをつくるバーグとマーツの実験とはちがって、コーエンとボイヤーのつくるキメラは、細菌の遺伝子しか持たず、危険性はずっと低いと考えられた。そのようなプラスミドの作製を思いとどまらなければならない理由は何ひとつ見つからなかった。細菌というのは結局のところ、遺伝物質をゴシップのように、なんの考えもなしにやりとりすることができるのだ。遺伝子の自由なやりとりは、微生物界の特徴だった。

一九七三年の冬から初春にかけて、ボイヤーとコーエンは自分たちのハイブリッドＤＮＡづくりに熱心に取り組んだ。ボイヤーの研究室のアシスタントの運転するフォルクスワーゲン・ビートルに乗せられて、プラスミドと酵素がＵＣＳＦとスタンフォード大学を結ぶ国道一〇一号線を行ったり来たりした。その年の夏の終わりには、ボイヤーとコーエンはハイブリッドＤＮＡの作製に見事成功していた。ふたつの細菌から取り出したそれぞれの遺伝物質をつないで、ひとつのキメラをつくったのだ。ボイヤーは初めてキメラができた瞬間をはっきりと覚えていた。「最初のゲルを見たとたん、目に涙があふれた。最高だったよ」ふたつの個体の遺伝的なアイデンティティが混ぜ合わされて、新しいひとつのアイデンティティができたのだ。それは、ボイヤーが形而上学にかぎりなく近づいた瞬間だった。

一九七三年二月、ボイヤーとコーエンは人工的につくった最初のハイブリッドDNAを生きた細胞に移す準備をした。まずはふたつのプラスミドを制限酵素で切断し、それぞれの遺伝物質を交換した。リガーゼでプラスミドのネックレスを閉じ、できあがった組み換えプラスミドを形質転換反応を応用した方法で細菌に導入した。ハイブリッドDNAを獲得した細菌は、シャーレ上で増殖して小さな透明のコロニーを形成し、寒天ゲルの上で真珠のような光沢を放っていた。

ある日の夜遅く、コーエンは無菌の細胞培養液の入ったビーカーにハイブリッドDNAを持つ細菌のコロニーをひとつ植菌した。一晩のうちに、細胞は振動するビーカーの中で増殖していった。一〇〇、一〇〇〇、やがては一〇〇万個のハイブリッドDNAのコピーができていき、そのどれもが、ふたつのまったく異なる個体の遺伝物質を持っていた。新世界の誕生を告げたのは、一晩じゅう揺れつづける培養器のブン、ブン、ブンという単調な音だけだった。

新しい音楽

どの世代も新しい音楽を必要としている。*[1]

——フランシス・クリック

人々は今ではあらゆるものから音楽をつくっていた。*[2]

——リチャード・パワーズ『オルフェオ』

バーグとボイヤーとコーエンがスタンフォード大学とカリフォルニア大学サンフランシスコ校（ＵＣＳＦ）で遺伝子断片を試験管内で混ぜ合わせたり、組み合わせたりしているあいだ、イギリスのケンブリッジ大学の研究室では、それと同じくらい画期的な大発見がもたらされようとしていた。この発見の性質を理解するためには、われわれは遺伝子の形式言語に戻らなければならない。どの言語もそうだが、遺伝学も基本的な構成要素、すなわちアルファベット、語彙、構文、文法でできている。遺伝子の「アルファベット」は四つしかない。ＤＮＡの四つの塩基であるＡ（アデニン）、Ｃ（シトシン）、Ｇ（グアニン）、Ｔ（チミン）だ。「語彙」は三つ組みの暗号でできている。ＤＮＡの塩基三つがタンパク質のアミノ酸ひとつを指定する暗号になっており、たとえばＡＣＴはスレオニンを、ＣＡＴはヒスチジンを、ＧＧＴはグリシンを指定する。タンパク質は遺伝子にコードされた「文」であり、その文には鎖状につながったアルファベットが使われている（ACT-CAT-GCTはスレオニン-ヒスチジン-グリシンを意味している）。モノーとジャコブが発見した遺伝子調節が、これらの語彙や文に文脈を与え、意味を生み出している。遺伝子に付加されている調節のための塩基配列（特定のタイミングで、特定の細胞の遺伝子をオンにしたりオフにしたりするシグナル）はゲノムの文法にたとえることができる。

しかし遺伝学のアルファベットと文法と構文は細胞内だけに存在しており、人間はその言語のネイティブ・スピーカーではないため、生物学者が遺伝子の言語を読んだり書いたりできるようになるためには、新しい道具を発明しなければならなかった。「書く」ということは、単語を特定の配列で混ぜ合わせたり、組み合わせたりして新しい意味をつくり出すことであり、バーグとコーエンとボイヤーはスタンフォード大学で、遺伝子クローニングを用いて遺伝子を書きはじめた。すなわち自然界にこれまで存在したことのないDNA（細菌の遺伝子とウイルスの遺伝子を組み合わせてつくったまったく新しい遺伝要素）の単語や文をつくりはじめたのだ。しかし遺伝子を「読むこと」、つまりDNAの正確な塩基配列を解読することは依然として、きわめて高い技術的なハードルだった。

細胞がDNAを読むことができるのは、ある特徴を持っているからなのだが、皮肉にも、その特徴のせいで、人間、とりわけ化学者はDNAを読むことができない。シュレーディンガーが予測したように、DNAは化学者に挑むような構造を持つ化学物質であり、矛盾する性質を巧妙に組み合わせた分子である。単調であると同時に、無限の多様性を持ち、極端なまでに反復的であると同時に、極端なまでに特異的なのだ。化学者というのは一般的に、分子をより小さな部分に分解してから組み立てる。パズルのピースのように、いったんばらばらにし、それから構成要素を集めて組み立てていくのだ。だがDNAを分解したなら、意味をなさない四つの塩基（A、C、G、T）になるだけだ。一冊の本の単語をすべてアルファベットに分解したところで、その本を読むことはできない。単語の場合と同様にＤＮＡも、意味を持つのは塩基の配列である。ＤＮＡをその構成要素である塩基に分解しても、四つのアルファベットからなる原子の海になるだけだ。

ではどうすれば化学者は遺伝子の塩基配列を読むことができるのだろう？ イギリスのケンブリッジ大学では、生化学者のフレデリック・サンガーが一九六〇年代からずっと、湿地のそばにある半地下の小屋のような研究室で、遺伝子の塩基配列を解読しようと悪戦苦闘していた。サンガーは複雑な生体分子の化学構造に取り憑かれていた。一九五〇年代初頭、サンガーは少し変わった分解の方法を用いて、タンパク質（インスリン）のアミノ酸配列を解明した。[*3] インスリンは一九二一年に、トロントの外科医フレデリック・バンティングと彼の助手であるメディカル・スクールの学生チャールズ・ベストによって、何キロものすりつぶした犬の膵臓から初めて抽出された。[*4] それは、タンパク質抽出技術のもたらしたすばらしい偉業だった。抽出されたインスリンを糖尿病の子供に注射したところ、著しい高血糖による、消耗性で致死的な病気がたちまちよくなったのだ。一九二〇年代末までには、製薬会社のイーライリリーがウシやブタの膵臓からインスリンを大量生産していた。

インスリンの分子的な構造を解明しようとする数度の試みにもかかわらず、インスリンの構造はいつまでたっても不明のままだった。サンガーは化学者らしい厳密さをもってその問題にあたった。化学者ならば誰でも知っているように、答えはつねに、分解によって得られることを彼は知っていた。タンパク質はアミノ酸が鎖状に連結したものである。メチオニン‐ヒスチジン‐アルギニン‐リジン‐グリシン‐ヒスチジン‐アルギニン‐リジン……というように。サンガーは、タンパク質のアミノ酸の配列を決定するには、一連の分解反応をおこなわなければならないと気づいた。鎖の端からアミノ酸をひとつはずして溶剤に溶かし、そのアミノ酸を特定する（この場合はメチオニン）。さらにそのプロセスを繰り返し、次のアミノ酸（ヒスチジン）をはずす。この分解と特定がタンパク質の端に到達するまで何度も繰り返される（アルギニンをはずす……リジンをはずす……）。それはネックレスのビーズをひとつひとつはずしていく作業に似ており、細胞がタンパク質を組み立てていくサイクルを逆にしたものだった。サンガーはこのようにしてインスリンをひとつひとつ分解していくことによって、鎖の構造を解明し、一九五八年、この画期的な発見によってノーベル医学・生理学賞を受賞した。*[5]

一九五五年から六二年にかけて、サンガーはこの分解法をアレンジしたさまざまな方法を使って、いくつかの重要なタンパク質のアミノ酸配列を決定したが、DNAの塩基配列の決定という問題にはほとんど手をつけなかった。ここ数年は「なんの成果もない日々」*[6]が続いていた、と彼は書いており、自らの名声の風下の影に隠れながら暮らしていた。ごくまれに論文を発表することもあり、その中には、タンパク質のアミノ酸配列に関するきわめて詳細な論文など、他の研究者から重要な論文であると評されたものもあったが、サンガー自身はそれらを大した成功とはみなしていなかった。一九六二年の夏、サンガーはケンブリッジの医学研究評議会（MRC）ビルの研究室に移った。*[7]新たに彼の隣人となった研究者の中にはクリック、ペルツ、シドニー・ブレナーがおり、誰もがDNAのカルトにどっぷり浸かっていた。

研究室を移ったことをきっかけに、サンガーの研究の焦点も移った。科学者の中には、クリックやウィルキンズのようにDNAの研究者になるべくしてなった者もいれば、ワトソンやフランクリンやブレナーのように、努力の末にDNAにたどり着いた者もいた。だがフレッド・サンガーの場合は、DNAを押しつけられたようなものだった。

一九六〇年代半ば、サンガーは研究の焦点をタンパク質から核酸に切り替え、DNAの解読について真剣に考えはじめた。だがインスリンでうまくいった方法（分解し、溶解し、分解し、溶解する）はDNAには通用しなかった。タンパク質の場合はその化学構造のおかげで、アミノ酸を鎖から次々とはずすことができたが、DNAの塩基をはずす道具は存在しなかった。サンガーはタンパク質で用いた分解の方法に手を加えてみたが、実験は散々な結果に終わった。DNAを分解して溶解させると、そこに書かれていた遺伝情報は単なる無意味な言葉にすぎなくなってしまったのだ。

一九七一年の冬、サンガーはふいにひらめいた。発想を逆転したのだ。彼はそれまで数十年かけて、分子を分解することによって配列を解読する方法を見いだしてきた。だが彼自身のその戦略をひっくり返して、DNAをばらばらにするのではなく、組み立ててみたらどうだろう？　遺伝子の塩基配列を解き明かすためには、遺伝子と同じように考えなければならないとサンガーは思った。細胞はつねに遺伝子を組み立てている。細胞が分裂するたびに、すべての遺伝子のコピーをつくっている。もし生化学者が遺伝子をコピーするための酵素（DNAポリメラーゼ）に自分自身を縛りつけ、酵素がDNAのコピーをつくるあいだ酵素の背中にまたがって、酵素が塩基をひとつずつ付加していく（A、C、T、G、C、C、C……といったように）様子をじっと観察したなら、遺伝子の塩基配列を知ることができる。それはまるでコピーマシーンを傍観しているようなものであり、この方法なら、コピーから現物を再構築することができる。今度もまた、鏡像が現物を明らかにするはずだった。ドリアン・グレイがその鏡像から少しずつ再現されていくのだ。

一九七一年、サンガーはDNAポリメラーゼの複製反応を利用したDNA解読法の開発に乗り出した（ハーバード大学のウォルター・ギルバートとアラン・マクサムもまた、異なる試薬を使ったDN

A解読法の開発に取り組んでいた。彼らの手法もうまくいったが、ほどなく、サンガーのやり方のほうが主流となった）。サンガーの方法は最初、非効率的なうえに不可解なミスを起こしやすかった。ひとつには、複製反応があまりに速すぎたからだ。ポリメラーゼはDNAの鎖に沿って猛スピードで塩基を付加していくため、サンガーはその中間段階をとらえることができなかったのだ。一九七五年、サンガーはその方法に巧妙な改良を加えた。化学的に変化させた塩基を複製反応に混ぜたのだ。それらの塩基はA、C、G、Tをごくわずかに変化させたもので、DNAポリメラーゼには依然として認識されるものの、ポリメラーゼの複製能力を妨げる。複製が失速すると、サンガーは失速した場所をもとに、それぞれの塩基の場所を決定していった。Aはここで、Tはここで、Gはあそこで……というように、何千もの塩基の塩基のDNA上の位置を決めていったのだ。

一九七七年二月二四日、サンガーはこの手法を用いて解明したΦ（ファイ）X174という名のウイルスの全塩基配列を《ネイチャー》に発表した。[*8] 全部で五三八六の塩基対しか持たないΦX174は極小のウイルスであり、ゲノム全体をとってみても、ヒトの最も小さな遺伝子よりも小さい。だがサンガーの論文は科学の大変革を象徴していた。「その塩基配列は、既知の九つの遺伝子が指定するタンパク質をつくるための特徴の多くを持っている[*9]」と彼は書いている。サンガーはついに、遺伝子の言語を読めるようになったのだ。

遺伝子の解読とクローニングという遺伝学の新しい手法によって、それまで知られていなかった遺伝子とゲノムの性質がまたたくまに明らかになった。最も驚異的だったのは最初の発見であり、それは動物の遺伝子と、動物に感染するウイルスの遺伝子の独特の性質に関するものだった。一九七七年、独自に研究していたふたりの科学者、リチャード・ロバーツとフィリップ・シャープが、動物のタンパク質をコードする遺伝子のほとんどは長く連続する鎖ではなく、途中で分断されていることを発見した。[*10] 細菌では、すべての遺伝子は途切れることのない連続的なＤＮＡであり、開始を表す三つ組みの暗号（ＡＴＧ）から始まって、「停止」の合図となる塩基配列まで続く。細菌の遺伝子は分断されてはおらず、スペーサーがあいだに挟まれてはいないのだ。しかし動物や、動物に感染するウイルスでは、遺伝子は長い詰め物のようなＤＮＡによって途中で分断されていることをロバーツとシャープは発見した。

比喩として、*structure*（構造）という単語について考えてみよう。細菌では、その遺伝子はまったく同じ形、つまり *structure* という形でゲノムに埋め込まれている。途切れもなければ、詰め物も挿入物もなく、中断もない。一方、ヒトのゲノムでは、単語のあいだにＤＮＡの配列が挟まっており、それによって *s … tru … ct … ur … e* のように分断されている。

省略部分（…）で表した長いＤＮＡには、タンパク質を指定する情報は含まれていない。遺伝子をもとにしてメッセージがつくられるとき、つまりＤＮＡの塩基配列をもとにしてＲＮＡがつくられるとき、こうした詰め物の部分は取り除かれ、そのあとでＲＮＡがつなぎ合わされる。*s … tru … ct … ur … e* が *structure* になるのだ。ロバーツとシャープはのちに、この要らない部分を切り取る作業を「遺伝子スプライシング」、あるいは「ＲＮＡスプライシング」と名づけた（要らない詰め物の部分を削除したあとで、ＲＮＡのメッセージが「接合（スプライス）」されることから）。

最初、遺伝子が分断されているのは不可解だと思われた。動物のゲノムはなぜ遺伝子を細かく分けるためにこれほど長いＤＮＡを使っているのだろう？　結局は、分断された遺伝子をつなぎ合わせてメッセージをつくるというのに。だが、そこにはしかるべき論理があることがすぐに明らかになった。遺伝子を基本単位に分割することによって、細胞は一個の遺伝子から途方もなく膨大なメッセージの組み合わせをつくることができるのだ。*stru* … *ct* … *ur* … *e* という単語は、スプライシングされて *cure*（治癒）にも、*true*（真実）にもなり、そのようにして、一個の遺伝子から膨大な数の異なるメッセージ（アイソフォームと呼ばれる）がつくられる。*g* … *e* … *n* … *om* … *e*（ゲノム）をもとに、スプライシングによって *gene*（遺伝子）や、*gnome*（ノーム）や、*om*（オーム）がつくられる。遺伝子が分割されていることは、進化でも有利に働く。異なる遺伝子のそれぞれの部分が混ぜ合わされたり、組み合わされたりして、まったく新しい遺伝子 *c* … *om* … *e* … *t*（彗星）がつくられるからだ。ハーバード大学の遺伝学者ウォルター・ギルバートはタンパク質をコードしているそうした部分を「エクソン」と新たに名づけた。エクソンとエクソンのあいだに挟まれる詰め物は「イントロン」と名づけられた。

イントロンはヒトの遺伝子の不要な部分ではなく、規則だ。ヒトのイントロンはしばしばとても長く、数十万の塩基からなる場合もある。さらに、遺伝子と遺伝子のあいだにも「遺伝子間DNA」と呼ばれる長いDNA配列が存在している。遺伝子間DNA（遺伝子と遺伝子のあいだのスペーサー）とイントロン（遺伝子内部の詰め物）には、遺伝子を文脈に沿うように調節する塩基配列が含まれていると考えられている。先ほどの比喩に戻ると、これらの領域は、句読点がときおり挟まれた長い省略部分のようなものである。

This ……… *is* ……… *the* …… (…) … *s* … *truc* … *ture* ……… *of* ……… *your* ……
…… *gen* … *om* … *e*;

「これ……が………ヒト……の……ゲ…ノ…ム……（…）……の……構…造…………です、」

単語は遺伝子を表している。単語と単語のあいだの省略部分は遺伝子間ＤＮＡを表し、単語内の省略部分（たとえば「ゲ…ノ…ム」の「…」の部分）がイントロンである。括弧や句読点は、遺伝子を調節するＤＮＡ領域だ。

遺伝子の解読とクローニングというふたつの方法はまた、遺伝学の実験を失速から救った。一九六〇年代末、遺伝学は行き詰まっていた。実験科学というのはすべて、ある系を意図的に撹乱し、その撹乱の効果を測定する能力に大きく依存している。しかし遺伝子を変化させる唯一の方法は、変異体をつくることであり（それは本質的に、ランダムな過程だった）、変化を読む唯一の方法は、形や機能の変化を観察することだった。マラーのようにショウジョウバエにＸ線を浴びせ、眼や翅のないショウジョウバエをつくることはできても、眼や翅の遺伝子を意図的に操作することもできなければ、眼や翅がどのようにして変化したのかを正確に理解することもできなかった。ある遺伝学者が言ったように、「遺伝子とは近づきがたいもの」だったのだ。

遺伝子の近づきがたさにとりわけいら立っていたのは、「新しい生物学」の救世主たち、とくにジェームズ・ワトソンだった。ＤＮＡの構造を発見してから二年後の一九五五年、ワトソンはハーバード大学の生物学部に移り、そしてすぐに、最も尊敬されている生物学の教授たちを怒らせた。ワトソンの目には、生物学は真っぷたつに分断されているように映った。片側には、いまだに動物の分類や、生物の解剖と生理機能の定性的な記述にばかり気を取られている博物学者や、分類学者や、解剖学者や、生態学者などの保守派がいた。もう一方の側には、分子や遺伝子を研究する「新しい」生物学者がいた。古い学派は相違点や多様性について話し、新しい学派は普遍的な暗号や、共通のメカニズムや、「セントラルドグマ」について話していた[†]。

「どの世代も新しい音楽を必要としている」とクリックは言ったが、ワトソンは正直なところ、古い音楽を軽蔑していた。ワトソンに言わせれば、概して「記述的な」分野である博物学は、活気あふれる力強い実験科学（彼自身がその誕生に手を貸した科学）に取って代わられるはずだった。恐竜（ダイナソー）を研究している時代遅れ（ダイナソー）の面々はほどなく、自然に絶滅するはずだ。生物標本の収集と分類ばかりに没頭している古い生物学者をワトソンは「切手収集家」と軽蔑的に呼んだ。‡

だがそんなワトソンすら、遺伝子操作をおこなったり、遺伝子変化の正確な性質を読み取ったりできないことが新しい生物学に欲求不満をもたらしていることを認めざるをえなかった。もし遺伝子が解読され、遺伝子の操作が可能になったなら、広大な実験的景色がいきなり開けることになる。それまでは、生物学者は手に入る唯一の道具を使って、すなわち単純な生物にランダムな変異を起こすことによって、遺伝子の機能を探りつづけるしかなかった。ワトソンにとって屈辱的なことに、自分たちも博物学者から非難を投げかけられる可能性があった。古い生物学者が「切手収集家」なら、新しい分子生物学者は「突然変異体のハンター」ではないかと。

一九七〇年から八〇年にかけて、突然変異体のハンターは遺伝子の操作者や、遺伝子の解読者へと

---

† 注目すべきは、ダーウィンとメンデルがどちらも、古い生物学と新しい生物学のあいだの隔たりに橋を架けたという点だ。ダーウィンは最初、自然史学者、つまり化石収集家のようなものだったが、その後、自然史の裏にあるメカニズムを追い求めることによって、その分野を変えた。メンデルもまた、初めは植物学者および博物学者だったが、遺伝と多様性の背後にあるメカニズムを追い求めることによって、その分野を大きく変えた。ダーウィンもメンデルも自然界を観察し、その機構の裏にある深い原因を探究したのだ。

‡ ワトソンはこの印象的なフレーズを物理学者のアーネスト・ラザフォードから拝借した。彼らしいぶっきらぼうな物言いで、ラザフォードはこう言い放ったのだ。「科学というのは物理学か切手収集のどちらかだ」

変化していた。考えてみてほしい。もし一九六九年に、ある病気の関連遺伝子がヒトで見つかったとしても、科学者たちはその突然変異の性質を理解する簡単な方法を持ち合わせてはいなかった。変化した遺伝子と正常の遺伝子とを比較するためのメカニズムも知らず、その突然変異を異なる個体で再現してその機能を調べるための明確な方法も持ち合わせてはいなかった。だが一九七九年までには、その同じ遺伝子を細菌に移すことができるようになっており、ウイルスベクター（ウイルスの構造を利用して作製した組み換え実験用のベクター）にその遺伝子を組み込み、哺乳類の細胞のゲノムに入れ、クローニングし、塩基配列を解読し、正常の遺伝子と比較できるようになっていた。

一九八〇年一二月、遺伝子技術にこうした画期的な進歩をもたらしたとして、遺伝子の読み手と書き手であるフレデリック・サンガーとウォルター・ギルバートとポール・バーグの三人にノーベル化学賞が共同で授与された。ある科学雑誌の記者が書いているように「（遺伝子の）化学的操作の兵器庫[*11]」には今では武器が十分にそろっていた。生物学者のピーター・メダワーは次のように記している。「遺伝子工学というのは、ＤＮＡ操作による意図的な遺伝子改変や、遺伝子情報を運ぶベクターの作製などを意味している。原理上可能なことならどんなことでもいずれ実現するというのは、テクノロジーにまつわる揺るぎない真実ではないだろうか……？　月面着陸はどうだろう？　まちがいなく実現できる。天然痘の撲滅は？　喜んで実現させよう。ヒトのゲノムの欠陥を修正することは？　実現できないことはないが、他のどの挑戦よりもむずかしく、時間もかかるはずだ。われわれはまだ目的地にたどり着いてはいないが、正しい方向に進んでいるのは確かだ[*12]」

遺伝子を操作し、クローニングし、解読する技術というのは最初、細胞や、ウイルスや、哺乳類の細胞へと（バーグや、ボイヤーや、コーエン流に）遺伝子を移動させるために考案されたのだが、そうした技術の衝撃はやがて、生物学全体に広がった。遺伝子クローニングや分子クローニングという用語は最初、細菌やウイルスでDNAのコピー（つまり、「クローン」）をつくることを指す言葉としてつくられたのだが、やがてその用語は、生物から遺伝子を抽出し、その遺伝子を試験管内で操作してハイブリッド遺伝子をつくり、そのハイブリッド遺伝子を生きた個体に組み込んで増やす技術全体を指すようになった（結局のところ、そうした技術すべてを組み合わせて使うことで初めて、遺伝子のクローンをつくることができるのだ）。バーグは書いている。「遺伝子を実験的に操作できるようになれば、個体を実験的に操作できるようになる。遺伝子の操作と解読のための道具を混ぜ合わせたり、組み合わせたりすることで、科学者はかつては想像もできなかったような大胆な実験をおこなえるようになり、それによって遺伝学だけでなく、生物学全体を深く探究することができるようになるだろう[*13]」

たとえば、免疫学者が免疫学の根本的な謎を解き明かそうと努力しているとする。体内に侵入してきた異物である細胞をT細胞が認識して殺すメカニズムについての謎だ。何十年ものあいだ、T細胞は、自身の表面にあるセンサーを使って、侵入細胞や、ウイルスに感染した細胞を察知できることが知られていた。「T細胞受容体」と呼ばれるそのセンサーは実のところ、T細胞によってつくられるタンパク質にほかならない。受容体は異質細胞の表面にあるタンパク質を認識して、それに結合する。[*14]すると侵入細胞を殺すシグナルのスイッチがオンになり、個体の防御機構が機能する。

しかしT細胞受容体の性質とはどんなものなのだろう？　生化学者はその問題に、彼らが好きな還元という方法でアプローチした。大量のT細胞を含む溶液を入手して、細胞の構成成分を石鹼と洗剤で溶かして灰色の泡にし、膜と脂質を抽出して取り除き、受容体のタンパク質を捕まえるべく、残った物質を何度も精製していったのだ。しかし受容体のタンパク質はそのいまいましいスープのどこかに解けたまま、どうしても捕まえられなかった。

　遺伝子をクローニングする者、つまり遺伝子クローナーならば、べつの方法でアプローチするだろう。ここでは当面のあいだ、T細胞受容体タンパク質の際立った特徴は、それがT細胞の中だけでつくられ、神経細胞や、卵巣や、肝臓ではつくられないことだと仮定する。T細胞受容体の遺伝子はヒトのすべての細胞に存在するが（ヒトの神経細胞も、肝細胞も、T細胞もまったく同じゲノムを持っている）、そのRNAはT細胞だけでつくられる。ふたつの異なる細胞の「RNAカタログ」を比べることによって、T細胞の遺伝子をクローニングすることはできるだろうか？　生化学者のアプローチは濃度に依存している。目的のタンパク質の濃度がいちばん高そうな場所を探すことでタンパク質を見つけ、混合物の中からそのタンパク質を抽出するのだ。一方、遺伝学者のアプローチは情報に依存している。関連するふたつの細胞の「データベース」のちがいを見つけ出し、異なる部分の遺伝子をクローニングして増やすのだ。このように、生化学者が形態を抽出するのに対し、遺伝子クローナーは情報を増やすのである。

　一九七〇年、ウイルス学者であるデイヴィッド・ボルティモアとハワード・テミンのふたりが、そのような遺伝子の比較を可能にする重要な発見をした。[*15]それぞれ独自に研究していたボルティモアとテミンは、RNAをもとにしてDNAをつくることのできる酵素がレトロウイルスの中に存在することを発見し、その酵素を逆転写酵素と名づけた。なぜ「逆」かといえば、その酵素は通常の情報の流れを逆さにして、RNAをDNAへ、遺伝子のメッセージを遺伝子そのものへと戻していたからだ。つまり、それまでに受け入れられてきた「セントラルドグマ」（遺伝情報は遺伝子からメッセージへと一方通行にしか伝わらない）のパターンに反していたのだ。

　逆転写酵素を使えば、細胞内のあらゆるRNAを鋳型にして遺伝子をつくることができる。つまり生物学者は細胞内で「発現している」すべての遺伝子のカタログ、すなわち「ライブラリー（図書館）」のようなものをつくることができるのだ。それはテーマごとに分類された図書館になるはずだ。[†]T細胞の遺伝子のライブラリー、赤血球の遺伝子のライブラリー、網膜の神経細胞のライブラリー、膵臓のインスリン分泌細胞のライブラリーというように。ふたつの細胞（たとえば、T細胞と膵臓の細胞）から得られたライブラリーを比べることで、免疫学者は片方の細胞では発現しているが、もう一方の細胞では発現していない遺伝子（たとえば、インスリンやT細胞受容体の遺伝子）を特定することができる。いったん特定したなら、その遺伝子を細菌に入れて何百万倍にも増やし、それを単離して解読し、さらに、RNAの塩基配列とタンパク質のアミノ酸配列を決定し、制御領域を特定する。その遺伝子の構造と機能を解明するために、遺伝子を変異させてべつの細胞に挿入することもできる。一九八四年、この技術を用いてT細胞受容体のクローニングがおこなわれた。[*16]それは、免疫学におけるきわめて重要な達成だった。

ある遺伝学者がのちに述懐しているように、生物学は「クローニングによって解放され……驚きの発見がどっとあふれ出した」。[*17]何十年ものあいだ追い求められてきた、重要だが捕まえることのできない謎めいた数々の遺伝子、たとえば、血液を固めるタンパク質の遺伝子や、がん、糖尿病、うつ、心臓病といった病気に関係する遺伝子はほどなく、細胞の遺伝子の「ライブラリー」を使って単離さ

† これらの図書館は、トム・マニアティスがアルギリス・エフストラティアディスとフォチス・カファトスと共同でつくった。組み換えDNAの安全性への懸念から、ハーバード大学で遺伝子クローニングをおこなうことができずにいたマニアティスは、ワトソンの招きで、遺伝子クローニングを心置きなくおこなえるコールド・スプリング・ハーバー研究所へと移っていたのだった。

れ、クローニングされることになる。

生物学のあらゆる分野が遺伝子クローニングと遺伝子解読によって変貌した。実験生物学が「新しい音楽」だとしたら、遺伝子はその指揮者であり、オーケストラであり、旋律であり、主要楽器であり、楽譜だった。

浜辺のアインシュタインたち

人のなすことにはすべて潮時というものがある、
うまくあげ潮に乗れば幸運の港に達しようが、
それに乗りそこなえば人生行路の行き着く先も
不幸の浅瀬というわけだ、動きがとれぬことになる。
そういう満ち潮にいまのわれわれは浮かんでいる。*1

——ウィリアム・シェイクスピア
『ジュリアス・シーザー（第四幕第三場）』

大人の科学者でも、途方もなくばかげたことをして笑いものになっていいのだと私は信じている。*2

——シドニー・ブレナー

イタリアのシチリア州の西海岸の市（まち）エーリチェの岩山の上には、一二世紀のノルマン人が建てた要塞が地上六〇〇メートルの高さにそびえている。要塞を遠くから見ると、まるで地面が自然と盛り上がってできたかのように思える。石造りの側面はあたかも崖の岩肌が変態したもののようだ。エーリチェ城、あるいは女神城と呼ばれるこの要塞はかつて古代ローマの神殿があった場所に建てられた。古い神殿は石をひとつずつ取り除いて解体されていき、その後、ふたたび石が集められて、城の壁や小塔や塔がつくられた。もとの神殿の聖堂はなくなり、ウェヌスに捧げられたと噂された。ローマ神話の豊穣と性と欲望の女神であるウェヌスは、カイルスの性器から海にこぼれた泡から生まれたとされている。

スタンフォード大学で初めてDNAキメラをつくってから数カ月後の一九七二年夏、ポール・バーグは学会で科学セミナーをおこなうためにエーリチェに向かった。[*3] その夜遅くにパレルモに着いた彼は、タクシーで二時間かけて西海岸へ行った。見知らぬ男にエーリチェまでの道順を尋ねると、男は地上六〇〇メートルの空中で点滅する小さな点をあいまいな手振りで示した。

学会は翌朝始まった。セミナーの聴講者はヨーロッパに住む約八〇人の若い男女だった。そのほとんどが生物学の大学院生で、そこに数人の教授が混じっていた。バーグは遺伝子キメラ、組み換えDNA、ウイルスと細菌のハイブリッド作製について、データを提示しながら形式張らない講義をした。彼が呼ぶところの「グループ討論会」だ。

大学院生たちは彼の発表に衝撃を受けたようだった。予想どおり質問が殺到したが、その会話の方向にバーグは驚かされた。一九七一年のコールド・スプリング・ハーバー研究所でのジャネット・マーツの発表の際には、人々が示したいちばんの懸念は安全性に関するものだった。バーグとマーツのつくる遺伝子キメラが人間に生物学的大混乱をもたらさないと保証などできるのか、というように。一方、シチリアでは、会話はすぐに政治、文化、倫理へと向かった。「遺伝子工学が人間や、人間の行動のコントロールに対して悪い影響を与える可能性」についてはどう思うか、といったような質問があったとバーグは回想する。「遺伝性疾患を治せるとしたら？」と学生たちは質問したという。

「ヒトの目の色や、知能や、身長をプログラムすることができるとしたら？……人間や人間社会への影響は？」

かつてこの同じ大陸で起きたように、遺伝子技術が強大な権力によって掌握されたり、ゆがめられたりしないと誰が請け合えるだろう？　バーグが過去の苦悩をよみがえらせたのは明らかだった。遺伝子操作が可能になるかもしれないという見通しがアメリカにもたらしたのは、主に未来の生物学的な危険性に対する不安だった。が、かつてナチスの絶滅収容所があった場所から数百キロメートルしか離れていないイタリアで学生たちの会話に取り憑いていたのは、遺伝子のもたらすバイオハザードよりもむしろ、遺伝学のもたらす道徳的危険性だった。

その夜、あるドイツ人大学院生が議論を続けようと仲間の学生たちを集めた。彼らはウェヌス城の城壁に登り、闇に包まれつつある海岸と、瞬く市（まち）の光を眺めた。バーグと学生たちはそこで二回目のセッションをおこない、夜遅くまでビールを飲みながら自然な受胎や、自然ではない受胎について話し合った。「新しい時代の始まりについて……生じうる危険性や、遺伝子工学の見通しについて」[*4]

エーリチェでの学会から数カ月後の一九七三年一月、バーグは遺伝子操作技術をめぐってしだいに高まりつつある懸念について話し合うために、小さな会議を催すことに決めた。会議は、スタンフォード大学から約一三〇キロメートル離れたアシロマのパシフィック・グローブ会議センターで開かれた。モントレー湾近くの海岸に立つ、風の吹きつけるそのだだっ広い複合建築物に、ウイルス学者、遺伝学者、生化学者、微生物学者などあらゆる分野の科学者が集まった。「アシロマI」[*5]とバーグがのちに名づけたその会議は、人々の興味こそかき立てはしたものの、会議から勧告が生み出されることはなかった。会議での話し合いは生物学的安全性の問題に集中し、SV40をはじめとするヒトに感染するウイルスの使用について熱い議論が交わされた。「当時はまだ、ウイルスや化学物質をピペットで吸引するときには、口を使っていた」とバーグは私に言った。バーグのアシスタントのマリアン・ディークマンもまた、ある学生がうっかり煙草の先端にウイルスの含まれた液体をふりかけてしまったことがあると言った（ついでに言えば、吸いかけの煙草が入った灰皿が研究室じゅうに置かれているというのはめずらしいことではなかった）。だが、その学生は肩をすくめただけで煙草を吸いつづけ、一滴の液体に含まれたウイルスは灰になっていったという。

アシロマ会議は『生物学的実験におけるバイオハザード』という重要な本を生み出した。しかし、それより重要な会議の結論は、否定だった。[*6] バーグは次のように語っている。「正直なところ、会議によって得られたのは、われわれがいかに無知かという認識だけだった」

一九七三年の夏、細菌のハイブリッドDNAの実験についてのボイヤーとコーエンの学会発表をきっかけに、遺伝子クローニングについての懸念がさらに高まった。[*7] だがその間にも、スタンフォード大学では、バーグのもとに世界じゅうの研究者たちから遺伝子組み換え用の試薬を譲ってほしいという依頼が殺到していた。シカゴのある研究者は、表向きはヘルペスウイルス遺伝子の毒性を研究するという目的で、病原性の高いヒトヘルペスウイルスを大腸菌に組み込み、致死性の毒素遺伝子を持つヒトの大腸菌をつくってはどうかと提案してきた（バーグは丁重に断った）。細菌から細菌へと抗生物質耐性遺伝子が日常的に移されていた。ある種からべつの種へ、ある属からべつの属へと遺伝子が移され、まるで砂浜に引かれた一本の細い線をまたぐようにして、一〇〇万年の進化の裂け目を飛び越えていた。しだいに大きくなる不安の渦に気づいた米国科学アカデミーはバーグに、遺伝子組み換えに関する研究班の班長をつとめるようにと要請した。

一九七三年四月の肌寒い春の午後、研究班のメンバーであるバーグ、ワトソン、デイヴィッド・ボルティモア、ノートン・ジンダーをはじめとする八人の科学者が、ボストンのマサチューセッツ工科大学に集合した。八人はただちに仕事に取りかかり、遺伝子クローニングを制限したり、規制したりするための方法について意見を交わした。ボルティモアは、病気を引き起こすことのない、「無害で〝安全な〟ウイルスや、プラスミドや、細菌をつくること」[*8]を提案した。だがそのような安全策すら、確実ではなかった。「無害な」ウイルスが永久に無害だと誰が保証できるだろう？　ウイルスや細菌というのは不活発で受け身な対象物ではなかった。研究室の環境の中ですら生きつづけ、進化し、動きつづける標的だった。突然変異が一回起きるだけで、それまでは無害だった細菌がいきなり、毒性の高い生物になる可能性もあったのだ。

議論が数時間続いたところで、ジンダーが反動的とも思える計画を提案した。「そうだな、われわれに度胸があるなら、こういう研究はやらないようにとみんなに言うべきかもしれないな」[*9]テーブルに静かな動揺が広がった。それは理想的な解決策からはほど遠い提案だった。科学者が科学者に科学研究を制限しろと言うなど、どう考えても不誠実なことに思えた。だが少なくとも、一時的な中止命令になることはまちがいなかった。「いやな気分なのは確かだったが、うまくいくはずだと思ったんだ」とバーグは回想している。研究班は正式な手紙の下書きをつくり、その中で、ある種の組み換えDNA研究の「モラトリアム（一時停止）」を求めた。さらに、遺伝子組み換え技術の危険性と利点を天秤にかけたうえで、安全性に関する問題が解決するまでは、ある種の実験を延期すべきだと提案した。「考えうるあらゆる実験が危険だというわけではなかった」とバーグは言った。しかし「いくつかの実験は明らかに、危険性が際立っており」、とりわけ、組み換えDNAに関わる次の三種類の実験を厳しく制限する必要があった。「毒素の遺伝子を大腸菌に入れてはならない。薬剤耐性遺伝子を大腸菌に入れてはならない。さらに、がん遺伝子を大腸菌に入れてはならない」[*10]とバーグは助言した。実験が停止されたなら、科学者たちには自分たちの実験の影響についてじっくり考える時間ができるはずだとバーグたちは主張し、そして、第二回目の会議を一九七五年に開き、その際にはより多くの科学者たちとこの問題について議論しようと提案した。

一九七四年、バーグの手紙が《ネイチャー》、《サイエンス》、《米国科学アカデミー紀要》に掲載されると、すぐに世界じゅうの人々の関心をひいた。[*11] イギリスでは、組み換えDNAと遺伝子クローニングの「潜在的な利点と潜在的な危険性」を検討するための委員会がつくられ、フランスでは、手紙に対する反応が《ル・モンド》に載った。その年の冬、（遺伝子調節の研究で有名な）フランシス・ジャコブのもとに、ヒトの筋肉の遺伝子をウイルスに組み込む実験に対する助成金の申請を検討してほしいという依頼が来た。ジャコブはバーグにならって、組み換えDNA技術についての国の対応が決まるまではそうした実験を棚上げするように促した。一九七四年にドイツで開かれた会議では、多くの遺伝学者が同様の警告を繰り返した。危険性が解明され、勧告書が正式に出されるまでは、組み換えDNAを用いた実験を厳しく規制することが重要だとされた。

しかしその間にも、生物学的な障壁や、進化の障壁をまるで爪楊枝で支えられているかのようになぎ倒しながら、研究は強引に進んでいた。スタンフォード大学ではボイヤーとコーエンと大学院生たちが、ペニシリン耐性遺伝子を細菌から細菌へと移し、それによって、ペニシリン耐性大腸菌をつくり出した。原理上はどんな遺伝子でも個体から個体へと移すことができた。ボイヤーとコーエンは不敵にも、さらなる前進を目指した。「ある生物に本来備わっている代謝や合成の機能を指定する遺伝子を、植物や動物などの異なる種類の生物に導入したら……実際に役立つかもしれない」ボイヤーは冗談めかしてこう言った。「種（スピーシーズ）というのはうわべだけ（スピーシャス）のものにすぎないんだ」[*12]

一九七四年の元旦、スタンフォード大学でコーエンと一緒に働く研究者が、カエルの遺伝子を細菌に挿入したと報告した。[13] 新たな進化の境界がまたも簡単に超えられ、境界線が破られた。オスカー・ワイルドがかつて言ったように、生物学では「自然であるということは」、どうやら「単なる見せかけ」にすぎなくなりつつあるようだった。

一九七五年二月、バーグとボルティモア、そして三人の科学者の呼びかけで、科学の歴史上最も異例の会議のひとつであるアシロマⅡが開かれた。[14] 遺伝学者たちがふたたび風の吹きつける海浜の砂丘に集まって、遺伝子や、組み換え技術や、未来のあり方について意見を交わすことになった。とても美しい季節だった。オオカバマダラ（渡り鳥のように渡りをするチョウ）がカナダの草原を訪れるために海岸線を移動し、アメリカスギやバージニアマツからなる風景がいきなり、オオカバマダラの赤とオレンジと黒の色に輝いた。

ヒトの訪問者たちは二月二四日に到着した。しかし、今回やってきたのは生物学者たちだけではなかった。バーグとボルティモアは賢明にも、弁護士や、記者や、作家も招待していたのだ。遺伝子操作の未来について話し合うのなら、科学者だけでなく、より多くの思想家の意見も聞きたいと考えたからだ。会議センターのまわりのウッドデッキで、人々はとりとめのない会話を交わした。生物学者たちはウッドデッキや砂丘を歩きながら、組み換えや、クローニングや、遺伝子操作についてのメモを交換した。しかし会議の中心的な場所は、カリフォルニアらしい陰鬱な雰囲気の照明に照らされた大聖堂を思わせる石壁の空間で、そこで遺伝子クローニングについての最も激しい議論がほどなく始まろうとしていた。

最初に話したのはバーグだった。彼はデータを要約し、問題がどの程度の範囲にまでおよぶかを示した。DNAを化学的に変化させる方法を研究していく中で、生化学者は最近、異なる個体の遺伝情報を混ぜ合わせたり、組み合わせたりする比較的簡単な技術を発見したばかりだとバーグは言った。バーグの言を借りるなら、その技術は「とんでもなくシンプル」であり、アマチュアの生物学者でも、ハイブリッドＤＮＡを研究室でつくれるほどである。できあがったハイブリッドＤＮＡ分子（組み換えＤＮＡ）を細菌に導入すると、細菌の増殖に伴って組み換えＤＮＡも増え、膨大な数の同じコピーがつくられる（クローニングされる）。さらに、組み換えＤＮＡ分子を哺乳類の細胞に入れることも可能だ。第一回目の会議では、この技術の途方もない可能性と危険性を鑑みて、実験の一時停止が提案されたのだが、今回のアシロマⅡでは、次の段階について検討される予定だった。最終的にこの二番目の会議は、影響力という点でも、話し合われた領域の広さという点でも、最初の会議を圧倒し、単にアシロマ会議（あるいはただ、アシロマ）と呼ばれることになる。

初日の朝から緊張と感情が爆発した。主な議題はやはり、研究の自主的な一時停止についてだった。組み換えＤＮＡ実験は規制されるべきなのか？　ワトソンは反対だった。彼は完全なる自由を求めており、科学者たちに好きな科学を好きなようにやらせようではないかと主張した。ボルティモアとブレナーはふたたび、安全性を確保するために「無害な」遺伝子のキャリアをつくる計画について話した。他の参加者たちの意見ははっきりと二分していた。とてつもないチャンスを目の前にしながら、研究を中断するというのは、科学の進歩を遅らせるだけだと主張する者もいた。規制の厳しさにとりわけ激怒したある微生物学者は「あんたらはプラスミドの研究グループをばかにした」[*15]と委員会を批判し、バーグはある時点で、組み換えＤＮＡの危険性を十分に認識していなかったワトソンを訴えると脅した。ブレナーは《ワシントン・ポスト》の記者に、遺伝子クローニングのリスクについてのデリケートなセッションのあいだは録音機の電源を切るように頼んだ。「科学者には、こっそりとばかなことをしてもいい不可侵の権利があるはずだ」とブレナーが言うと、「ファシスト」と非難された。[*16]

創立委員の五人、すなわちバーグ、ボルティモア、ブレナー、リチャード・ロブリン、生化学者のマクシーン・シンガーは、熱気に包まれた人々の様子を見守りながら、不安な面持ちで会議室の中を歩きまわった。「議論に終わりはなかった」とある科学者は書いている。「なかにはうんざりして、浜辺に行ってマリファナを吸う者もいた[17]」バーグは自室で顔をしかめていた。なんの結論も出ないまま、会議が終わるのではないかと心配だった。

会議の最終日前日の夕方になっても、なんの見解もまとまっていなかった。弁護士たちが登壇した。その五人の弁護士は、法的観点から見たクローニングの影響について議論してほしいという依頼を受けていた。弁護士たちは潜在的な危険性に関するぞっとするような予測を並べはじめた。もし研究室のメンバーの誰かが遺伝子組み換え微生物に感染し、その結果、ある病気の症状がほんの少しでも現れたなら、研究室の室長と、研究室と、研究機関は法的責任を負うことになる。大学全体が活動停止になり、研究室は永久に閉鎖され、建物の入り口には活動家がピケを張り、宇宙飛行士のようなスーツを着た危険物処理班が入り口を封鎖し、国立衛生研究所（ＮＩＨ）には質問が殺到する。そんな大混乱が待ち受けているのだ。連邦政府は組み換えＤＮＡだけでなく、より広範囲の生物学的研究に対してもきわめて厳しい規制を敷くことを提案するだろう。その結果、科学者が自発的に設けようとはとうてい思えないような、厳重な制限が設けられることになる。

戦略上の理由から、あえてアシロマⅡの最終日の前日の夜におこなわれた弁護士たちの発表は、会議全体の転換点となった。バーグは、正式な勧告もなしに会議を終えるべきではない、いや、終えることはできないと気づいた。その晩、ボルティモア、バーグ、シンガー、ブレナー、ロブリンの五人は浜辺の小屋でテイクアウトの中華料理を紙箱から食べながら、夜遅くまでかけて黒板に将来の計画を書いた。朝五時半に、五人はひげを剃りおえ、眠そうな目をし、コーヒーとタイプライターのインクのにおいを漂わせながら、文書を手に小屋から出てきた。文書はまず、遺伝子クローニングによって科学者たちが無意識のうちに足を踏み入れることになった生物学の奇妙なパラレルワールドを認識することから始まった。「まったく異なる生物の遺伝情報を組み合わせることができる新しい技術を手に入れたことによって、われわれは今、未知の部分ばかりの生物学的領域に立っている……この種の研究に対しては細心の注意を払うことが賢明であるという結論に達せざるをえなかったのは、未知の部分があまりに多すぎるからだ」[*18]

文書には、危険性を軽減するための措置として、遺伝的に変化させたさまざまな個体のバイオハザードの危険性を四段階にランクづけする計画について書かれており、さらに、それぞれのランクに応じた封じ込め設備が推奨されていた[*19]（たとえば、ヒトに感染するウイルスにがんの原因となる遺伝子を挿入する場合には、最も厳重な封じ込めが必要であり、細菌にカエルの遺伝子を挿入する場合には、最小限の封じ込めでいいといったように）。ボルティモアとブレナーが強く主張したように、文書には、「無害にした」遺伝子のキャリア生物をつくることによって、それらを確実に研究室内に留めておけるようにすることが提案されていた。最後に、遺伝子組み換えと封じ込めの手段を継続的に評価することが必要であり、その結果に応じて、近い将来、規制を緩めたり、あるいは強化したりする可能性があると述べられていた。

最終日の朝の八時半に会議が始まったとき、五人は自分たちの提案が却下されるのではないかと不安だった。だが驚いたことに、提案はほぼ全員一致で採択された。

アシロマ会議の余波の中で、数人の科学史学者が会議の意味を理解しようと努め、その過程で、科学の歴史の中で似たような出来事があったかどうかを探した。だが結局、見つからなかった。アシロマ会議の文書に最も近いものはもしかしたら、一九三九年八月にアルバート・アインシュタインとレオ・シラードがルーズベルト大統領に宛てて書いた二ページの手紙[20]かもしれない。それは、製造されつつある強力な兵器の危険性を警告するための手紙だった。アインシュタインは次のように書いている。「新しい重要なエネルギー源」が見つかった今、そこから「途方もない力が……生み出されるでしょう。この新しい現象はまた、爆弾の製造へとつながる可能性があり、新しいタイプのきわめて強力な爆弾の製造が……想定されます。このタイプの爆弾がひとつでも船で運ばれ、港で爆発したなら、港全体が破壊されるはずです」アインシュタインとシラードの手紙は即座の反応を呼び起こした。ルーズベルト大統領は急を要する事態だと察し、科学委員会を立ち上げて調査を命じた。数カ月のうちに、ルーズベルトの委員会はウランに関する諮問委員会となり、一九四二年には、マンハッタン計画へと変貌を遂げ、そして最終的に、原子爆弾をつくった。

だがアシロマ会議はちがっていた。科学者が自らの技術の危険性を自分たちに警告し、自らの研究を規制して封じ込めようとしたのだ。歴史的に見て、科学者たちが自分たち自身を規制したことはめったにない。アメリカ国立科学財団の所長、アラン・ウォーターマンが一九六二年に書いているように、「最も純粋な形態の科学というのは、発見が将来的にどこにつながるのかということには興味がない……科学の信奉者たちは真実を発見することにしか興味がないのだ[21]」

しかし組み換えDNAについては、科学者たちはもはや「真実の発見」だけに集中しているような余裕はないとバーグは主張した。真実は複雑で不都合なものであり、洗練された評価を必要とする。並外れた技術には並外れた用心深さが求められ、遺伝子クローニングの危険性や利点の評価については、政治権力を信用することはできない（ついでに言うなら、ある学生がエーリチェでバーグに思い出させたように、政治権力は過去においても、遺伝子技術の扱いに関しては賢明とは言いがたかった)。アシロマ会議の二年ほど前の一九七二年にも、科学顧問にうんざりしたニクソン大統領が、科学技術局を廃止するという執念深い行動に出て、科学界全体に不安を呼び起こした[22]。衝動的で、権威主義的で、万事順調に進んでいるときですら科学に懐疑的な大統領が、いつなんどき科学者の自立性を独裁的に規制するかわからなかった。

科学者たちは重要な選択をしなければならなかった。予測不能な取締官の手に遺伝子クローニングの規制を委ね、その結果、気づけば自分たちの研究が独裁的に規制されているということになってもいいのか。あるいは、自分たちが自らの取締官となるか。生物学者たちは組み換えDNAの危険性と不確かさにどう対処したらいいのだろう? データを集め、証拠を調べ、見通しが不確かな中で決断するという、生物学者たちが熟知している方法を使い、絶え間なく口論しあうことで対処するしかなかった。バーグは言った。「アシロマ会議の最も重要な教訓は、科学者には自治の能力があると示すことだった[23]」「束縛されることなく真実を探求する」のがあたりまえだった科学者たちは、自分たちを束縛することを学ばなければならなかったのだ。

アシロマ会議のふたつめの際立った特徴は、科学者と一般の人々とのコミュニケーションに関するものだった。アインシュタインとシラードの手紙がひそかに闇へ葬られたのとは対照的に、アシロマ会議の科学者たちはできるだけ開かれたフォーラムをおこなって、遺伝子クローニングについての懸念を世間に公表することに努めた。バーグはこう言っている。「会議の参加者の一〇パーセント以上が報道陣だったおかげで、世間の信頼はまちがいなく高まっていた。出席した記者たちは、討論や結論について思うままに描写したり、コメントしたり、批判したりできた……討議や、口論や、厳しい批判や、揺れ動く見解や、最終的な意見の一致について、広範囲に記録することができたんだ[24]」

アシロマ会議の最後の特徴は注目に値する。とりわけ、その特徴がなかった点について。会議では、遺伝子クローニングの生物学的危険性については徹底的に議論されたものの、その一方で、クローニングの倫理的・道徳的な側面については実質上、まったく言及されなかったのだ。ヒトの細胞の中でヒトの遺伝子が操作されるようになったらどうなるだろう？　われわれが自分たちの遺伝子やゲノムに新しい情報を「書き込んだら」どうなるだろう？　しかし、バーグがかつてシチリアで始めた議論が、ふたたび活発化することはなかった。

　バーグはのちにこの空隙について次のように考察している。「アシロマ会議の創立委員と参加者は議論すべき内容を意図的に限定していたのだろうか？……会議に批判的な者たちは、批判の理由として、組み換えＤＮＡ技術の悪用の可能性について話し合われなかった点や、その技術を遺伝子スクリーニングや……遺伝子治療に適用することで生じる倫理的なジレンマについて議論されなかった点を挙げている。忘れてはならないのは、そうした可能性は当時はまだ遠い未来の話だったということだ……つまり、三日間の会議の議題は（バイオハザードの）危険性の検証に集中せざるをえなかったのだ。それ以外の問題には、実際にそうした問題が差し迫り、評価できるときが来たら取り組めばいいとわれわれは考えていた」[*25] こうした議論が欠落している点を数人の参加者が指摘したものの、会議期間中にそれについて話し合われることはなかった。このテーマについては後述する。

　一九九三年の春、私はバーグをはじめとするスタンフォード大学の研究者とともにアシロマを訪れた。当時、私はバーグの研究室の大学院生で、アシロマは研究室のメンバーにとって年に一度訪れる隠遁（いんとん）地のような場所だった。私たちは自動車やバンでスタンフォード大学をたち、サンタクルーズの海岸沿いを走り、細い鵜（う）の首のような形をしたモントレー半島を目指した。コーンバーグとバーグは前方の車に乗っていた。私は大学院生が運転するレンタルのバンに乗っており、その車には、卓越した歌唱力を持つオペラ歌手から生化学者に転身したという、信じがたい経歴を持つ女性も乗っていた。彼女は実際、ＤＮＡ複製の研究をしながら、いきなりプッチーニを歌い出すことがあった。

私たちの会議の最終日に、私はバーグの長年の研究アシスタントで共同研究者でもあるマリアン・ディークマンと一緒にバージニアマツの木立の中を散歩した。ディークマンは私を型破りなツアーに連れ出してくれた。それは、アシロマ会議で最も激しい言い争いや議論がおこなわれた場所をまわるツアーであり、意見の不一致の風景をめぐる小旅行だった。彼女は、アシロマ会議ほどすさまじい口論が繰り広げられた会議をほかに知らないと言った。

そうした口論が成し遂げたものはなんだったんですか？ と私は尋ねた。ディークマンは一瞬黙り込み、海に目をやった。潮は引き、黒く濡れた波の跡を砂浜に残していた。彼女は濡れた砂につま先で一本の線を引いた。「何はさておき、アシロマ会議は転換点になった」と彼女は言った。「遺伝子を操作する能力が意味していたのはまさしく、遺伝学の変容そのものだった。わたしたちは新しい言語を習得した。自分たちにはしっかりとした責任感があるから、その言語を使ってもいいんだって、自分自身やほかのみんなを納得させる必要があったの」

自然を理解しようとするのは科学の強い欲求であり、自然を操作しようとするのは技術の強い欲求である。組み換えＤＮＡによって、遺伝学は科学の領域から技術の領域へと押し出された。遺伝子はもはや抽象概念ではなくなった。数千年ものあいだずっと閉じ込められていた個体のゲノムから解放されて、種から種へと移動し、増幅され、精製され、延長され、短縮され、改変され、練り直され、変異させられ、混ぜ合わされ、組み合わされ、切断され、貼りつけられ、編集されるようになった。遺伝子はもはや単なる研究テーマではなく、研究の道具になった。言語の再帰性の発見は、子供の成長段階に訪れる啓発的な瞬間だ。子供は、言葉を生み出すのに思考を使うのと同じように、思考を生み出すのに言葉を使うことに気づく。組み換えＤＮＡは遺伝学の言語を再帰的なものにした。生物学者は何十年もかけて遺伝子の性質を探究してきたが、今では遺伝子が、生物学を探究するのに使われるようになった。つまりわれわれは、遺伝子について考える段階を卒業し、遺伝子を使って考える段階へと進んだのだ。

アシロマ会議は、こうした重要な一線をわれわれが乗り越えたことを示した。それは、人々が集まって祝福し、評価し、対決し、警告を発した場だった。スピーチで始まり、文書で終わったアシロマ会議はまさに、新しい遺伝学の卒業式だった。

「クローニングか、死か」

この疑問を知っているなら、もう半分知っているということだ。[*1]

──ハーブ・ボイヤー

十分に進歩した技術ならどんなものであれ、魔法と見分けがつかない。[*2]

──アーサー・C・クラーク

スタンリー・コーエンとハーブ・ボイヤーもまた、組み換えDNAの未来について討議するためにアシロマ会議に出席していた。ふたりは会議にいら立ちを感じ、意気消沈させられる会議だとすら思った。ボイヤーは内輪もめや非難合戦に耐えられず、科学者たちを「利己的」だと言い、会議を「悪夢」と呼んだ。コーエンはアシロマ合意にサインするのを拒んだ（とはいえ、NIHの助成金受領者であるために、最終的には合意に応じなければならなかった）。

自分たちの研究所に戻ると、ふたりは騒動のあいだ顧みることのなかった問題へと戻った。一九七四年五月、コーエンの研究室は「カエルの王子」実験についての論文を発表していた。カエルの遺伝子を細菌に移す実験だ。カエルの遺伝子を発現している細菌をどのように見つけたのかと同僚に尋ねられると、コーエンは冗談めかして、細菌にキスをして、王子に変わるか確かめたのだと言った。

その実験はアカデミックな練習問題のようなものであり、注目したのは生化学者たちだけだった（ノーベル賞を受賞した生物学者で、スタンフォード大学のコーエンの同僚であるジョシュア・レーダーバーグは、その実験によって「製薬会社がインスリンや抗生物質などの生物学的な分子をつくる方法が完全に変わるかもしれない」[*3]という先見の明のある意見を書いた数少ない人物のひとりだった）。だがやがてメディアも徐々にその研究の潜在的な影響力に気づきはじめた。五月、《サンフランシスコ・クロニクル》がコーエンについての記事を掲載した。[*4]その記事は主に、遺伝子を組み換えられた細菌がいずれ、薬や化学物質の生物学的「工場」として使われる可能性について書いていた。ほどなく、遺伝子クローニングについての記事が《ニューズウィーク》と《ニューヨーク・タイムズ》に載った。コーエンはまた、科学ジャーナリズムの裏側の洗礼を受けることにもなった。[*5]組み換えDNAと細菌への遺伝子導入について、ある日の午後いっぱいかけて辛抱強く新聞記者に説明したにもかかわらず、翌朝目が覚めると、ヒステリックな新聞の見出しが目に飛び込んできたのだ。「人造の虫、地球を破壊する」

スタンフォード大学の特許室につとめる抜け目のない元エンジニアのニルス・ライマーズは、そうした記事でコーエンとボイヤーの研究について読み、研究に秘められた可能性に強い興味を抱いた。ライマーズは特許担当者というよりもタレントスカウトに近く、活動的で押しの強い男だった。発明者が彼のもとに発明を持ってくるのを待つのではなく、手がかりを求めて科学文献を読みあさった。ライマーズはボイヤーとコーエンに連絡をとり、遺伝子クローニングの特許を共同で出願するように勧めた（それぞれの大学であるスタンフォード大学とカリフォルニア大学サンフランシスコ校（UCSF）も特許権の一部を持つはずだった）。コーエンとボイヤーは驚いた。ふたりはそれまで一度も、組み換えDNA技術の「特許性」や、その技術の将来的な商業的価値について考えたことはなかったからだ。一九七四年の冬、ふたりは依然として懐疑的ではあったものの、ライマーズに調子を合わせて、組み換えDNA技術の特許を出願した。*6

遺伝子クローニングの特許のニュースは科学者たちのあいだに広く知れ渡った。バーグとコーンバーグは激怒した。「あらゆる可能なベクターを使い、あらゆる可能な生物で、あらゆる可能な技術を組み合わせて、あらゆる可能なDNAをクローニングする技術の商業的な所有権というコーエンとボイヤーの主張はうさんくさく、厚かましく、思い上がっている」*7とバーグは書いている。そのような特許は公的資金を使っておこなわれた生物学的研究の産物を私物化するものであるとバーグとコーンバーグは論じた。バーグはまた、民間企業ではアシロマ会議の勧告を十分に実施したり、守ったりするのがむずかしいのではないかという点を懸念してもいた。しかしボイヤーとコーエンには、こうしたことすべてが空騒ぎに思えた。ふたりにとって、組み換えDNAの「特許」は法的機関のオフィスからオフィスへと渡っている最中の一枚の紙切れにすぎなかった。おそらくは、印刷するのに使ったインクほどの価値もないはずだ。

一九七五年の秋、山ほどの書類がなおも正規のルートを進んでいるあいだ、コーエンとボイヤーは科学者として別々の道を歩みはじめた。ふたりの共同研究からはすばらしい成果が生まれたが（五年のあいだに、彼らは共同で一一もの画期的な論文を発表した）、それぞれの興味の対象はしだいに離れていった。コーエンはカリフォルニアのシータス社のコンサルタントになり、ボイヤーはサンフランシスコの自分の研究室に戻って、細菌遺伝子を移す実験に集中した。

一九七五年の冬、二八歳のベンチャー投資家ロバート・スワンソンがいきなり、ハーブ・ボイヤーに電話をかけてきて、会合を申し出た。通俗科学雑誌とSF映画に詳しいスワンソンもまた「組み換えＤＮＡ」という名の新しいテクノロジーについて聞いていた。テクノロジーについての鋭い直感の持ち主であるスワンソンは、生物学についての知識はほぼ皆無だったにもかかわらず、組み換えＤＮＡは遺伝子や遺伝についての考え方に地殻変動をもたらすはずだと直感的に感じ取った。彼は折り目のついたアシロマ会議のハンドブックを見つけ、それをもとに、遺伝子クローニング技術に関わっている重要人物のリストをつくった。そして、リストをアルファベット順にあたっていった。ボイヤー（Boyer）の前がバーグ（Berg）だった。しかしバーグは自分の研究室に勧誘電話をかけてきた日和見主義的な起業家に我慢できず、スワンソンの申し出を断った。スワンソンはプライドを飲み込んで、リストをさらに進んだ。Ｂ……次はボイヤーだった。ボイヤーは会ってくれるだろうか？　実験のことで頭がいっぱいだったボイヤーはある朝、他のことに気を取られながらスワンソンの電話に出て、そして金曜の午後に一〇分だけ会う約束をした。

一九七六年一月、スワンソンがボイヤーに会いにやってきた。[*8] ボイヤーの研究室はＵＣＳＦのメディカルサイエンスビル内の薄汚れた場所にあった。スワンソンはダークスーツにネクタイという恰好で、腐敗しかけた山積みの細菌プレートと培養器のあいだから現れたボイヤーのほうは、トレードマークの革のベストにジーンズという恰好だった。ボイヤーはスワンソンについてほとんど知らず、知っているのはただ、組み換えＤＮＡの会社をつくりたがっているベンチャー投資家だということだけだった。もしボイヤーがスワンソンについてもっと詳しく調べていたならば、誕生したばかりのさまざまな冒険的事業への彼のそれまでの投資が、ほぼすべて失敗に終わっていたことを知ったはずだ。スワンソンは失業中であり、共同で借りているサンフランシスコのアパートメントに住み、ポンコツのダットサンを運転し、昼も夕もハムサンドイッチを食べていた。

一〇分だけだったはずの会合はいつしか長時間の会議になった。ふたりは組み換えＤＮＡや生物学の未来について話しながら、近所のバーまで歩いていった。スワンソンが遺伝子クローニングを用いて薬をつくる会社を始めることを提案すると、ボイヤーはその考えに魅了された。彼自身の息子が成長障害と診断されていたこともあって、成長障害の治療薬として使えるタンパク質、つまりヒト成長ホルモンを製造できるかもしれないという可能性にひきつけられたからだ。遺伝子をつなぎ合わせて細菌に導入するというボイヤーのやり方を用いたなら、おそらく研究室で成長ホルモンをつくれるはずだった。だがそれができたとしても、実際には使い物になりそうになかった。まともな人間なら、科学研究室の試験管内で増やされた細菌の培養液など、自分の子供に注射したがるはずがなかったからだ。ヒトが使用できる医薬品を製造するためには、新しいタイプの製薬会社、すなわち遺伝子から薬をつくる会社をつくらなければならなかった。

三時間が過ぎ、ビールを三杯飲みおえたころ、ふたりはついに暫定的な合意に達し、会社を設立するための法定費用をそれぞれが五〇〇ドルずつ負担することになった。スワンソンは六ページにわたる計画書を書き、かつての雇い主であるベンチャーキャピタル、クライナー・パーキンスに五〇万ドルの出資を依頼した。クライナー・パーキンスは依頼書にざっと目を通したあと、出資額を五分の一の一〇万ドルまで減らした(「この投資は非常に投機的だった」とパーキンスはのちにカリフォルニア州の規制当局に宛てて、弁解するように書いている。「だがわれわれの仕事はきわめて投機的な投資をすることでもあった」)。

ボイヤーとスワンソンは、新会社に必要なものをほぼすべて手に入れており、残るは製品と社名だけだった。そのうち少なくとも、最初につくるべき製品のほうは明らかだった。そう、インスリンだ。インスリン合成はそれまで何度も試みられてきたものの、いまだにウシとブタの内臓をすりつぶしたものからつくられていた。四五〇グラムのインスリンを得るのに三六〇〇キロもの膵臓を必要とするこのやり方は中世からほとんど進歩しておらず、非効率的で費用がかかるうえに、時代遅れだった。ボイヤーとスワンソンが遺伝子操作によってインスリンをタンパク質として発現させることができれば、新しい会社にとっての画期的な達成となることはまちがいなかった。残るは、社名だけだった。ボイヤーはスワンソンが提案したハーボブ（HerBob）という社名を却下した。[*9] カストロ通りのヘアサロンの名前みたいだったからだ。ボイヤーはふとひらめいて、「遺伝子エンジニアリング・テクノロジー（Genetic Engineering Technology）」を縮めた、「ジェネンテック（Gen-en-tech）」にしてはどうかと提案した。

インスリンは神秘的なホルモンだった。一八六九年、ベルリンの医学生パウル・ランゲルハンスは、胃の下に押し込まれた薄い葉のような形の臓器である膵臓の組織を顕微鏡で観察し、周囲の細胞とは形のちがう細胞が小さな島状に集まっている部分を見つけた。[*10] この細胞の群島はのちに「ランゲルハンス島」と名づけられたものの、その機能はずっと謎のままだった。二〇年後、オスカル・ミンコフスキーとヨーゼフ・フォン・メーリンクというふたりの外科医が膵臓の機能を調べるためにイヌの膵臓を摘出したところ、イヌはひどい喉の渇きに襲われ、床に排尿するようになった。[*11]

メーリンクとミンコフスキーは当惑した。腹部の臓器を摘出したことによって、なぜこのような奇妙な症状が出るのだろう？　その答えのヒントは、つい見過ごしてしまいそうな事実の中に隠れていた。数日後、研究室の中にハエの羽音が充満しているのにアシスタントが気づいた。ハエは、今では糖蜜のようにねっとりと固まっている床の上のイヌの尿に群がっていた。[†] メーリンクとミンコフスキーがイヌの尿と血液を検査したところ、どちらにも過剰な糖が含まれていることがわかった。イヌは重症の糖尿病にかかっていたのだ。膵臓でつくられるなんらかの因子が血糖を調節しており、その因子が働かなくなることによって糖尿病が引き起こされたにちがいないとふたりは考えた。血糖を調節するその因子はのちに、ランゲルハンスが発見した「小島細胞(アイレット)」から血液中に分泌されるタンパク質、つまりホルモンであることがわかった。そのホルモンはアイレチン（isletin）と名づけられ、その後、「島のタンパク質（island protein）」という意味のインスリン（insulin）に変更された。

膵臓の組織にインスリンが存在することが判明したことをきっかけに、インスリンの精製をめぐる競争が始まった。しかし動物から実際にインスリンが精製されるまでには、さらに二〇年という年月を要した。一九二一年、バンティングとベストがようやく、数十キロのウシの膵臓から数マイクログラムのインスリンを抽出することに成功し、それを糖尿病の子供に注射したところ、血糖値がたちまち正常となり、喉の渇きと多尿が治まった。*12 だが、インスリンは扱いにくいことで有名だった。不溶性で、熱に不安定で、あてにならず、壊れやすく、謎めいていた。要するに、偏狭(インスラー)だったのだ。さらに三〇年が経過した一九五三年、フレデリック・サンガーがインスリンのアミノ酸配列を決定した。*13 インスリンは長さのちがうA鎖とB鎖という二本の鎖が化学結合によって二カ所で架橋された構造をしている。まるで物を握ることのできる小さな分子の手のようにU字形をしており、糖代謝を調整するためのドアノブやダイアルをまわそうと待ち構えている。

ボイヤーが思いついたインスリンの合成計画はこっけいなまでに単純なものだった。彼はヒトのインスリンの遺伝子を持っていなかったが（持っている者はどこにもいなかった）、DNAの化学構造をもとにして、DNAの基本単位であるヌクレオチドをひとつずつつないでいき、塩基の最初の三文字暗号から最後の三文字暗号までを（ATG、CCC、TCC……というように）組み立てようと考えたのだ。A鎖の遺伝子をつくり、それからB鎖の遺伝子をつくる。それら二本の遺伝子を細菌に挿入して、細菌にヒトのタンパク質をつくらせる。できあがった二本のタンパク質の鎖を精製して化学的にくっつけ、U字形の分子にする。それはまるで子供の計画のようだった。臨床医学で最も熱烈に追い求められている分子を、彼は〝DNA組み立ておもちゃセット〟のブロックを積み上げるようにしてつくろうとしていたのだ。

しかしいくら冒険好きなボイヤーでも、いきなりインスリンをつくるという考えには尻込みした。まずはもっと簡単なタンパク質で試してみたいと考えた。分子のエベレストに挑戦する前に、手ごろな山で足慣らしをしたかったのだ。そこで彼はひとまず、ソマトスタチンというべつのタンパク質に焦点を移すことにした。ソマトスタチンもまたホルモンだったが、商業的な潜在的価値はほとんどなかった。ソマトスタチンの何がよかったかといえば、サイズが小さかったことだ。インスリンは五一個(A鎖は二一個、B鎖は三〇個)といういかにも威圧的な数のアミノ酸でできていたが、同じく膵臓から分泌されるソマトスタチンはわずか一四個のアミノ酸からなる短くてぱっとしないホルモンだった。

ソマトスタチンの遺伝子をゼロから合成するために、ボイヤーはDNAの合成に卓越したふたりの化学者、ロサンゼルスのシティ・オブ・ホープ国立医療センターの板倉啓壱(けいいち)とアート・リグスに協力を求めた。‡*14 だがスワンソンは、その計画全体に激しく反対した。最終的に、ソマトスタチンなど時間の無駄だったということになりはしないかと心配していたのだ。彼はボイヤーにすぐにインスリンに

† ミンコフスキー自身はこの点を記憶していないとのことだが、研究室にいたほかの者たちが、糖蜜のような尿について記録していた。

‡ その後、カリフォルニア工科大学のリチャード・シェラーをはじめとする協力者が加わった。ボイヤーはヘルベルト・ハイネカーとフランシスコ・ボリバルをプロジェクトに加え、シティ・オブ・ホープ研究所からは、DNA化学者のロベルト・クレアが加わった。

取りかかってほしかった。ジェネンテック社は間借りした空間で、借りた金を使ってどうにかやっていた。「製薬会社」という看板の一ミリ下に隠れていたのは、サンフランシスコのオフィス・スペース内にレンタルした間仕切りの一画と、UCSFの微生物学教室の中につくった支部だけで、その支部はさらに、遺伝子づくり作業の下請け契約をべつの研究室の化学者ふたりと結ぼうとしていた。まさに、ポンジ・スキーム（実際には資金運用をしないまま、利益が生まれているかのように見せかける投資詐欺）の製薬会社バージョンといった感じだったのだ。それでも、ボイヤーはスワンソンを説得して、まずはソマトスタチンで試してみることを承諾させた。UCSFと、ジェネンテック社と、シティ・オブ・ホープとのあいだの交渉役として、ふたりは弁護士のトム・カイリーを雇った。カイリーはそれまで「分子生物学」という言葉を聞いたことがなかったが、めずらしい事例ならいくつも担当したことがあったため、今回も自信があった。なにしろ、ジェネンテック社の前に担当した最も有名なクライアントは、ミス・ヌード・アメリカだったのだ。

　ジェネンテック社では、時間までもが借り物のように感じられた。ボイヤーとスワンソンは、遺伝学の世界に君臨しているふたりの天才もまた、インスリン生産競争に加わったことを知った。いずれバーグとサンガーとともにノーベル賞を受賞することになるハーバード大学のDNA化学者、ウォルター・ギルバートが、きわめて優秀な科学者チームを率い、遺伝子クローニング技術を用いたインスリン合成に乗り出したのだ。UCSFのボイヤーのすぐ近くでも、べつのチームがインスリンの遺伝子クローニングに向かって猛進していた。「インスリン合成のことがほぼ一日じゅう頭から離れなかった……ほとんど毎日そのことを考えていた」とボイヤーの同僚のひとりは回想している。「ずっとこう考えていたんだ。ギルバートが成功したというニュースをいずれ聞かされるはめになるんじゃないか？」[*15]

ボイヤーの不安げな視線を感じながら研究に明け暮れていたリグスと板倉は、一九七七年の夏までに、ソマトスタチン合成に必要なすべての試薬を手に入れていた。遺伝子断片がつくられ、大腸菌のプラスミドに挿入された。大腸菌は形質転換し、増殖し、タンパク質をつくる準備を整えた。六月、ボイヤーとスワンソンは劇の最終幕を見届けるためにロサンゼルスに飛び、翌朝、リグスの研究室にチームが集まった。分子検出器が細菌の体内でソマトスタチンができているか確かめているあいだ、誰もが固唾を飲んで見守っていた。カウンターがオンになり、それからオフになった。しかし、機能的なタンパク質ができたことを示すほんのかすかな電子音すら鳴らなかった。

スワンソンは打ちのめされ、翌朝、ひどい下痢の発作に襲われて急患室に送られた。しかし科学者たちのほうは、コーヒーとドーナツで元気を取り戻すと、問題点を見つけようと実験計画をじっくり見直した。数十年ものあいだ大腸菌を使った実験をしてきたボイヤーは、微生物がしばしば自分自身のタンパク質を消化することがあるのを知っていた。もしかしたら大腸菌は、ヒトの遺伝学者にむりやり協力させられる前の微生物の最後の抵抗として、ソマトスタチンを破壊してしまったのかもしれない。ボイヤーは、トリックの詰まった袋にさらにもうひとつトリックを加えれば問題が解決するのではないかと考えた。ソマトスタチン遺伝子を大腸菌の遺伝子にくっつけて隠し、大腸菌にハイブリッドタンパク質をつくらせたあと、ソマトスタチンを切り離せばいいのではないか。いわば、遺伝子のおとり商法である。大腸菌は自分自身のタンパク質だけをつくっていると思い込んでいるが、実は（知らぬまに）ヒトのタンパク質もつくっているということになる。

おとりの遺伝子を集めるのにさらに三カ月かかったが、チームは今ではソマトスタチンを大腸菌の遺伝子で隠すことに成功していた。一九七七年八月、リグスの研究室にふたたびチームが集まった。スワンソンは検出器がオンになるのを眺め、そして一瞬、顔をそらした。タンパク質の検出器が背後で電子音を鳴らすのが聞こえた。「サンプルは全部で一〇から一五あった。私たちは（ホルモンなどの検出器である）放射免疫測定装置の検出結果のプリントアウトを見た。そこには、遺伝子が発現したことがはっきりと示されていた」と板倉は語っている。彼はスワンソンのほうを向いて言った。

「ソマトスタチンができた」

ジェネンテック社の科学者たちはソマトスタチン実験の成功を祝わずにはいられなかった。一晩で新しいヒトのタンパク質がひとつできあがったのだ。翌朝までには、科学者たちがふたたび集まってインスリンに挑戦する計画を立てていた。競争は熾烈で、噂があふれていた。ギルバートのチームがヒトの細胞から得られた天然のヒトインスリン遺伝子のクローニングに成功し、インスリンを大量に合成しようとしているらしい、という噂があった。さらに、UCSFのライバルが数マイクログラムのインスリンの合成に成功し、すでに患者に注射する計画を立てているらしいという噂もあった。もしかしたらソマトスタチンはほんとうに時間の無駄だったのかもしれない、とボイヤーとスワンソンは思った。自分たちは方向を誤ってしまい、インスリン競争で取り残されてしまったのではないか。ふたりは後悔した。普段から胃腸の弱いスワンソンは今度もまた、不安と下痢の発作に襲われそうになった。

皮肉なことに、彼らを救ってくれたのはアシロマ会議だった。ボイヤーが声高にけなしていた、まさにその会議だ。連邦政府から資金を提供されているほとんどの大学と同じく、ハーバード大学のギルバートの研究室も、組み換えDNAについてのアシロマの規制に縛られており、「天然の」ヒトの遺伝子を単離し、それを大腸菌の細胞でクローニングしようとしているギルバートのチームにはとりわけ厳しい監視の目が向けられていた。一方のリグスと板倉はソマトスタチンの例にならって、化学的に合成したインスリン遺伝子を使うことに決め、ヌクレオチドをひとつずつつないでゼロから遺伝子を組み立てていくことにした。合成遺伝子、つまり、むき出しの化学物質として組み立てられたDNAはアシロマの規制対象のグレーゾーンに位置しており、うまくいけば規制を受けない可能性があった。さらに、民間資本の会社であるジェネンテック社も、連邦のガイドラインの適応対象外である可能性が高かった。[†] そうした事実が組み合わさって、ジェネンテック社は決定的に有利な立場に立った。ジェネンテック社のある職員はこう回想している。「ギルバートはそれまでもずっとそうしてきたように、重い足取りでエアロック控え室を通り抜け、ホルムアルデヒドに靴を浸して洗浄してから狭い部屋に入り、そこで実験をしなければならなかった。一方のジェネンテック社では、私たちはDNAを合成して細菌に挿入していただけだった。NIHのガイドラインを順守する必要すらなかった」[*16] アシロマ会議後の遺伝学の世界では、「天然であること」が不利に働くようになったのだ。

サンフランシスコの栄光に輝く間仕切りの一画であるジェネンテック社の「オフィス」は、今ではもう手狭になっていた。スワンソンは誕生したばかりの自分の会社の実験室スペースを探して市じゅう（まち）うを歩きまわった。一九七八年の春、ベイエリアを北へ南へと探しまわっていた彼は、ようやく最適

† インスリン合成についてのジェネンテック社の戦略もまた、アシロマのプロトコールが適応されないようにするうえで決定的な役割をはたした。ヒトの膵臓では、インスリンは通常、切れ目のないひとつのタンパク質として分泌され、その後、細い架橋部をひとつだけ残して切り離され、ふたつになる。だがジェネンテック社は、A鎖とB鎖というインスリンの二本の鎖を別々のタンパク質として合成したあとでつなげるという方法を選んだ。ジェネンテック社が扱っていたこの二本の鎖は「天然の」遺伝子ではなかったため、「天然の」遺伝子を用いた合成DNAの作製を規制する連邦政府のモラトリアムの対象にはならなかったのだ。

な場所を見つけた。サンフランシスコから数キロ離れたところにある陽に灼けた丘の中腹にあるその場所はインダストリアル・シティ（産業の市〔まち〕）と呼ばれていたが、実際のところ、そこには産業もなければ市もなかった。サンブルーノ大通り460ポイントにある、[17]貯蔵庫やゴミ捨て場や空輸貨物庫に囲まれた三平方キロメートルのむき出しの倉庫がジェネンテック社の研究室になった。倉庫の奥の半分はポルノビデオの卸売業者の貯蔵施設として使われていた。当時入社したばかりのジェネンテック社の社員のひとりはこう書いている。「会社の裏口から中に入ると、ああいう類いのビデオが棚にびっしり並んでいた」[18]ボイヤーはさらに数人の科学者を雇い（なかには大学院を卒業したばかりの者もいた）、設備を整えはじめた。だだっ広い空間を仕切るために壁がつくられ、屋根の一部に黒いタープをつり下げて間に合わせの実験室をつくった。その年、何ガロンもの微生物の培養液（高価なビア樽といった感じだ）を扱う最初の「培養人」がやってきた。ジェネンテック社の三人目の従業員であるデイヴィッド・ゴデルだ。彼は「クローニングか、死か」というロゴの入った黒いTシャツにスニーカーという恰好で倉庫の中を歩きまわった。

しかし、ヒトのインスリンはまだどこにもなかった。スワンソンは、ボストンのギルバートが文字どおり、戦争努力を増大させていることを知った。ハーバード大学での組み換えDNA実験に対する制約（ボストンの川向こうにあるケンブリッジの通りでは、若者たちが遺伝子クローニング反対のプラカードを持って歩いていた）にうんざりしたギルバートは、警備の厳重なイギリスの生物兵器施設の使用許可をとり、最も優秀な科学者チームをそこへ派遣したのだ。軍事施設の条件はきわめて厳しかった。「服をすべて着替え、出入りするときにはシャワーを浴び、警報が鳴った場合に研究室全体を消毒できるように、マスクをつねに持ち歩いていた」とギルバートは回想する。[19]一方のUCSFのチームは、安全な施設でインスリンをつくろうと考え、フランスのストラスブールの製薬会社の研究室に大学院生をひとり送った。
ギルバートのチームは成功の一歩手前まで来ていた。一九七八年の夏、ボイヤーは、ギルバートのチームがほどなく、ヒトインスリン遺伝子の単離に成功したと発表する予定であることを知った。[*20] スワンソンは今度もまた、あまりのショックで体調を崩した（三度目だ）。しかし彼が心底ほっとしたことに、ギルバートがクローニングしたのはヒトではなくラットのインスリン遺伝子だということが判明した。厳重に殺菌したはずのクローニング用の器具がどういうわけか、ラットの遺伝子に汚染されていたのだ。クローニングによって、種のあいだの障壁は簡単に越えられるようになったが、それは同時に、ある特定の種の遺伝子が生物学的反応によってべつの種の遺伝子と簡単に混じってしまうことも意味していた。
ギルバートがイギリスに研究の場を移したり、誤ってラットのインスリンをクローニングしたりして時間を無駄にしているあいだにも、ジェネンテック社はゆっくり前進していた。それはまるで小さな者が大きな者を倒す寓話のようだった。アカデミックな巨人戦士ゴリアテvs製薬会社の少年ダビデ。一方は強力だが、大きすぎるために動きが鈍く、もう一方は頭の回転が速く、機敏で、規則をうまく逃れることができた。一九七八年の五月には、ジェネンテック社のチームは大腸菌でインスリンの二本の鎖を合成しており、七月には、大腸菌細胞からインスリンと大腸菌のタンパク質が結合したものを精製することに成功していた。八月初旬、大腸菌のタンパク質を取り除いて、二本の鎖を単離した。八月二一日の夜遅く、ゴデルは試験管内で二本の鎖を結合させ、初の遺伝子組み換えによるインスリンを誕生させた。[*21]
ゴデルが試験管内でインスリンをつくってから二週間後の一九七八年九月、ジェネンテック社はインスリンの特許を申請した。だが最初から、ジェネンテック社は前例のない司法上の難題に直面した。一九五二年以来、アメリカ特許法は、方法（methods）、機械（machines）、製造された物質（manufactured materials）、合成物（compositions of matter）という発明の四つの要素に対して特許を与えると定めており、弁護士はそれらを「四つのM」と呼んでいた。だがインスリンはその四つのどれにもあてはまらなかった。インスリンは「製造された物質」ではあったが、ジェネンテック社の助けを借りなくても、すべてのヒトの体がインスリンを製造することができた。インスリンは「合成物」ではあったが、それと同時に、天然の産物であることは議論の余地がなかった。タンパク質であろうと遺伝子であろうと、インスリンの特許を取るということは、ヒトの体の他の部分（たとえば、鼻やコレステロール）の特許を取ることと何がちがうのだろうか？

この問題に対するジェネンテック社のアプローチは巧妙であると同時に、直感とは相容れないものだった。「物質」や「製造物」としてインスリンの特許を申請するのではなく、「方法」の特許を申請することに集中したのだ。申請書では、大腸菌細胞に遺伝子を運ぶ「ＤＮＡの乗り物」の特許が申請されていた。大腸菌に組み換えタンパク質をつくらせるための「乗り物」だ。医学的な使用目的でヒトの組み換えタンパク質がつくられたという前例はなく、それはあまりに斬新な主張だったために、かえって、その大胆さが功を奏した。一九八二年一〇月二六日、アメリカ特許商標庁（ＵＳＰＴＯ）は、組み換えＤＮＡを用いてインスリンやソマトスタチンなどのタンパク質を微生物の体内でつくる方法に対する特許をジェネンテック社に発行した。[*22]「その特許は事実上、（あらゆる）遺伝子組み換え微生物をひとつの発明として対象としていた」[*23]とある人物は書いている。ジェネンテック社の特許はほどなく、テクノロジー特許の歴史上最も多くの利益をもたらすと同時に、最も激しい論争の的となった。

インスリンはバイオ産業にとっての画期的な出来事であり、ジェネンテック社にとってのドル箱となった。しかし、遺伝子クローニング技術が世間の人々の注目を浴びるようになったきっかけはインスリンではなかった。

一九八二年の四月、サンフランシスコのバレエダンサー、ケン・ホーンがいくつもの不可解な症状を訴えて皮膚科を受診した。もう何カ月も前から疲れやすく、やがて咳が出るようになった。ひどい下痢に何度も見舞われて体重が減り、そのせいで頬はこけ、首の筋肉がまるで革ひものように浮き出ていた。リンパ節の腫脹も見られた。「それに今は」と言って、彼はシャツをたくし上げた。「皮膚が網目状に盛り上がっているんです。それも青紫色で。なんだか気味の悪いアニメ映画みたいで」

そうした症状を訴えていたのはホーンだけではなかった。一九八二年の五月から八月にかけて、太平洋沿岸地方がうだるような熱波に襲われているころ、似たような謎めいた症例がサンフランシスコ、ニューヨーク、ロサンゼルスで相次いで報告された。アトランタの疾病管理予防センター（ＣＤＣ）は、ニューモシスチス肺炎の治療薬として保管されている抗生物質、ペンタミジンの使用を求める九件の依頼に対処しなければならなかった。まったくわけのわからない事態だった。ニューモシスチス肺炎はまれな感染症で、患者のほとんどは免疫機能が極度に低下したがん患者だった。だが今回の依頼はすべて、若い男性のためのものだった。以前は健康そのものだった若者たちの免疫機能が不可解にも、突如崩壊していたのだ。

ホーンはカポジ肉腫と診断された。カポジ肉腫はそれまで、地中海沿岸に住む老人の皮膚にできる進行の遅い腫瘍と考えられていた。だがホーンや、その後の四カ月のあいだに次々と報告された他の九例の患者のカポジ肉腫は、それまで文献で報告されてきた進行の遅い腫瘍とは似ても似つかないものだった。それは、皮膚や肺に急速に広がる進行の速いがんであり、ニューヨークやサンフランシスコのゲイの男性に好発していた。医師たちはホーンの症状に当惑した。というのも、まるで謎に謎を重ねるかのように、今ではニューモシスチス肺炎と髄膜炎も併発していたからだ。八月末には、疫学的な災難がどこからともなく出現しようとしているのはもはや疑いの余地がなくなった。ゲイの男性ばかりが罹患（りかん）することに気づいた医師らは、その症候群をゲイ関連免疫不全（ＧＲＩＤ）と呼ぶようになった。新聞の多くはなじるように「ゲイの疫病」と呼んだ。[*24]

九月までには、そうした名前がまちがいであることが明らかになった。ニューモシスチス肺炎やめずらしい髄膜炎などの免疫機能の崩壊を示す症状が、三人の血友病Ａの患者でも見られたのだ。血友病Ａとは血液を凝固させるための重要な因子である第Ⅷ因子の遺伝子変異によって引き起こされる。何世紀ものあいだ、血友病の患者たちは大量出血を恐れながら暮らしていた。皮膚がわずかに傷ついただけで、命取りになりかねなかったからだ。しかし一九七〇年代半ばには、血友病は濃縮された第Ⅷ因子を注射することで治療できるようになった。何千リットルものヒトの血液から精製された凝固因子製剤の一回分には、輸血一〇〇回分に相当する凝固因子が濃縮されていた。かくして血友病の患者は、ひとりにつき何千人もの献血者の血液の濃縮成分にさらされることになった。例の謎めいた免疫機能の崩壊が輸血を繰り返している患者で見られたという事実は、第Ⅷ因子製剤に混入していた血中の因子、おそらくは新しいタイプのウイルスが原因であることを示していた。その症候群の名前は、後天性免疫不全症候群（エイズ）へと変更された。

一九八三年の春、初期のエイズ患者が報告されはじめているころ、ジェネンテック社のデイヴィッド・ゴデルは第Ⅷ因子の遺伝子クローニングに取り組みはじめた。インスリンの場合と同じく、クローニングの背後にある理論は明白だった。つまり、何リットルものヒトの血液から第Ⅷ因子を精製するのではなく、遺伝子クローニングを使って第Ⅷ因子タンパク質を人工的につくるというものだ。第Ⅷ因子をクローニングでつくることができれば、不純物が混じることもなく、血液から精製されたタンパク質よりも安全に使える。血友病患者での感染や死を防げるのだ。「クローニングか、死か」というゴデルの古びたTシャツのスローガンがまさに現実のものとなった。

第Ⅷ因子をクローニングしようと考えていたのはゴデルとボイヤーだけではなかった。インスリンのクローニングの場合と同様、今度もまた、数グループが参加する競争となった。マサチューセッツ州のケンブリッジでは、トム・マニアティスとマーク・プタシュン率いるハーバード大学の研究者たちがジェネティック・インスティテュート社（略してGI）という名の会社を設立し、第Ⅷ因子の生産を目指した。第Ⅷ因子プロジェクトは遺伝子クローニング技術の限界への挑戦だということは誰もが承知していた。ソマトスタチンのアミノ酸の数は一四個で、インスリンは五一個だったのに対して、第Ⅷ因子はじつに二三五〇個ものアミノ酸でできていたからだ。ソマトスタチンから第Ⅷ因子まではサイズを一六〇倍も飛躍させなければならなかった。たとえるならば、ライト兄弟の兄ウィルバー・ライトがおこなったキティホークでの初飛行から、リンドバーグの大西洋無着陸飛行へといきなり飛躍するようなものだった。

サイズの飛躍は単なる量的な障壁ではなく、遺伝子クローナー（クローニング技術を駆使する人）はそれを達成するために新しいクローニング技術を用いなければならなかった。ソマトスタチンとインスリンの遺伝子はどちらも、DNA塩基をA、G、C……というように化学的につなげていくことでゼロから組み立てることができたが、第Ⅷ因子はあまりに大きすぎるために、DNAの化学合成というこのやり方ではうまくいきそうになかった。そこでジェネンテック社とGI社は、第Ⅷ因子遺伝子を入手するために、土壌からミミズを引き抜くようにして、ヒトの細胞から天然の遺伝子を取り出すことにした。

だが「ミミズ」をまるごとゲノムから取り出すのは簡単なことではなかった。ヒトのゲノムの中の遺伝子には、イントロンという長いDNAが挟み込まれていたことを思い出してほしい。イントロンとは、メッセージの断片と断片のあいだの意味不明な詰め物のようなものだ。実際の遺伝子というのは *genome* のように一続きにはなっておらず、*gen……om……e* のようになっている。ヒトの遺伝子の中のイントロンは概してとても長く、そのせいで、遺伝子をまるごとクローニングするのは不可能だった（イントロンを含む遺伝子は長すぎて、プラスミドに入れ込むことができない）。

そこでマニアティスは巧妙な解決策を思いついた。彼は逆転写酵素（RNAからDNAを合成する酵素）を用い、RNAを鋳型にしてDNAをつくる技術の先駆者だった。逆転写酵素を使うことによって、遺伝子クローニングははるかに効率的になる。イントロンがスプライシングによって取り除かれたあとの遺伝子をクローニングすることが可能になるからだ。細胞がすべての仕事をしてくれる。イントロンが挟まれた長く扱いにくい第Ⅷ因子のような遺伝子でも、細胞のスプライシング装置がイントロンを切り捨ててくれるのだ。あとは、そうしてできあがったmRNAから逆転写酵素を用いてDNAをつくり、そのDNAをクローニングすればよかった。

一九八三年の晩夏には、どちらのチームもあらゆる技術を駆使して第Ⅷ因子遺伝子のクローニングに取り組んでおり、競争は熾烈だった。一九八三年一二月、ほぼ横並びで走っていた両チームがどちらも、第Ⅷ因子のDNAを合成し、プラスミドに挿入したと発表した。タンパク質を大量につくることができるハムスターの卵巣細胞に、プラスミドが導入された。一九八四年一月、最初の第Ⅷ因子が細胞培養液に現れはじめた。アメリカで複数のエイズ患者が初めて報告されてからちょうど二年後の一九八四年四月、ジェネンテック社とＧＩ社はどちらも、試験管内で組み換え第Ⅷ因子を精製したと発表した。[*25] ヒトの血液で汚染されていない凝固因子だ。

一九八七年三月、血液学者のギルバート・ホワイトは、ノースカロライナ大学血栓止血センターで、ハムスター細胞につくらせた組み換え第Ⅷ因子の最初の臨床試験を実施した。最初に治療されたのは、四三歳の血友病の男性Ｇ・Ｍだった。第Ⅷ因子の最初の点滴が始まると、ホワイトは副作用に先手を打とうと、患者のベッドのそばで落ち着かなげに待ち構えていた。数分後、Ｇ・Ｍは黙り込んだ。目は閉じられ、顎は胸に引き寄せられていた。「何か話してみて」とホワイトは促した。なんの反応もなかった。ホワイトが緊急事態をスタッフに告げようとしたところで、Ｇ・Ｍは目を開けて、ハムスターの鳴き声をまねてみせ、それから大笑いした。

Ｇ・Ｍの治療が成功したというニュースは絶望に沈んでいた血友病患者のコミュニティーに広がった。血友病患者でのエイズの発症は、惨事のただ中で新たな惨事が襲ってきたようなものだった。ゲイの男性たちがすぐに団結してエイズの流行に挑む姿勢を示し、共同浴場やクラブへの出入りをやめたり、安全なセックスを推奨してコンドームのキャンペーンを展開したりしたのに対し、血友病の患者たちはただ、エイズの影が広がっていくのを途方もない恐怖とともに眺めているしかなかった。血液へのウイルス混入を確かめる最初の検査をアメリカ食品医薬品局（ＦＤＡ）が発表するまでの一九八四年四月から一九八五年三月にかけて、病院に入院した血友病患者は失血死か致死的なウイルスへの感染かという恐ろしい二者択一を突きつけられた。その時期の血友病患者のＨＩＶ感染率は信じがたいものだった。重症なタイプの血友病患者では、じつに九〇パーセントの患者が汚染された血液を介してＨＩＶに感染したのだ。[*26]

そうした患者の命を救うには、遺伝子組み換え第Ⅷ因子の登場は遅すぎた。初期のころにHIVに感染した血友病患者のほとんどがエイズの合併症で亡くなったのだ。それでも、遺伝子から第Ⅷ因子がつくられたことによって、重要な概念上の新天地（特異な皮肉の色を帯びた新天地ではあったものの）が開拓されたのは確かだった。アシロマの恐怖は完全にひっくり返った。結局のところ、人類に大混乱をもたらしたのは「天然の」病原菌のほうであり、ヒトの遺伝子を細菌に挿入し、ハムスター細胞でタンパク質をつくるという奇妙な遺伝子クローニングの技術こそが、人間の医薬品を製造するための最も安全な方法である可能性が高いことが判明したのだ。

技術の歴史を語るとき、私たちはつい製品をとおして語りたくなる。車輪、顕微鏡、飛行機、インターネット。しかし技術の歴史を書く際には、移行をとおして書いたほうがより明快だ。直線運動から円運動への、肉眼でとらえられる空間から、とらえられない空間への、地上運動から空中運動への、物理的接続性から仮想回線への移行だ。

組み換えDNAからタンパク質がつくられたという事実は、医療技術の歴史における決定的な移行を示していた。遺伝子から医薬というこの移行の持つ大きな影響力を理解するためにはまず、医薬品の歴史を理解しなければならない。医薬品、つまり薬というのは本質的に、ヒトの生理現象に治療的な変化をもたらすことのできる分子にすぎない。それは単純な化学物質の場合もあれば（たとえば、正しいタイミングで正しい量を与えたならば、水も効果的な薬になる）、複雑で多次元かつ多面的な分子の場合もあるが、その種類は驚くほど少ない。ヒトに使用されている薬は何千もあるものの（アスピリンひとつをとってみても、何十種類もある）、それらの薬が標的にしている分子反応は、体内で起きている全分子反応のごく一部にすぎないのだ。ヒトの体内にある数百万の生体分子（酵素や、受容体や、ホルモンなど）のうち、現存する薬によって治療的に調節されているのは約二五〇（〇・〇二五パーセント）にすぎない。[*27] 相互作用するノードやネットワークを持つ膨大な数のグローバルな電話通信網としてヒトの生理機能を描いたならば、われわれが現在手にしている医薬品はその複雑な通信網の一部のさらにまた一部にしか作用していない。医薬品というのはいわば、通信網の端っこでほんの数本の電話線をいじっているウィチタの電信柱の作業員のようなものだ。

医薬品の少なさにはひとつの重要な理由がある。つまり、特異性だ。ほとんどすべての薬が、標的に結合して標的を作動させたり停止させたりすることによって働く。分子のスイッチをオンにしたりオフにしたりするのだ。薬はスイッチに結合できなければ役に立たないが、ある特定のスイッチにだけ選択的に結合しなければならない。どんなスイッチにも無差別に結合する薬というのは毒にほかならないからだ。たいていの分子はそこまで厳密な区別をすることができないが、タンパク質はまさに、こうした選択的な結合ができるようにデザインされている。タンパク質が生物界の中心的存在だったことを思い出してほしい。細胞の反応の作動係であり、抑制係であり、策士であり、調節係であり、番人であり、作業員なのだ。ほとんどの薬がオンにしたりオフにしたりしようとねらっているスイッチとは、このタンパク質にほかならない。

タンパク質はこのように、薬物の世界における最も強力で、最も特異的な薬のひとつになりうる。しかしタンパク質をつくるには、その遺伝子が必要であり、組み換えＤＮＡ技術がここで重要な手段を提供した。ヒトの遺伝子クローニングによって、科学者はタンパク質をつくれるようになり、その結果、ヒトの体内で起きている無数の生化学反応を標的にできる可能性が広がった。タンパク質を手に入れたことで、化学者は、それまで到達できなかった生理機能に介入できるようになった。組み換えＤＮＡを使ってタンパク質をつくる技術はこうして、ひとつの遺伝子からひとつの薬への移行のみならず、遺伝子から、新薬の世界への移行を表す象徴となった。

一九八〇年一〇月一四日、ジェネンテック社はＧＥＮＥ（遺伝子）という株式コードで株式を上場して一〇〇万株を売り、株式公開直後のほんの数時間で三五〇〇万ドルの資金を調達した。[*28] それは株式市場の歴史上最大の収益となった。そのころには、製薬会社大手のイーライリリーが遺伝子組み換え型インスリン（ウシやブタのインスリンと区別するために「ヒュームリン」と名づけられた）の製造と販売のライセンスを取得しており、急速に市場を拡大していた。一九八三年には八〇〇〇万ドルだったジェネンテック社の売り上げは、一九九六年には九〇〇〇万ドルになり、さらに、一九九八年には七億ドルに達した。スワンソン（《エスクァイア》誌は彼について、「シマリスのような頬をした、小太りで小柄な三六歳」と書いている）は今ではけたはずれの大富豪になっており、それはボイヤーも同じだった。一九七七年の夏にソマトスタチン遺伝子のクローニングという、見捨てられたようなプロジェクトのごくわずかな一端にしがみついていた大学院生が、ある朝目を覚ますと、誕生したばかりの億万長者になっていたのだ。

一九八二年、ジェネンテック社は、ある種の低身長の治療に用いられるヒト成長ホルモン（ＨＧＨ）の製造に乗り出した。一九八六年には、同社の生物学者たちが、血液のがんの治療に使われる免疫調節機能を持つタンパク質、インターフェロンαのクローニングに成功した。一九八七年には、遺伝子組み換え型ＴＰＡ（脳卒中や心筋梗塞の原因となる血栓を溶かす溶解薬）を製造し、一九九〇年には、組み換え遺伝子からワクチンをつくる事業に着手しはじめ、Ｂ型肝炎ワクチンの製造を開始した。一九九〇年一二月、スイスの製薬大手ロシュがジェネンテック社の株式の過半数を二一億ドルで取得した。スワンソンは最高経営責任者の座を退き、ボイヤーも一九九一年に副社長の座を退いた。

二〇〇一年の夏、ジェネンテック社は物理的な拡大を開始し、世界一大きなバイオテクノロジー研究複合施設となった。[*29] 広大な敷地に立つガラス張りのビル、どこまでも広がる芝生、フリスビーをする大学院生たちといった光景は、大学とほとんど見分けがつかない。施設の真ん中に、スーツ姿の男と、フレアジーンズに革のベストという恰好の科学者の控えめな銅像がある。スーツ姿の男は身振りを加えながら、テーブル越しに科学者に話している。男は前屈みになり、科学者のほうは考えごとをしながら男の肩越しに遠くを眺めている。

スワンソンは残念ながら、ボイヤーと出会った日を記念したその銅像の除幕式に参加することはできなかった。一九九九年、彼は五二歳で、脳腫瘍のひとつである膠芽腫と診断された。そして一九九九年一二月六日、ジェネンテック社のキャンパスから数キロのところにあるヒルズボロの自宅で、息を引き取った。（下巻に続く）

用語解説（五十音順）

ＲＮＡ　リボ核酸。細胞内でいくつかの機能をはたしている化学物質。遺伝子からタンパク質が翻訳される際の「中間」メッセージとしての役割もはたしている。糖とリン酸の骨格に沿って塩基（A、C、G、U）が並んだ構造をしている。RNAはたいてい、細胞内で一本鎖として存在しているが（つねに二本鎖として存在しているDNAとは異なる）、特殊な状況では、二本鎖のRNAが形成される場合もある。レトロウイルスなどの生物は、RNAを使って遺伝情報を運んでいる。

遺伝型（Genotype）　生物個体の形態的・化学的・生物学的・知的特性（「表現型 phenotype」の項を参照）を決定する遺伝情報の総計。

遺伝子（Gene）　遺伝情報を担う因子。通常は、タンパク質の情報やRNA鎖の情報をコードしたDNA領域からなる（遺伝子がRNAの形で担われている特殊な場合もある）。

エピジェネティクス（Epigenetics）　DNAの塩基配列（A、C、T、G）の変化によらない表現型の変化を研究する学問領域。DNAの化学的な変化（メチル化）や、DNA結合タンパク質（ヒストン）の修飾による染色体の構造変化によってもたらされるそうした変化の中には子孫に受け継がれるものもある。

核（Nucleus）　動物や植物の細胞内にあって、膜に包まれ、染色体（および遺伝子）を内蔵する構造。細菌の細胞には存在しない。動物細胞では、ほとんどの遺伝子が核内に存在するが、ミトコンドリア内に存在する遺伝子もある。

逆転写（Reverse transcription）　酵素（逆転写酵素）の触媒により、ＲＮＡ鎖を鋳型にしてＤＮＡ鎖が合成される反応。逆転写酵素はレトロウイルスが持つ酵素である。

クロマチン（Chromatin）　分裂期に染色体となる構造体。細胞を染色した際に発見されたことから、古代ギリシャ語の *chroma*（「色」）を語源に持つ。クロマチンはＤＮＡ、ＲＮＡ、タンパク質で構成される。

形質、優性と劣性（Traits, dominant and recessive）　形質とは、個体の形態的、生物学的特性である。形質は通常、遺伝子にコードされている。複数の遺伝子が単一の形質をコードしている場合もあれば、単一の遺伝子が複数の形質をコードしている場合もある。優性形質とは、優性の対立遺伝子と劣性の対立遺伝子の両方が存在するときに、表現型として表れるほうの形質であり、劣性形質とは、対立遺伝子が両方とも劣性の場合にのみ、表現型として表れる形質である。

形質転換（Transformation）　個体から個体への遺伝物質の水平伝搬。細菌は個体から個体へと遺伝物質を伝搬させることによって、世代を経ることなしに遺伝情報を交換することができる。

ゲノム（Genome）　生物の持つ全遺伝情報。ゲノムには、タンパク質をコードする遺伝子、タンパク質をコードしない遺伝子、遺伝子の調節領域、いまだ機能が解明されていないＤＮＡ領域が含まれている。

細胞小器官（Organelle）　細胞の内部に存在し、特殊な形態や機能を持つ構造の総称。個々の細胞小器官はたいてい、個別の膜に包まれている。ミトコンドリアはエネルギーを産生する細胞小器官である。

酵素（Enzyme）　化学反応を促進させるタンパク質。

浸透率（Penetrance）　ある特定の遺伝子の変化が、その個体の実際の表現型として表れる割合。遺伝医学では、ある遺伝型を持つ集団のうち、その遺伝型が関与する疾患の発症者の割合を指す。

染色体（Chromosome）　ＤＮＡとタンパク質からなる細胞内の構造体で、遺伝情報を担う。

セントラル・ドグマ（Central dogma あるいは Central theory）　ほとんどの生物において、生物の情報はDNA→メッセンジャーRNA→タンパク質の順に伝達されるという分子生物学の基本原則。この原則には例外があり、レトロウイルスは、RNAの鋳型からDNAをつくるための酵素を持っている。

対立遺伝子（Allele）　相同の遺伝子座（ある特定の形質に関する遺伝情報が存在する染色体の部位）にあって、異なる遺伝情報を持つ遺伝子。対立遺伝子はたいてい変異によってつくられ、表現型の多様性をもたらしている。一個の遺伝子には複数の対立遺伝子が存在しうる。

タンパク質（Protein）　アミノ酸が鎖状につながってできた化合物で、遺伝子が翻訳されて合成される。タンパク質の機能は多岐にわたり、その中には、シグナル伝達、生体構造の形成、生化学反応の促進などが含まれる。遺伝子は通常、タンパク質の青写真を提供することで「作用」する。タンパク質はリン酸基、糖鎖、脂質などの小さな化合物の付加による化学的な修飾を受けている。

DNA　デオキシリボ核酸。すべての細胞生物に存在する、遺伝情報を担う化学物質。通常は相補的な二本の鎖のペアとして細胞内に存在しており、それぞれの鎖が四種類の化合物（略して、A、C、T、G）からなる構成単位を持つ。遺伝子はその鎖の中に遺伝的な「暗号」として担われており、暗号の配列がRNAに転換（転写）され、その後、タンパク質に翻訳される。

転写（Transcription）　遺伝子のＲＮＡコピーをつくる過程。転写では、ＤＮＡの遺伝子暗号（たとえば、ＡＴＧ‐ＣＡＣ‐ＧＧＧ）を鋳型として、ＲＮＡ「コピー」（ＡＵＧ‐ＣＡＣ‐ＧＧＧ）が合成される。

突然変異（Mutation）　ＤＮＡの化学的構造の変化。突然変異にはサイレント変異（個体の機能になんの影響も与えない変異）もあれば、個体の機能や構造の変化をもたらすものもある。

表現型（Phenotype）　皮膚の色や目の色などの、個体の持つ生物学的、形態的、知的な形質。表現型にはまた、気質、人格というような複雑な形質も含まれる。表現型を決定するのは、遺伝子、エピジェネティックな変化、環境、偶然である。

翻訳（Translation）　リボソームにおいて、遺伝情報がＲＮＡメッセージからタンパク質へと変換される過程。翻訳の過程では、ＲＮＡの三つ組みの塩基（たとえば、ＡＵＧ）をもとに、アミノ酸（たとえば、メチオニン）がタンパク質に次々と付加されていく。ＲＮＡ鎖はこのようにしてアミノ酸の鎖をコードしている。

リボソーム（Ribosome）　あらゆる生物の細胞内に存在する構造で、タンパク質とＲＮＡからなる。メッセンジャーＲＮＡの情報を読み取ってタンパク質へと変換する。

索　引

＊「n」は傍注内の記述を指す。

■数字・アルファベット

■か

■さ

■た

■な

■は

■ま

■や

■ら

■わ

原　注

★ W. Bateson, "Problems of Heredity as a Subject for Horticultural Investigation," in *A Century of Mendelism in Human Genetics*, ed. Milo Keynes, A.W.F. Edwards, and Robert Peel (Boca Raton, FL: CRC Press, 2004), 153.

† Haruki Murakami, *1Q84* (London: Vintage, 2012), 231.〔『1Q84 BOOK1』村上春樹、新潮文庫〕

プロローグ――家族

1 Charles W. Eliot, *The Harvard Classics: The Odyssey of Homer*, ed. Charles W. Eliot (Danbury, CT: Grolier Enterprises, 1982), 49.〔ホメロス『オデュッセイア』（松平千秋訳、岩波文庫）〕

2 Philip Larkin, *High Windows* (New York: Farrar, Straus and Giroux, 1974).〔フィリップ・ラーキン『フィリップ・ラーキン詩集』（児玉実用、村田辰夫、薬師川虹一、坂本完春、杉野徹訳、国文社）　本文の訳は田中文による。〕

3 Maartje F. Aukes et al., "Familial clustering of schizophrenia, bipolar disorder, and major depressive disorder," *Genetics in Medicine* 14, no. 3 (2012): 338–41; and Paul Lichtenstein et al., "Common genetic determinants of schizophrenia and bipolar disorder in Swedish families: A population-based study," *Lancet* 373, no. 9659 (2009): 234–39.

4 *Atoms, Bytes and Genes: Public Resistance and Techno-Scientific Responses* by Martin W. Bauer, Routledge Advances in Sociology (New York: Routledge, 2015).

5 Helen Vendler, *Wallace Stevens: Words Chosen out of Desire* (Cambridge, MA: Harvard University Press, 1984), 21.

6 Hugo de Vries, *Intracellular Pangenesis: Including a Paper on Fertilization and Hybridization* (Chicago: Open Court, 1910), 13.

7 Arthur W. Gilbert, "The Science of Genetics," *Journal of Heredity* 5, no. 6 (1914): 239.

8 Thomas Hunt Morgan, *The Physical Basis of Heredity* (Philadelphia: J. B. Lippincott, 1919), 14.

9 Jeff Lyon and Peter Gorner, *Altered Fates: Gene Therapy and the Retooling of Human Life* (New York: W. W. Norton, 1996), 9–10.

第１部「遺伝といういまだ存在しない科学」

1 Herbert G. Wells, *Mankind in the Making* (Leipzig: Tauchnitz, 1903), 33.

2 Oscar Wilde, *The Importance of Being Earnest* (New York: Dover Publications, 1990), 117.

〔オスカー・ワイルド「真面目が大切」（『ワイルド喜劇全集』荒井良雄訳、新潮社）〕

壁に囲まれた庭

1 G. K. Chesterton, *Eugenics and Other Evils* (London: Cassell, 1922), 66.〔G・K・チェスタトン『求む、有能でないひと』（阿部薫訳、国書刊行会）〕

2 Job 12:8.〔『聖書　新共同訳』（共同訳聖書実行委員会、日本聖書協会）〕

3 Gareth B. Matthews, *The Augustinian Tradition* (Berkeley: University of California Press, 1999).

4 メンデルの人生やアウグスチノ修道会については以下を参考にした。Gregor Mendel, Alain F. Corcos, and Floyd V. Monaghan, *Gregor Mendel's Experiments on Plant Hybrids: A Guided Study* (New Brunswick, NJ: Rutgers University Press, 1993); Edward Edelson, *Gregor Mendel: And the Roots of Genetics* (New York: Oxford University Press, 1999); and Robin Marantz Henig, *The Monk in the Garden: The Lost and Found Genius of Gregor Mendel, the Father of Genetics* (Boston: Houghton Mifflin, 2000).

5 Edward Berenson, *Populist Religion and Left -Wing Politics in France, 1830–1852* (Princeton, NJ: Princeton University Press, 1984).

6 Henig, *Monk in the Garden*, 37.

7 同上。38.

8 Harry Sootin, *Gregor Mendel: Father of the Science of Genetics* (New York: Random House Books for Young Readers, 1959).

9 Henig, *Monk in the Garden*, 62.

10 同上。47.

11 Jagdish Mehra and Helmut Rechenberg, *The Historical Development of Quantum Theory* (New York: Springer-Verlag, 1982).

12 Kendall F. Haven, *100 Greatest Science Discoveries of All Time* (Westport, CT: Libraries Unlimited, 2007), 75–76.

13 Margaret J. Anderson, *Carl Linnaeus: Father of Classification* (Springfield, NJ: Enslow Publishers, 1997).

14 Aeschylus, *The Greek Classics: Aeschylus—Seven Plays* (n.p.: Special Edition Books, 2006), 240.〔『ギリシア悲劇〈1〉アイスキュロス』（高津春繁他訳、ちくま文庫）〕

15 同上。

16 Maor Eli, *The Pythagorean Theorem: A 4,000-Year History* (Princeton, NJ: Princeton University Press, 2007).

17 Plato, *The Republic*, ed. and trans. Allan Bloom (New York: Basic Books, 1968).〔プラトン『国家（上、下）』（藤沢令夫訳、岩波文庫）〕

18 Plato, *The Republic* (Edinburgh: Black & White Classics, 2014), 150.〔『国家』〕

19 同上。

20 Aristotle, *Generation of Animals* (Leiden: Brill Archive, 1943).

21 Aristotle, *History of Animals, Book VII*, ed. and trans. D. M. Balme (Cambridge, MA: Harvard University Press, 1991).〔アリストテレース『動物誌（上、下）』（島崎三郎訳、岩波文庫）〕

22 同上。585b28–586a4.

23 Aristotle, *The Complete Works of Aristotle: The Revised Oxford Translation*, ed. Jonathan Barnes (Princeton, NJ: Princeton University Press, 1984), bk. 1, 1121.〔アリストテレス『新版　アリストテレス全集』（内山勝利他編集、岩波書店）〕

24 Aristotle, *The Works of Aristotle*, ed. and trans. W. D. Ross (Chicago: Encyclopædia Britannica, 1952), "Aristotle: Logic and Metaphysics."

25 Aristotle, *Complete Works of Aristotle*, 1134.〔『新版　アリストテレス全集』〕

26 Daniel Novotny and Lukás Novák, *Neo-Aristotelian Perspectives in Metaphysics* (New York: Routledge, 2014), 94.

27 Paracelsus, *Paracelsus: Essential Readings*, ed. and trans. Nicholas Godrick-Clarke (Wellingborough, Northamptonshire, England: Crucible, 1990).

28 Peter Hanns Reill, *Vitalizing Nature in the Enlightenment* (Berkeley: University of California Press, 2005), 160.

29 Nicolaas Hartsoeker, *Essay de dioptrique* (Paris: Jean Anisson, 1694).

30 Matthew Cobb, "Reading and writing the book of nature: Jan Swammerdam (1637–1680)," *Endeavour* 24, no. 3 (2000): 122–28.

31 Caspar Friedrich Wolff, "De formatione intestinorum praecipue," *Novi commentarii Academiae Scientiarum Imperialis Petropolitanae* 12 (1768): 43–47. ヴォルフは1759年に「指針」についても記している。以下を参照されたい。Richard P. Aulie, "Caspar Friedrich Wolff and his 'Theoria Generationis,' 1759," *Journal of the History of Medicine and Allied Sciences* 16, no. 2 (1961): 124–44.

32 Oscar Hertwig, *The Biological Problem of To-day: Preformation or Epigenesis? The Basis of a Theory of Organic Development* (London: Heinneman's Scientific Handbook, 1896), 1.

「謎の中の謎」

1 Robert Frost, *The Robert Frost Reader: Poetry and Prose*, ed. Edward Connery Lathem and Lawrance Thompson (New York: Henry Holt, 2002).

2 Charles Darwin, *The Autobiography of Charles Darwin*, ed. Francis Darwin (Amherst, NY: Prometheus Books, 2000), 11.〔チャールズ・ダーウィン『ダーウィン自伝』（八杉龍一他訳、ちくま学芸文庫）〕

3 Jacob Goldstein, "Charles Darwin, Medical School Dropout," *Wall Street Journal*, February

12, 2009, http://blogs.wsj .com/health/2009/02/12/charles-darwin-medical-school-dropout/.

4 Darwin, *Autobiography of Charles Darwin*, 37.〔『ダーウィン自伝』〕

5 Adrian J. Desmond and James R. Moore, *Darwin* (New York: Warner Books, 1991), 52.

6 Duane Isely, *One Hundred and One Botanists* (Ames: Iowa State University, 1994), "John Stevens Henslow (1796–1861)."

7 William Paley, *The Works of William Paley . . . Containing His Life, Moral and Political Philosophy, Evidences of Christianity, Natural Theology, Tracts, Horae Paulinae, Clergyman's Companion, and Sermons, Printed Verbatim from the Original Editions. Complete in One Volume* (Philadelphia: J. J. Woodward, 1836).

8 John F. W. Herschel, *A Preliminary Discourse on the Study of Natural Philosophy. A Facsim. of the 1830 Ed.* (New York: Johnson Reprint, 1966).

9 同上。38.

10 Martin Gorst, *Measuring Eternity: The Search for the Beginning of Time* (New York: Broadway Books, 2002), 158.

11 Charles Darwin, *On the Origin of Species by Means of Natural Selection* (London: Murray, 1859), 7.〔チャールズ・ダーウィン『種の起原（上、下）』（八杉龍一訳、岩波文庫）〕

12 Patrick Armstrong, *The English Parson-Naturalist: A Companionship between Science and Religion* (Leominster, MA: Gracewing, 2000), "Introducing the English Parson-Naturalist."

13 John Henslow, "Darwin Correspondence Project," Letter 105, https://www.darwinproject.ac.uk/letter/entry-105.

14 Darwin, *Autobiography of Charles Darwin*, "Voyage of the 'Beagle.' "

15 Charles Lyell, *Principles of Geology: Or, The Modern Changes of the Earth and Its Inhabitants Considered as Illustrative of Geology* (New York: D. Appleton, 1872).

16 同上。"Chapter 8: Difference in Texture of the Older and Newer Rocks."

17 Charles Darwin, *Geological Observations on the Volcanic Islands and Parts of South America Visited during the Voyage of H.M.S. "Beagle"* (New York: D. Appleton, 1896), 76–107.

18 David Quammen, "Darwin's first clues," *National Geographic* 215, no. 2 (2009): 34–53.

19 Charles Darwin, *Charles Darwin's Letters: A Selection, 1825–1859*, ed. Frederick Burkhardt (Cambridge: University of Cambridge, 1996), "To J. S. Henslow 12 [August] 1835," 46–47.

20 G. T. Bettany and John Parker Anderson, *Life of Charles Darwin* (London: W. Scott, 1887), 47.

21 Duncan M. Porter and Peter W. Graham, *Darwin's Sciences* (Hoboken, NJ: Wiley-Blackwell, 2015), 62–63.

22 同上。62.

23 Timothy Shanahan, *The Evolution of Darwinism: Selection, Adaptation, and Progress in Evolutionary Biology* (Cambridge: Cambridge University Press, 2004), 296.

24 Barry G. Gale, "After Malthus: Darwin Working on His Species Theory, 1838–1859" (PhD diss., University of Chicago, 1980).

25 Thomas Robert Malthus, *An Essay on the Principle of Population* (Chicago: Courier Corporation, 2007).

26 Arno Karlen, *Man and Microbes: Disease and Plagues in History and Modern Times* (New York: Putnam, 1995), 67.

27 Charles Darwin, *On the Origin of Species by Means of Natural Selection*, ed. Joseph Carroll (Peterborough, Canada: Broadview Press, 2003), 438.

28 Gregory Claeys, "The 'Survival of the Fittest' and the Origins of Social Darwinism," *Journal of the History of Ideas* 61, no. 2 (2000): 223–40.

29 Charles Darwin, *The Foundations of the Origin of Species, Two Essays Written in 1842 and 1844*, ed. Francis Darwin (Cambridge: Cambridge University Press, 1909), "Essay of 1844."

30 Alfred R. Wallace, "XVIII.—On the law which has regulated the introduction of new species," *Annals and Magazine of Natural History* 16, no. 93 (1855): 184–96.

31 Charles H. Smith and George Beccaloni, *Natural Selection and Beyond: The Intellectual Legacy of Alfred Russel Wallace* (Oxford: Oxford University Press, 2008), 10.

32 同上。69.

33 同上。12.

34 同上。ix.

35 Benjamin Orange Flowers, "Alfred Russel Wallace," *Arena* 36 (1906): 209.

36 Alfred Russel Wallace, *Alfred Russel Wallace: Letters and Reminiscences*, ed. James Marchant (New York: Arno Press, 1975), 118.

37 Charles Darwin, *The Correspondence of Charles Darwin*, vol. 13, ed. Frederick Burkhardt, Duncan M. Porter, and Sheila Ann Dean, et al. (Cambridge: Cambridge University Press, 2003), 468.

38 E. J. Browne, *Charles Darwin: The Power of Place* (New York: Alfred A. Knopf, 2002), 42.

39 Charles Darwin, *The Correspondence of Charles Darwin*, vol. 7, ed. Frederick Burkhardt and Sydney Smith (Cambridge: Cambridge University Press, 1992), 357.

40 Charles Darwin, *The Life and Letters of Charles Darwin* (London: John Murray, 1887), 70.

41 "Reviews: Darwin's Origins of Species," *Saturday Review of Politics, Literature, Science and Art* 8 (December 24, 1859): 775–76.

42 同上。

43 Charles Darwin, *On the Origin of Species*, ed. David Quammen (New York: Sterling, 2008), 51.

44 Richard Owen, "Darwin on the Origin of Species," *Edinburgh Review* 3 (1860): 487–532.
45 同上。

「とても広い空白」

1 Darwin, *Correspondence of Charles Darwin*, Darwin's letter to Asa Gray, September 5, 1857, https://www.darwinproject.ac.uk/letter/entry-2136.
2 Alexander Wilford Hall, *The Problem of Human Life: Embracing the "Evolution of Sound" and "Evolution Evolved," with a Review of the Six Great Modern Scientists, Darwin, Huxley, Tyndall, Haeckel, Helmholtz, and Mayer* (London: Hall & Company, 1880), 441.
3 Monroe W. Strickberger, *Evolution* (Boston: Jones & Bartlett, 1990), "The Lamarckian Heritage."
4 同上。24.
5 *From Darwin to DNA* (Cambridge, MA: Harvard University Press, 2008), 2.
6 同上。2–3.
7 Brian Charlesworth and Deborah Charlesworth, "Darwin and genetics," *Genetics* 183, no. 3 (2009): 757–66.
8 同上。759–60.
9 Charles Darwin, *The Variation of Animals and Plants under Domestication*, vol. 2 (London: O. Judd, 1868).〔「家畜・栽培植物の変異」（『ダーウィン全集4, 5』永野為武、篠遠嘉人訳、新潮社）〕
10 Darwin, *Correspondence of Charles Darwin*, vol. 13, "Letter to T. H. Huxley," 151.
11 Charles Darwin, *The Life and Letters of Charles Darwin: Including Autobiographical Chapter*, vol. 2., ed. Francis Darwin (New York: Appleton, 1896), "C. Darwin to Asa Gray," October 16, 1867, 256.
12 Fleeming Jenkin, "The Origin of Species," *North British Review* 47 (1867): 158.
13 ダーウィンに公正を期して言うならば、ジェンキンの反論を聞くまでもなく、ダーウィンは「融合遺伝」という考えの問題点に気づいていた。「多様な個体が自由に交雑したならば、そうした多様性というのはしだいに消えていくだろう……どんな小さな傾向でも、個体に多様性をもたらしている傾向は薄められていくはずだ」とダーウィンはメモに書いている。
14 G. Mendel, "Versuche über Pflanzen-Hybriden," *Verhandlungen des naturforschenden Vereins Brno* 4 (1866): 3–47 (*Journal of the Royal Horticultural Society* 26 [1901]: 1–32).〔メンデル『雑種植物の研究』（岩槻邦男、須原準平訳、岩波文庫）〕
15 David Galton, "Did Darwin read Mendel?" *Quarterly Journal of Medicine* 102, no. 8 (2009): 588, doi:10.1093/qjmed/hcp024.

「彼が愛した花」

1 Edward Edelson, *Gregor Mendel and the Roots of Genetics* (New York: Oxford University Press, 1999), "Clemens Janetchek's Poem Describing Mendel after His Death," 75.

2 Jiri Sekerak, "Gregor Mendel and the scientific milieu of his discovery," ed. M. Kokowski (The Global and the Local: The History of Science and the Cultural Integration of Europe, Proceedings of the 2nd ICESHS, Cracow, Poland, September 6–9, 2006).

3 Hugo de Vries, *Intracellular Pangenesis; Including a Paper on Fertilization and Hybridization* (Chicago: Open Court, 1910), "Mutual Independence of Hereditary Characters."

4 Henig, *Monk in the Garden*, 60.

5 Eric C. R. Reeve, *Encyclopedia of Genetics* (London: Fitzroy Dearborn, 2001), 62.

6 メンデルの前にも彼と同じくらい熱心に植物の交雑実験をおこなった先駆者たちがいた。だが彼らはメンデルほど数量化にこだわってはいなかったと思われる。1820年代には、T・A・ナイト、ジョン・ゴス、アレクサンダー・シートン、ウィリアム・ハーバートなどのイギリス人植物学者がより丈夫な農作物をつくるという目的で、メンデルの実験に驚くほどよく似た植物の交雑実験をおこなっている。また、フランスのオーギュスタン・サジュレのメロン交雑実験もメンデルの実験に似ていた。メンデルの直前におこなわれた最も詳しい植物交雑実験は、ドイツ人植物学者のヨーゼフ・ケールロイターによる煙草の実験であり、彼の実験に引き続いて、パリのカール・フォン・ゲルトナーとシャルル・ノーダンが同様の実験をおこなった。ダーウィンは実際に、遺伝情報の粒状の性質を示唆するサジュレとノーダンの論文を読んでいたが、その重要性には気がつかなかった。

7 Gregor Mendel, *Experiments in Plant Hybridisation* (New York: Cosimo, 2008), 8.

8 Henig, *Monk in the Garden*, 81. More details in "Chapter 7: First Harvest."

9 Ludwig Wittgenstein, *Culture and Value*, trans. Peter Winch (Chicago: University of Chicago Press, 1984), 50e.

10 Henig, *Monk in the Garden*, 86.

11 同上。130.

12 Mendel, *Experiments in Plant Hybridization*, 8.

13 Henig, *Monk in the Garden*, "Chapter 11: Full Moon in February," 133–47. A second portion of Mendel's paper was read on March 8, 1865.

14 Mendel, "Experiments in Plant Hybridization," www.mendelweb.org/Mendel.html.

15 Galton, "Did Darwin Read Mendel?" 587.

16 Leslie Clarence Dunn, *A Short History of Genetics: The Development of Some of the Main Lines of Thought, 1864–1939* (Ames: Iowa State University Press, 1991), 15.

17 Gregor Mendel, "Gregor Mendel's letters to Carl Nägeli, 1866–1873," *Genetics* 35, no. 5, pt. 2 (1950): 1.

18 Allan Franklin et al., *Ending the Mendel-Fisher Controversy* (Pittsburgh, PA: University of

Pittsburgh Press, 2008), 182.

19 Mendel, "Letters to Carl Nägeli," April 18, 1867, 4.

20 同上。November 18, 1867, 30–34.

21 Gian A. Nogler, "The lesser-known Mendel: His experiments on *Hieracium*," *Genetics* 172, no. 1 (2006): 1–6.

22 Henig, *Monk in the Garden*, 170.

23 Edelson, *Gregor Mendel*, "Clemens Janetchek's Poem Describing Mendel a er His Death," 75.

「メンデルとかいう人」

1 Lucius Moody Bristol, *Social Adaptation: a Study in the Development of the Doctrine of Adaptation as a Theory of Social Progress* (Cambridge, MA: Harvard University Press, 1915), 70.

2 同上。

3 同上。

4 Peter W. van der Pas, "The correspondence of Hugo de Vries and Charles Darwin," *Janus* 57: 173–213.

5 Mathias Engan, *Multiple Precision Integer Arithmetic and Public Key Encryption* (M. Engan, 2009), 16–17. 511

6 Charles Darwin, *The Variation of Animals & Plants under Domestication*, ed. Francis Darwin (London: John Murray, 1905), 5.

7 "Charles Darwin," Famous Scientists, http://www.famousscientists .org/charles-darwin/.

8 James Schwartz, *In Pursuit of the Gene: From Darwin to DNA* (Cambridge, MA: Harvard University Press, 2008), "Pangenes."

9 August Weismann, William Newton Parker, and Harriet Rönnfeldt, *The Germ-Plasm; a Theory of Heredity* (New York: Scribner's, 1893).

10 Schwartz, *In Pursuit of the Gene*, 83.

11 Ida H. Stamhuis, Onno G. Meijer, and Erik J. A. Zevenhuizen, "Hugo de Vries on heredity, 1889–1903: Statistics, Mendelian laws, pangenes, mutations," *Isis* (1999): 238–67.

12 Iris Sandler and Laurence Sandler, "A conceptual ambiguity that contributed to the neglect of Mendel's paper," *History and Philosophy of the Life Sciences* 7, no. 1 (1985): 9.

13 Edward J. Larson, *Evolution: The Remarkable History of a Scientiffic Theory* (New York: Modern Library, 2004).

14 Hans-Jörg Rheinberger, "Mendelian inheritance in Germany between 1900 and 1910. The case of Carl Correns (1864–1933)," *Comptes Rendus de l'Académie des Sciences—Series III—Sciences de la Vie* 323, no. 12 (2000): 1089–96, doi:10.1016/s0764-4469(00)01267-1.

15 Url Lanham, *Origins of Modern Biology* (New York: Columbia University Press, 1968), 207.
16 Carl Correns, "G. Mendel's law concerning the behavior of progeny of varietal hybrids," *Genetics* 35, no. 5 (1950): 33–41.
17 Schwartz, *In Pursuit of the Gene*, 111.
18 Hugo de Vries, *The Mutation Theory*, vol. 1 (Chicago: Open Court, 1909).
19 John Williams Malone, *It Doesn't Take a Rocket Scientist: Great Amateurs of Science* (Hoboken, NJ: Wiley, 2002), 23.
20 Schwartz, *In Pursuit of the Gene*, 112.
21 Nicholas W. Gillham, "Sir Francis Galton and the birth of eugenics," *Annual Review of Genetics* 35, no. 1 (2001): 83–101.
22 レジナルド・パネットやリュシアン・キュエノなどの他の科学者がメンデルの法則を裏づけるきわめて重要な実験結果を提供した。パネットは1905年に近代遺伝学の最初の教科書とみなされている『メンデル説（*Mendelism*）』を執筆した。
23 Alan Cock and Donald R. Forsdyke, *Treasure Your Exceptions: The Science and Life of William Bateson* (Dordrecht: Springer Science & Business Media, 2008), 186.
24 同上。"Mendel's Bulldog (1902–1906)," 221–64.
25 William Bateson, "Problems of heredity as a subject for horticultural investigation," *Journal of the Royal Horticultural Society* 25 (1900–1901): 54.
26 William Bateson and Beatrice (Durham) Bateson, *William Bateson, F.R.S., Naturalist; His Essays & Addresses, Together with a Short Account of His Life* (Cambridge: Cambridge University Press, 1928), 93.
27 Schwartz, *In Pursuit of the Gene*, 221.
28 Bateson and Bateson, *William Bateson, F.R.S.*, 456.

優生学

1 Herbert Eugene Walter, *Genetics: An Introduction to the Study of Heredity* (New York: Macmillan, 1938), 4.
2 G. K. Chesterton, *Eugenics and Other Evils* (London: Cassell, 1922), 12–13.
3 Francis Galton, *Inquiries into Human Faculty and Its Development* (London: Macmillan, 1883).
4 Roswell H. Johnson, "Eugenics and So-Called Eugenics," *American Journal of Sociology* 20, no. 1 (July 1914): 98–103, http:// www.jstor.org/stable/2762976.
5 同上。99.
6 Galton, *Inquiries into Human Faculty*, 44.
7 Dean Keith Simonton, *Origins of Genius: Darwinian Perspectives on Creativity* (New York: Oxford University Press, 1999), 110.

8 Nicholas W. Gillham, *A Life of Sir Francis Galton: From African Exploration to the Birth of Eugenics* (New York: Oxford University Press, 2001), 32–33.

9 Niall Ferguson, *Civilization: The West and the Rest* (Duisburg: Haniel-Stiftung, 2012), 176. 〔ニーアル・ファーガソン『文明 西洋が覇権をとれた6つの真因』(仙名紀訳、勁草書房)〕

10 Francis Galton to C. R. Darwin, December 9,1859, https://www.darwinproject.ac.uk/letter/entry-2573.

11 Daniel J. Fairbanks, *Relics of Eden: The Powerful Evidence of Evolution in Human DNA* (Amherst, NY: Prometheus Books, 2007), 219.

12 Adolphe Quetelet, *A Treatise on Man and the Development of His Faculties: Now First Translated into English*, trans. T. Smibert (New York: Cambridge University Press, 2013), 5.

13 Jerald Wallulis, *The New Insecurity: The End of the Standard Job and Family* (Albany: State University of New York Press, 1998), 41.

14 Karl Pearson, *The Life, Letters and Labours of Francis Galton* (Cambridge: Cambridge University Press, 1914), 340.

15 Sam Goldstein, Jack A. Naglieri, and Dana Princiotta, *Handbook of Intelligence: Evolutionary Theory, Historical Perspective, and Current Concepts* (New York: Springer, 2015), 100.

16 Gillham, *Life of Sir Francis Galton*, 156.

17 Francis Galton, *Hereditary Genius* (London: Macmillan, 1892).

18 Charles Darwin, *More Letters of Charles Darwin: A Record of His Work in a Series of Hitherto Unpublished Letters*, vol. 2 (New York: D. Appleton, 1903), 41.

19 John Simmons, *The Scientiffic 100: A Ranking of the Most Influential Scientists, Past and Present* (Secaucus, NJ: Carol Publishing Group, 1996), "Francis Dalton,"441.

20 Schwartz, *In Pursuit of the Gene*, 61

21 同上。131.

22 Gillham, *Life of Sir Francis Galton*, "The Mendelians Trump the Biometricians," 303–23.

23 Karl Pearson, *Walter Frank Raphael Weldon, 1860–1906* (Cambridge: Cambridge University Press, 1906), 48–49.

24 同上。49.

25 Schwartz, *In Pursuit of the Gene*, 143.

26 William Bateson, *Mendel's Principles of Heredity: A Defence*, ed. Gregor Mendel (Cambridge: Cambridge University Press, 1902), v.

27 同上。208.

28 同上。ix.

29 Johan Henrik Wanscher, "The history of Wilhelm Johannsen's genetical terms and concepts from the period 1903 to 1926," *Centaurus* 19, no. 2 (1975): 125–47.

30 Wilhelm Johannsen, "The genotype conception of heredity," *International Journal of Epidemiology* 43, no. 4 (2014): 989–1000.
31 Arthur W. Gilbert, "The science of genetics," *Journal of Heredity* 5, no. 6 (1914): 235-44, http://archive.org/stream/journalofheredit 05amer/journalofheredit05amer_djvu.txt.
32 Daniel J. Kevles, *In the Name of Eugenics: Genetics and the Uses of Human Heredity* (New York: Alfred A. Knopf, 1985), 3.
33 *Problems in Eugenics: First International Eugenics Congress, 1912* (New York: Garland, 1984), 483.
34 Paul B. Rich, *Race and Empire in British Politics* (Cambridge: Cambridge University Press, 1986), 234.
35 *Papers and Proceedings— First Annual Meeting—American Sociological Society*, vol. 1 (Chicago: University of Chicago Press, 1906), 128.
36 Francis Galton, "Eugenics: Its definition, scope, and aims," *American Journal of Sociology* 10, no. 1 (1904): 1–25.
37 Andrew Norman, *Charles Darwin: Destroyer of Myths* (Barnsley, South Yorkshire: Pen and Sword, 2013), 242.
38 Galton, "Eugenics," comments by Maudsley, doi:10.1017/s0364009400001161.
39 同上。7.
40 Ibid., comments by H. G. Wells; and H. G. Wells and Patrick Parrinder, *The War of the Worlds* (London: Penguin Books, 2005).
41 George Eliot, *The Mill on the Floss* (New York: Dodd, Mead, 1960), 12.〔「フロス河の水車場」(『ジョージ・エリオット著作集 2』工藤好美、淀川郁子訳、文泉堂出版)〕
42 Lucy Bland and Laura L. Doan, *Sexology Uncensored: The Documents of Sexual Science* (Chicago: University of Chicago Press, 1998), "The Problem of Race-Regeneration: Havelock Ellis (1911)."
43 R. Pearl, "The First International Eugenics Congress," *Science* 36, no. 926 (1912): 395–96, doi:10.1126/science.36.926.395.
44 Charles Benedict Davenport, *Heredity in Relation to Eugenics* (New York: Holt, 1911).〔『人種改良学』(大日本文明協会編輯、チャールズ・B・ダヴェンポート、中瀬古六郎・吉村大次郎訳、大日本文明協会事務所)〕
45 First International Eugenics Congress, *Problems in Eugenics* (1912; repr., London: Forgotten Books, 2013), 464–65.
46 同上。469.

「痴愚(ちぐ)は三代でたくさんだ」

1 Theodosius G. Dobzhansky, *Heredity and the Nature of Man* (New York: New American

Library, 1966), 158.

2 Aristotle, *History of Animals, Book VII,* 6, 585b28–586a4.〔『動物誌』〕

3 バック家の詳細については以下から得た。J. David Smith, *The Sterilization of Carrie Buck* (Liberty Corner, NJ: New Horizon Press, 1989).

4 この章の情報の多くは以下から得た。Paul Lombardo, *Three Generations, No Imbeciles: Eugenics, the Supreme Court, and* Buck v. Bell (Baltimore: Johns Hopkins University Press, 2008).

5 "*Buck v. Bell,*" Law Library, American Law and Legal Information, http://law.jrank.org/pages/2888/Buck-v-Bell-1927.html.

6 *Mental Defectives and Epileptics in State Institutions: Admissions, Discharges, and Patient Population for State Institutions for Mental Defectives and Epileptics*, vol. 3 (Washington, DC: US Government Printing Office, 1937).

7 "Carrie Buck Committed (January 23, 1924)," *Encyclopedia Virginia*, http://www.encyclopediavirginia.org/Carrie_Buck_Committed_January _23_1924.

8 Ibid.

9 Stephen Murdoch, *IQ: A Smart History of a Failed Idea* (Hoboken, NJ: John Wiley & Sons, 2007), 107.

10 同上。"Chapter 8: From Segregation to Sterilization."

11 "Period during which sterilization occurred," Virginia Eugenics, doi:www.uvm.edu/~lkaelber/eugenics/VA/VA.html.

12 Lombardo, *Three Generations*, 107.

13 Madison Grant, *The Passing of the Great Race* (New York: Scribner's, 1916).

14 Carl Campbell Brigham and Robert M. Yerkes, *A Study of American Intelligence* (Princeton, NJ: Princeton University Press, 1923), "Foreword."

15 A. G. Cock and D. R. Forsdyke, *Treasure Your Exceptions: The Science and Life of William Bateson* (New York: Springer, 2008), 437– 38n3.

16 Jerry Menikoff, *Law and Bioethics: An Introduction* (Washington, DC: Georgetown University Press, 2001), 41.

17 同上。

18 *Public Welfare in Indiana* 68–75 (1907): 50. 1907年、「常習犯、白痴、痴愚、レイプ犯」に対する強制的な不妊手術を規定した新法がインディアナ州議会を通過し、州知事によって署名された。その法律は最終的に違憲と判断されることになるものの、世界初の優生手術法であると広くみなされている。1927年には改正法が施行され、1974年に撤廃されるまで、その法律のもと、州で最も弱い2300人以上の市民に強制的な不妊手術がおこなわれた。インディアナ州はさらに、州立の精神障害委員会を設立し、20以上の郡で優生学的な家系調査をおこなった。委員会は人類改良を目的とした科学的な育児や幼児の衛生をうながす活発な

「よりよい赤ちゃん」運動の拠点ともなった。以下を参照されたい。http://www.iupui.edu/~eugenics/.

19 Laura L. Lovett, “Fitter Families for Future Firesides: Florence Sherbon and Popular Eugenics,” *Public Historian* 29, no. 3 (2007): 68–85.

20 Charles Davenport to Mary T. Watts, June 17, 1922, Charles Davenport Papers, American Philosophical Society Archives, Philadelphia, PA. 以下も参照されたい。Mary Watts, “Fitter Families for Future Firesides,” *Billboard* 35, no. 50 (December 15, 1923): 230–31.

21 Martin S. Pernick and Diane B. Paul, *The Black Stork: Eugenics and the Death of “Defective” Babies in American Medicine and Motion Pictures since 1915* (New York: Oxford University Press, 1996).

第2部「部分の総和の中には部分しかない」

1 Wallace Stevens, *The Collected Poems of Wallace Stevens* (New York: Alfred A. Knopf, 2011), “On the Road Home,” 203–4.

2 同上。

「目に見えないもの（アブヘッド）」

1 Thomas Hardy, *The Collected Poems of Thomas Hardy* (Ware, Hertfordshire, England: Wordsworth Poetry Library, 2002), “Heredity,” 204–5.

2 William Bateson, “Facts limiting the theory of heredity,” in *Proceedings of the Seventh International Congress of Zoology*, vol. 7 (Cambridge: Cambridge University Press Warehouse, 1912).

3 Schwartz, *In Pursuit of the Gene*, 174.

4 1993年に著者がおこなったアーサー・コーンバーグへのインタビューより。

5 “Review: Mendelism up to date,” *Journal of Heredity* 7, no 1 (1916): 17–23.

6 David Ellyard, *Who Discovered What When* (Frenchs Forest, New South Wales, Australia: New Holland, 2005), “Walter Sutton and Theodore Boveri: Where Are the Genes?”

7 Stephen G. Brush, “Nettie M. Stevens and the Discovery of Sex Determination by Chromosome,” *Isis* 69, no. 2 (1978): 162–72.

8 Ronald William Clark, *The Survival of Charles Darwin: A Biography of a Man and an Idea* (New York: Random House, 1984), 279.

9 Russ Hodge, *Genetic Engineering: Manipulating the Mechanisms of Life* (New York: Facts On File, 2009), 42.

10 Thomas Hunt Morgan, *The Mechanism of Mendelian Heredity* (New York: Holt, 1915), “Chapter 3: Linkage.”

11 実験対象としてショウジョウバエを選んだことは、モーガンにとってきわめて幸運なことであった。なぜならショウジョウバエの染色体はたったの4本しかないからだ。もしショウジョウバエが多数の染色体を持っていたならば、連鎖を証明するのははるかにむずかしかったはずだ。
12 Thomas Hunt Morgan, "The Relation of Genetics to Physiology and Medicine," Nobel Lecture (June 4, 1934), in *Nobel Lectures, Physiology and Medicine, 1922–1941* (Amsterdam: Elsevier, 1965), 315.
13 Daniel L. Hartl and Elizabeth W. Jones, *Essential Genetics: A Genomics Perspective* (Boston: Jones and Bartlett, 2002), 96–97.
14 Helen Rappaport, *Queen Victoria: A Biographical Companion* (Santa Barbara, CA: ABC-CLIO, 2003), "Hemophilia."
15 Andrew Cook, *To Kill Rasputin: The Life and Death of Grigori Rasputin* (Stroud, Gloucestershire: Tempus, 2005), "The End of the Road."
16 "Alexei Romanov," *History of Russia*, http://historyofrussia.org/alexei-romanov/.
17 "DNA Testing Ends Mystery Surrounding Czar Nicholas II Children," *Los Angeles Times*, March 11, 2009.

真実と統合

1 William Butler Yeats, *Easter, 1916* (London: Privately printed by Clement Shorter, 1916).
2 Eric C. R. Reeve and Isobel Black, *Encyclopedia of Genetics* (London: Fitzroy Dearborn, 2001), "Darwin and Mendel United: The Contributions of Fisher, Haldane and Wright up to 1932."
3 Ronald Fisher, "The Correlation between Relatives on the Supposition of Mendelian Inheritance," *Transactions of the Royal Society of Edinburgh* 52 (1918): 399–433.
4 Hugo de Vries, *The Mutation Theory; Experiments and Observations on the Origin of Species in the Vegetable Kingdom*, trans. J. B. Farmer and A. D. Darbishire (Chicago: Open Court, 1909).
5 Robert E. Kohler, *Lords of the Fly:* Drosophila *Genetics and the Experimental Life* (Chicago: University of Chicago Press, 1994), "From Laboratory to Field: Evolutionary Genetics."
6 Th. Dobzhansky, "Genetics of natural populations IX. Temporal changes in the composition of populations of *Drosophila pseudoobscura*," *Genetics* 28, no. 2 (1943): 162.
7 ドブジャンスキーの実験の詳細については以下を参考にした。 Theodosius Dobzhansky, "Genetics of natural populations XIV. A response of certain gene arrangements in the third chromosome of *Drosophila pseudoobscura* to natural selection," *Genetics* 32, no. 2 (1947): 142; and S. Wright and T. Dobzhansky, "Genetics of natural populations; experimental reproduction of some of the changes caused by natural selection in certain populations of

Drosophila pseudoobscura," *Genetics* 31 (March 1946): 125–56. 以下も参照されたい。T. Dobzhansky, Studies on Hybrid Sterility. II. Localization of Sterility Factors in *Drosophila Pseudoobscura* Hybrids. *Genetics* 21 (March 1, 1936) vol 21, 113–135.

形質転換

1 H. J. Muller, "The call of biology," *AIBS Bulletin* 3, no. 4 (1953). Copy with handwritten notes, http://libgallery.cshl.edu/archive/files/c73e9703aa1b65ca3f4881b9a2465797.jpg.

2 Peter Pringle, *The Murder of Nikolai Vavilov: The Story of Stalin's Persecution of One of the Great Scientists of the Twentieth Century* (Simon & Schuster, 2008), 209.

3 Ernst Mayr and William B. Provine, *The Evolutionary Synthesis: Perspectives on the Unification of Biology* (Cambridge, MA: Harvard University Press, 1980).

4 William K. Purves, *Life, the Science of Biology* (Sunderland, MA: Sinauer Associates, 2001), 214–15.

5 Werner Karl Maas, *Gene Action: A Historical Account* (Oxford: Oxford University Press, 2001), 59–60.

6 Alvin Coburn to Joshua Lederberg, November 19, 1965, Rockefeller Archives, Sleepy Hollow, NY, http://www.rockarch.org/.

7 Fred Griffith, "The significance of pneumococcal types," *Journal of Hygiene* 27, no. 2 (1928): 113–59.

8 "Hermann J. Muller—biographical," http://www.nobel prize.org/nobel_prizes/medicine/laureates/1946/muller-bio.html.

9 H. J. Muller, "Artificial transmutation of the gene," *Science* 22 (July 1927): 84–87.

10 James F. Crow and Seymour Abrahamson, "Seventy years ago: Mutation becomes experimental," *Genetics* 147, no. 4 (1997): 1491.

11 Jack B. Bresler, *Genetics and Society* (Reading, MA: Addison-Wesley, 1973), 15.

12 Kevles, *In the Name of Eugenics*, "A New Eugenics," 251–68.

13 Sam Kean, *The Violinist's Thumb: And Other Lost Tales of Love, War, and Genius, as Written by Our Genetic Code* (Boston: Little, Brown, 2012), 33.

14 William DeJong-Lambert, *The Cold War Politics of Genetic Research: An Introduction to the Lysenko Affair* (Dordrecht: Springer, 2012), 30.

生きるに値しない命（レーベンスウンヴェアテス・レーベン）

1 Robert Jay Lifton, *The Nazi Doctors: Medical Killing and the Psychology of Genocide* (New York: Basic Books, 2000), 359.

2 Susan Bachrach, "In the name of public health—Nazi racial hygiene," *New England Journal of Medicine* 351 (2004): 417–19.

3 Erwin Baur, Eugen Fischer, and Fritz Lenz, *Human Heredity* (London: G. Allen & Unwin, 1931), 417. ヒトラーの代理であるルドルフ・ヘスも用いたこのフレーズはもともと、『我が闘争』の書評の中でのフリッツ・レンツの言葉である。

4 Alfred Ploetz. *Grundlinien Einer Rassen-Hygiene* (Berlin: S. Fischer, 1895); and Sheila Faith Weiss, "The race hygiene movement in Germany," *Osiris* 3 (1987): 193–236.

5 Heinrich Poll, "Über Vererbung beim Menschen," *Die Grenzbotem* 73 (1914): 308.

6 Robert Wald Sussman, *The Myth of Race: The Troubling Persistence of an Unscientific Idea* (Cambridge, MA: Harvard University Press, 2014), "Funding of the Nazis by American Institutes and Businesses," 138.

7 Harold Koenig, Dana King, and Verna B. Carson, *Handbook of Religion and Health* (Oxford: Oxford University Press, 2012), 294.

8 US Chief Counsel for the Prosecution of Axis Criminality, *Nazi Conspiracy and Aggression*, vol. 5 (Washington, DC: US Government Printing Office, 1946), document 3067-PS, 880–83 (English translation accredited to Nuremberg staff ; edited by GHI staff).

9 "Nazi Propaganda: Racial Science," USHMM Collections Search, http://collections.ushmm.org/search/catalog/fv3857.

10 "1936—Rassenpolitisches Amt der NSDAP—*Erbkrank*," Internet Archive, https://archive.org/details/1936-Rassenpolitisches-Amt-der-NSDAP-Erbkrank.

11 *Olympia*, directed by Leni Riefenstahl, 1936.

12 "Holocaust timeline," History Place, http://www.historyplace.com/worldwar2/holocaust/timeline.html.

13 "Key dates: Nazi racial policy, 1935," US Holocaust Memorial Museum,http://www.ushmm.org/outreach/en/article .php?ModuleId=10007696.

14 "Forced sterilization," US Holocaust Memorial Museum, http://www.ushmm.org/learn/students/learning-materials-and-resources /mentally-and-physically-handicapped-victims-of-the-nazi-era/forced-sterilization.

15 Christopher R. Browning and Jürgen Matthäus, *The Origins of the Final Solution: The Evolution of Nazi Jewish Policy, September 1939– March 1942* (Lincoln: University of Nebraska, 2004), "Killing the Handicapped."

16 Ulf Schmidt, *Karl Brandt: The Nazi Doctor, Medicine, and Power in the Third Reich* (London: Hambledon Continuum, 2007).

17 Götz Aly, Peter Chroust, and Christian Pross, *Cleansing the Fatherland*, trans. Belinda Cooper (Baltimore: Johns Hopkins Uni versity Press, 1994), "Chapter 2: Medicine against the Useless."

18 Roderick Stackelberg, *The Routledge Companion to Nazi Germany* (New York: Routledge, 2007), 303.

19 Hannah Arendt, *Eichmann in Jerusalem: A Report on the Banality of Evil* (New York: Viking, 1963).〔ハンナ・アーレント『エルサレムのアイヒマン――悪の陳腐さについての報告　新版』（大久保和郎訳、みすず書房）〕

20 Otmar Verschuer and Charles E. Weber, *Racial Biology of the Jews* (Reedy, WV: Liberty Bell Publishing, 1983).

21 J. Simkins, "Martin Niemoeller," Spartacus Educational Publishers, 2012, www. spartacus. schoolnet.co.uk/GERniemoller.htm.

22 Jacob Darwin Hamblin, *Science in the Early Twentieth Century: An Encyclopedia* (Santa Barbara, CA: ABC-CLIO, 2005), "Trofim Lysenko," 188–89.

23 David Joravsky, *The Lysenko Affair* (Chicago: University of Chicago Press, 2010), 59. 以下も参照されたい。Zhores A. Medvedev, *The Rise and Fall of T. D. Lysenko*, trans. I. Michael Lerner (New York: Columbia University Press, 1969), 11–16.

24 T. Lysenko, *Agrobiologia*, 6th ed. (Moscow: Selkhozgiz, 1952), 602–6.

25 "Trofim Denisovich Lysenko," *Encyclopaedia Britannica Online*, http://www.britannica.com/biography/Trofim-Denisovich-Lysenko.

26 Pringle, *Murder of Nikolai Vavilov*, 278.

27 カルペチェンコ、ゴヴォロフ、リーヴィツキー、コヴァレフ、フレイクスベルジェをはじめとする大勢のヴァヴィロフの同僚も逮捕された。ルイセンコの影響により、ソ連の学術機関からは遺伝学者がほぼ姿を消し、ソ連の生物学は何十年ものあいだ停滞することになった。

28 James Tabery, *Beyond Versus: The Struggle to Understand the Interaction of Nature and Nurture* (Cambridge, MA: MIT Press, 2014), 2.

29 Hans-Walter Schmuhl, *The Kaiser Wilhelm Institute for Anthropology, Human Heredity, and Eugenics, 1927–1945: Crossing Boundaries* (Dordrecht: Springer, 2008), "Twin Research."

30 Gerald L. Posner and John Ware, *Mengele: The Complete Story* (New York: McGraw-Hill, 1986).

31 Lifton, *Nazi Doctors*, 349.

32 Wolfgang Benz and Thomas Dunlap, *A Concise History of the Third Reich* (Berkeley: University of California Press, 2006), 142.

33 George Orwell, *In Front of Your Nose, 1946–1950*, ed. Sonia Orwell and Ian Angus (Boston: D. R. Godine, 2000), 11.

34 Erwin Schrödinger, *What Is Life?: The Physical Aspect of the Living Cell* (Cambridge: Cambridge University Press, 1945).〔エルヴィン・シュレーディンガー『生命とは何か――物理的に見た生細胞』（岡小天他訳、岩波文庫）〕

「愚かな分子」

1 Walter W. Moore Jr., *Wise Sayings: For Your Thoughtful Consideration* (Bloomington, IN:

AuthorHouse, 2012), 89.

2 "The Oswald T. Avery Collection: Biographical information," National Institutes of Health, http://profiles.nlm.nih.gov/ps/retrieve/Narrative/CC/p-nid/35.

3 Robert C. Olby, *The Path to the Double Helix: The Discovery of DNA* (New York: Dover Publications, 1994), 107.

4 George P. Sakalosky, *Notio Nova: A New Idea* (Pittsburgh, PA: Dorrance, 2014), 58.

5 Olby, *Path to the Double Helix*, 89.

6 Garland Allen and Roy M. MacLeod, eds., *Science, History and Social Activism: A Tribute to Everett Mendelsohn*, vol. 228 (Dordrecht: Springer Science & Business Media, 2013), 92.

7 Olby, *Path to the Double Helix*, 107.

8 Richard Preston, *Panic in Level 4: Cannibals, Killer Viruses, and Other Journeys to the Edge of Science* (New York: Random House, 2009), 96.

9 オズワルド・エイヴリーからロイ・エイヴリーに宛てた1943年5月26日の手紙。エイヴリー文書。Tennessee State Library and Archives.

10 Maclyn McCarty, *The Transforming Principle: Discovering That Genes Are Made of DNA* (New York: W. W. Norton, 1985), 159.

11 Lyon and Gorner, *Altered Fates*, 42.

12 O. T. Avery, Colin M. MacLeod, and Maclyn McCarty, "Studies on the chemical nature of the substance inducing transformation of pneumococcal types: Induction of transformation by a deoxyribonucleic acid fraction isolated from pneumococcus type III," *Journal of Experimental Medicine* 79, no. 2 (1944): 137–58.

13 US Holocaust Memorial Museum, "Introduction to the Holocaust," *Holocaust Encyclopedia*, http://www.ushmm.org/wlc/en/article.php?ModuleId=10005143.

14 同上。

15 Steven A. Farber, "U.S. scientists' role in the eugenics movement (1907–1939): A contemporary biologist's perspective," *Zebrafish* 5, no. 4 (2008): 243–45.

「重要な生物学的物体は対になっている」

1 James D. Watson, *The Double Helix: A Personal Account of the Discovery of the Structure of DNA* (London: Weidenfeld & Nicolson, 1981), 13.〔ジェームズ・D・ワトソン『二重らせん』（江上不二夫、中村桂子訳、講談社）〕

2 Francis Crick, *What Mad Pursuit: A Personal View of Scientific Discovery* (New York: Basic Books, 1988), 67.〔フランシス・クリック『熱き探求の日々――DNA二重らせん発見者の記録』（中村桂子訳、ティビーエス・ブリタニカ）〕

3 Donald W. Braben, *Pioneering Research: A Risk Worth Taking* (Hoboken, NJ: John Wiley & Sons, 2004), 85.

4 Maurice Wilkins, *Maurice Wilkins: The Third Man of the Double Helix: An Autobiography* (Oxford: Oxford University Press, 2003).〔モーリス・ウィルキンズ『二重らせん 第三の男』（長野敬、丸山敬訳、岩波書店）〕

5 Richard Reeves, *A Force of Nature: The Frontier Genius of Ernest Rutherford* (New York: W. W. Norton, 2008).

6 Arthur M. Silverstein, *Paul Ehrlich's Receptor Immunology: The Magnificent Obsession* (San Diego, CA: Academic, 2002), 2.

7 キングズ・カレッジでDNA研究を始めたばかりの1976年に、モーリス・ウィルキンズがレイモンド・ゴズリングとやり取りした手紙より。モーリス・ウィルキンズ文書。King's College London Archives.

8 1985年6月12日の手紙におけるロザリンド・フランクリンについての覚え書きより。モーリス・ウィルキンズ文書。no. ad92d68f-4071-4415-8df2-dcfe041171fd.

9 Daniel M. Fox, Marcia Meldrum, and Ira Rezak, *Nobel Laureates in Medicine or Physiology: A Biographical Dictionary* (New York: Garland, 1990), 575.

10 James D. Watson, *The Annotated and Illustrated Double Helix*, ed. Alexander Gann and J. A. Witkowski (New York: Simon & Schuster, 2012), letter to Crick, 151.〔ジェームズ・D・ワトソン『二重螺旋 完全版』（青木薫訳、新潮社）〕

11 Brenda Maddox, *Rosalind Franklin: The Dark Lady of DNA* (New York: HarperCollins, 2002), 164.

12 Watson, *Annotated and Illustrated Double Helix,* ロザリンド・フランクリンからアン・セーヤーに宛てた1952年3月1日の手紙より。〔『二重螺旋 完全版』〕

13 クリックはフランクリンが女性差別の影響を受けていたとはまったく考えていない。フランクリンが科学者として直面した逆境に焦点をあてて、彼女の研究の寛大な概括を書いたワトソンとはちがって、クリックは、フランクリンはキングズ・カレッジの雰囲気にはなんの影響も受けていなかったと主張している。クリックは1950年代にフランクリンの親しい友人となり、妻とともに、長い闘病生活のあいだや、若すぎる死の数カ月前に、とりわけ彼女の力になった。フランクリンに対するクリックの好意については以下にも書かれている。*What Mad Pursuit*, 82–85.〔『熱き探求の日々』〕

14 "100 years ago: Marie Curie wins 2nd Nobel Prize," *Scientific American*, October 28, 2011, http://www.scientificamerican.com/article/curie-marie-sklodowska-greatest-woman-scientist/.

15 "Dorothy Crowfoot Hodgkin—biographical," Nobelprize.org, http://www.nobelprize.org/nobel_prizes/chemistry/laureates/1964 /hodgkin-bio.html.

16 Athene Donald, "Dorothy Hodgkin and the year of crystallography," *Guardian*, January 14, 2014.

17 "The DNA riddle: King's College, London, 1951–1953," Rosalind Franklin Papers, http://

profiles.nlm.nih.gov/ps/retrieve /Narrative/KR/p-nid/187.
18 J. D. Bernal, "Dr. Rosalind E. Franklin," *Nature* 182 (1958): 154.
19 Max F. Perutz, *I Wish I'd Made You Angry Earlier: Essays on Science, Scientists, and Humanity* (Cold Spring Harbor, NY: Cold Spring Harbor Laboratory Press, 1998), 70.
20 Watson Fuller, "For and against the helix," モーリス・ウィルキンズ文書。no. 00c0a9ed-e951-4761-955c-7490e0474575.
21 Watson, *Double Helix*, 23.〔『二重らせん』〕
22 http://profiles.nlm.nih.gov/ps/access/SCBBKH.pdf.
23 Watson, *Double Helix*, 22.〔『二重らせん』〕
24 同上。18.
25 同上。24.
26 ワトソンは表向きには、ペルーツとジョン・ケンドリューという名の科学者がおこなっているミオグロビンというタンパク質の研究を手伝うためにケンブリッジ大学に移籍した。その後、タバコモザイクウイルス（TMV）という名のウイルスの構造の研究に移ったが、彼がはるかに強い興味を覚えたのはDNAだった。ワトソンはほどなくすべてのプロジェクトを中止して、DNAに集中することになった。Watson, *Annotated and Illustrated Double Helix*, 127.〔『二重螺旋 完全版』〕
27 Crick, *What Mad Pursuit*, 64.〔『熱き探求の日々』〕
28 Watson, *Annotated and Illustrated Double Helix*, 107.〔『二重螺旋 完全版』〕
29 L. Pauling, R. B. Corey, and H. R. Branson, "The structure of proteins: Two hydrogen-bonded helical configurations of the polypeptide chain," *Proceedings of the National Academy of Sciences* 37, no. 4 (1951): 205–11.
30 Watson, *Annotated and Illustrated Double Helix*, 44.〔『二重螺旋 完全版』〕
31 http://www.diracdelta.co.uk/science /source/c/r/crick%20francis/source.html#.Vh8XlaJeGKI.
32 Crick, *What Mad Pursuit*, 100–103.〔『熱き探求の日々』〕フランクリンは模型づくりの重要性を完全に理解していたとクリックは主張しつづけている。
33 Victor K. McElheny, *Watson and DNA: Making a Scientiffic Revolution* (Cambridge, MA: Perseus, 2003), 38.
34 Alistair Moffat, *The British: A Genetic Journey* (Edinburgh: Birlinn, 2014); 加えて、1951年と記入されたロザリンド・フランクリンの実験ノートより。
35 Watson, *Annotated and Illustrated Double Helix,* 73.〔『二重螺旋 完全版』〕
36 同上。
37 この訪問には、ビル・シーズとブルース・フレイザーも同行した。
38 Watson, *Annotated and Illustrated Double Helix,* 91.〔『二重螺旋 完全版』〕
39 同上。92.

40 Linus Pauling and Robert B. Corey, “A proposed structure for the nucleic acids,” *Proceedings of the National Academy of Sciences* 39, no. 2 (1953): 84–97.

41 http://profiles.nlm.nih.gov/ps/access/KRBBJF.pdf.

42 Watson, *Double Helix*, 184.〔『二重らせん』〕

43 Anne Sayre, *Rosalind Franklin & DNA* (New York: W. W. Norton, 1975), 152.

44 Watson, *Annotated and Illustrated Double Helix*, 207.〔『二重螺旋 完全版』〕

45 同上。208.

46 同上。209.

47 John Sulston and Georgina Ferry, *The Common Thread: A Story of Science, Politics, Ethics, and the Human Genome* (Washington, DC: Joseph Henry Press, 2002), 3.

48 1953年の3月11日か12日だった可能性が高い。クリックは3月12日木曜日に、デルブリュックに模型について伝えた。以下も参照されたい。Watson Fullerの“Who said helix?”とその関連論文。モーリス・ウィルキンズ文書 no. c065700f-b6d9-46cf -902a-b4f8e078338a.

49 1996年6月13日。モーリス・ウィルキンズ文書。

50 モーリス・ウィルキンズからフランシス・クリックへの1953年3月18日付の手紙。Wellcome Library, Letter Reference no. 62b87535-040a-448c-9b73-ff3a3767db91. http://wellcomelibrary.org/player/b20047198#?asi=0&ai=0&z=0.1215%2C0.2046%2C0.5569%2C0.3498.

51 Fuller,の“Who said helix?” とその関連論文。

52 Watson, *Annotated and Illustrated Double Helix*, 222.〔『二重螺旋 完全版』〕

53 J. D. Watson and F. H. C. Crick, “Molecular structure of nucleic acids: A structure for deoxyribose nucleic acid,” *Nature* 171 (1953): 737–38.

54 Fullerの“Who said helix?” とその関連論文。

「あのいまいましい、とらえどころのない紅はこべ」

1 “1957: Francis H. C. Crick (1916–2004) sets out the agenda of molecular biology,” *Genome News Network*, http://www.genomenewsnetwork.org /resources/timeline/1957_Crick.php.

2「1941年、ジョージ・W・ビードル（1903–1989）とエドワード・L・テータム（1909–1975）は代謝過程を制御する酵素の合成を遺伝子がいかに指示しているかを示した」*Genome News Network*, http://www.genomenewsnetwork.org/resources/timeline /1941_Beadle_Tatum.php.

3 Edward B. Lewis, “ Thomas Hunt Morgan and his legacy,” Nobelprize.org, http://www.nobelprize.org/nobel_prizes/medicine/laureates /1933/morgan-article.html.

4 Frank Moore Colby et al., *The New International Year Book: A Compendium of the World's Progress, 1907–1965* (New York: Dodd, Mead, 1908), 786.

5 George Beadle, “Genetics and metabolism in *Neurospora*,” *Physiological reviews* 25, no. 4

(1945): 643–63.
6 James D. Watson, *Genes, Girls, and Gamow: After the Double Helix* (New York: Alfred A. Knopf, 2002), 31.
7 http://scarc.library.oregonstate.edu/coll/pauling /dna/corr/sci9.001.43-gamow-lp-19531022-transcript.html.
8 Ted Everson, *The Gene: A Historical Perspective* (Westport, CT: Greenwood, 2007), 89–91.
9 "Francis Crick, George Gamow, and the RNA Tie Club," Web of Stories. http://www.webofstories.com/play/francis.crick/84.
10 Sam Kean, *The Violinist's Thumb: And Other Lost Tales of Love, War, and Genius, as Written by Our Genetic Code* (New York: Little, Brown, 2012).
11 アーサー・パーディーとモニカ・ライリーもこの考えに似た説を提唱した。
12 Cynthia Brantley Johnson, *The Scarlet Pimpernel* (Simon & Schuster, 2004), 124.
13 "Albert Lasker Award for Special Achievement in Medical Science: Sydney Brenner," Lasker Foundation, http://www.laskerfoundation.org /awards/2000special.htm.
14 エリオット・ヴォルキン、ラザラス・アストラカンというふたりの科学者も1956年にRNAが遺伝子の仲介役をはたすという説を提唱した。ブレナー&ジャコブのチームと、ワトソン&ギルバートのチームが1961年に発表した歴史的な論文は以下である。F. Gros et al., "Unstable ribonucleic acid revealed by pulse labeling of Escherichia coli," *Nature* 190 (May 13, 1960): 581–85; and S. Brenner, F. Jacob, and M. Meselson, "An unstable intermediate carrying information from genes to ribosomes for protein synthesis," *Nature* 190 (May 13, 1960): 576–81.
15 J. D. Watson and F. H. C. Crick, "Genetical implications of the structure of deoxyribonucleic acid," *Nature* 171, no. 4361 (1953): 965.
16 David P. Steensma, Robert A. Kyle, and Marc A. Shampo, "Walter Clement Noel— first patient described with sickle cell disease," *Mayo Clinic Proceedings* 85, no. 10 (2010).
17 "Key participants: Harvey A. Itano," *It's in the Blood! A Documentary History of Linus Pauling, Hemoglobin, and Sickle Cell Anemia*, http://scarc.library.oregonstate.edu/coll/pauling/blood/people/itano.html.

調節、複製、組み換え

1 ショーン・キャロルの以下の著作で引用されている。*Brave Genius: A Scientist, a Philosopher, and Their Daring Adventures from the French Resistance to the Nobel Prize* (New York: Crown, 2013), 133.
2 Thomas Hunt Morgan, "The relation of genetics to physiology and medicine," *Scientific Monthly* 41, no. 1 (1935): 315.
3 Agnes Ullmann, "Jacques Monod, 1910–1976: His life, his work and his commitments,"

Research in Microbiology 161, no. 2 (2010): 68–73.

4 Arthur B. Pardee, François Jacob, and Jacques Monod, "The genetic control and cytoplasmic expression of 'inducibility' in the synthesis of β =galactosidase by *E. coli*," *Journal of Molecular Biology* 1, no. 2 (1959): 165–78.

5 François Jacob and Jacques Monod, "Genetic regulatory mechanisms in the synthesis of proteins," *Journal of Molecular Biology* 3, no. 3 (1961): 318–56.

6 Watson and Crick, "Molecular structure of nucleic acids," 738.

7 Arthur Kornberg, "Biologic synthesis of deoxyribonucleic acid," *Science* 131, no. 3412 (1960): 1503–8.

8 同上。

遺伝子から発生へ

1 Richard Dawkins, *The Selfish Gene* (Oxford: Oxford University Press, 1989), 12.〔リチャード・ドーキンス『利己的な遺伝子』（日高敏隆訳、紀伊國屋書店）〕

2 Nicholas Marsh, *William Blake: The Poems* (Houndmills, Basingstoke, England: Palgrave, 2001), 56.

3 これらの変異体の多くを最初につくったのはアルフレッド・スタートバントとカルヴィン・ブリッジズである。変異体および関連する遺伝子についての詳細はエドワード・ルイスのノーベル賞受賞講演（1995年12月8日）で述べられている。

4 Friedrich Max Müller, *Memories: A Story of German Love* (Chicago: A. C. McClurg, 1902), 20.

5 Leo Lionni, *Inch by Inch* (New York: I. Obolensky, 1960).〔レオ・レオニ『ひとあしひとあし』（谷川俊太郎訳、好学社）〕

6 James F. Crow and W. F. Dove, *Perspectives on Genetics: Anecdotal, Historical, and Critical Commentaries, 1987–1998* (Madison: University of Wisconsin Press, 2000), 176.

7 2012年におこなったロバート・ホルビッツへのインタビューより。

8 Ralph Waldo Emerson, *The Journals and Miscellaneous Notebooks of Ralph Waldo Emerson*, vol. 7, ed. William H. Gilman (Cambridge, MA: Belknap Press of Harvard University Press, 1960), 202.

9 Ning Yang and Ing Swie Goping, *Apoptosis* (San Rafael, CA: Morgan & Claypool Life Sciences, 2013), "*C. elegans* and Discovery of the Caspases."

10 John F. R. Kerr, Andrew H. Wyllie, and Alastair R. Currie, "Apoptosis: A basic biological phenomenon with wide-ranging implications in tissue kinetics," *British Journal of Cancer* 26, no. 4 (1972): 239.

11 この変異体を最初に特定したのはエドワード・ヘッジコックである。2013年におこなったロバート・ホルビッツへのインタビューより。

12 J. E. Sulston and H. R. Horvitz, "Post-embryonic cell lineages of the nematode, *Caenorhabditis elegans*," *Developmental Biology* 56. no. 1 (March 1977): 110–56. Also see Judith Kimble and David Hirsh, "The postembryonic cell lineages of the hermaphrodite and male gonads in *Caenorhabditis elegans*," *Developmental Biology* 70, no. 2 (1979): 396–417.

13 Judith Kimble, "Alterations in cell lineage following laser ablation of cells in the somatic gonad of *Caenorhabditis elegans*," *Developmental Biology* 87, no. 2 (1981): 286–300.

14 W. J. Gehring, *Master Control Genes in Development and Evolution: The Homeobox Story* (New Haven, CT: Yale University Press, 1998), 56.

15 この手法を開発したのはジョン・ホワイトとジョン・サルストンである。2013年におこなったロバート・ホルビッツへのインタビューより。

16 Gary F. Marcus, *The Birth of the Mind: How a Tiny Number of Genes Creates the Complexities of Human Thought* (New York: Basic Books, 2004), "Chapter 4: Aristotle's Impetus."

17 Antoine Danchin, *The Delphic Boat: What Genomes Tell Us* (Cambridge, MA: Harvard University Press, 2002).

18 Richard Dawkins, *A Devil's Chaplain: Reflections on Hope, Lies, Science, and Love* (Boston: Houghton Mifflin, 2003), 105.〔リチャード・ドーキンス『悪魔に仕える牧師』（垂水雄二訳、早川書房)〕

第3部「遺伝学者の夢」

1 Sydney Brenner, "Life sentences: Detective Rummage investigates," *Scientist—the Newspaper for the Science Professional* 16, no. 16 (2002): 15.

2 "DNA as the 'stuff of genes': The discovery of the transforming principle, 1940–1944," Oswald T. Avery Collection, National Institutes of Health, http://profiles.nlm.nih.gov/ps/retrieve/Narrative /CC/p-nid/157.

「乗り換え」

1 William Shakespeare, Hamlet, act2, sc. 2.〔ウィリアム・シェイクスピア『ハムレット（第二幕第二場)』（河合庄一郎訳、角川文庫)〕

2 ポール・バーグの学歴と研究休暇については、2013年におこなったポール・バーグへのインタビューで詳細を聞いた。and "The Paul Berg Papers," Profiles in Science, National Library of Medicine, http://profiles.nlm.nih.gov/CD/.

3 M. B. Oldstone, "Rous-Whipple Award Lecture. Viruses and diseases of the twenty-first century," *American Journal of Pathology* 143, no. 5 (1993): 1241.

4 David A. Jackson, Robert H. Symons, and Paul Berg, "Biochemical method for inserting new genetic information into DNA of simian virus 40: circular SV40 DNA molecules containing

lambda phage genes and the galactose operon of Escherichia coli," *Proceedings of the National Academy of Sciences* 69, no. 10 (1972): 2904–09.

5 P. E. Lobban, "The generation of transducing phage in vitro," (essay for third PhD examination, Stanford University, November 6, 1969).

6 Oswald T. Avery, Colin M. MacLeod, and Maclyn McCarty. "Studies on the chemical nature of the substance inducing transformation of pneumococcal types: Induction of transformation by a desoxyribonucleic acid fraction isolated from pneumococcus type III," *Journal of Experimental Medicine* 79, no. 2 (1944): 137–58.

7 P. Berg and J. E. Mertz, "Personal reflections on the origins and emergence of recombinant DNA technology," *Genetics* 184, no. 1 (2010): 9–17, doi:10.1534/genetics.109.112144.

8 Jackson, Symons, and Berg, "Biochemical method for inserting new genetic information into DNA of simian virus 40," *Proceedings of the National Academy of Sciences* 69, no. 10 (1972): 2904–09.

9 Kathi E. Hanna, ed., *Biomedical politics* (Washington, DC: National Academies Press, 1991), 266.

10 Erwin Chargaff, "On the dangers of genetic meddling," *Science* 192, no. 4243 (1976): 938.

11 "Reaction to Outrage over Recombinant DNA, Paul Berg." DNA Learning Center, doi:https://www.dnalc.org/view/15017-Reaction -to-outrage-over-recombinant-DNA-Paul-Berg.html.

12 Shane Crotty, *Ahead of the Curve: David Baltimore's Life in Science* (Berkeley: University of California Press, 2001), 95.

13 2013年に著者がポール・バーグにおこなったインタビューより。

14 同上。

15 ボイヤーとコーエンについての詳細は以下から得た。John Archibald, *One Plus One Equals One: Symbiosis and the Evolution of Complex Life* (Oxford: Oxford University Press, 2014). 以下も参照されたい。Stanley N. Cohen et al., "Construction of biologically functional bacterial plasmids in vitro," *Proceedings of the National Academy of Sciences* 70, no. 11 (1973): 3240–44.

16 このエピソードの詳細は以下を参考にした。Stanley Falkow, "I'll Have the Chopped Liver Please, Or How I Learned to Love the Clone," *ASM News* 67, no. 11 (2001); Paul Berg, author interview, 2015; Jane Gitschier, "Wonderful life: An interview with Herb Boyer," *PLOS Genetics* (September 25, 2009).

新しい音楽

1 Crick, *What Mad Pursuit*, 74.〔『熱き探求の日々』〕

2 Richard Powers, *Orfeo: A Novel* (New York: W. W. Norton, 2014), 330.〔リチャード・パワーズ『オルフェオ』（木原義彦訳、新潮社）〕

3 Frederick Sanger, "The arrangement of amino acids in proteins," *Advances in Protein Chemistry* 7 (1951): 1–67.

4 Frederick Banting et al., "The effects of insulin on experimental hyperglycemia in rabbits," *American Journal of Physiology* 62, no. 3 (1922).

5 "The Nobel Prize in Chemistry 1958," Nobel prize.org, http://www.nobelprize.org/nobel_prizes/chemistry/laureates/1958/.

6 Frederick Sanger, *Selected Papers of Frederick Sanger: With Commentaries*, vol. 1, ed. Margaret Dowding (Singapore: World Scientific, 1996), 11–12.

7 George G. Brownlee, *Fred Sanger—Double Nobel Laureate: A Biography* (Cambridge: Cambridge University Press, 2014), 20.

8 F. Sanger et al., "Nucleotide sequence of bacteriophage Φ 174 DNA," *Nature* 265, no. 5596 (1977): 687–95, doi:10.1038/265687a0.

9 同上。

10 Sayeeda Zain et al., "Nucleotide sequence analysis of the leader segments in a cloned copy of adenovirus 2 fiber mRNA," *Cell* 16, no. 4 (1979): 851–61. Also see "Physiology or Medicine 1993—press release," Nobelprize.org, http://www.nobelprize.org/nobel_prizes/medicine/laureates/1993 /press.html.

11 Walter Sullivan, "Genetic decoders plumbing the deepest secrets of life processes," *New York Times*, June 20, 1977.

12 Jean S. Medawar, *Aristotle to Zoos: A Philosophical Dictionary of Biology* (Cambridge, MA: Harvard University Press, 1985), 37–38.

13 2015年9月におこなったポール・バーグへのインタビューより。

14 J. P Allison, B. W. McIntyre, and D. Bloch, "Tumor-specific antigen of murine T-lymphoma defined with monoclonal antibody," *Journal of Immunology* 129 (1982): 2293–2300; K. Haskins et al, "The major histocompatibility complex-restricted antigen receptor on T cells: I. Isolation with a monoclonal antibody," *Journal of Experimental Medicine* 157 (1983): 1149–69.

15 "Physiology or Medicine 1975—Press Release," Nobelprize.org. Nobel Media AB 2014. Web. 5 Aug 2015. http://www.nobel prize.org/nobel_prizes/medicine/laureates/1975/press.html.

16 S. M. Hedrick et al., "Isolation of cDNA clones encoding T cell-specific membrane-associated proteins," *Nature* 308 (1984): 149–53; Y. Yanagi et al., "A human T cell-specific cDNA clone encodes a protein having extensive homology to immunoglobulin chains," *Nature* 308 (1984): 145–49.

17 Steve McKnight, "Pure genes, pure genius," *Cell* 150, no. 6 (September 14, 2012): 1100–1102.

浜辺のアインシュタインたち

1 William Shakespeare, Julius Caesar, act 4, sc. 3.〔ウィリアム・シェイクスピア『ジュリアス・シーザー（第四幕第三場）』（小田島雄志訳、白水Uブックス）〕

2 Sydney Brenner, "The influence of the press at the Asilomar Conference, 1975," Web of Stories, http://www.webofstories.com/play/sydney .brenner/182;jsessionid=2c147f1c4222a58715e708eabd868e58.

3 Crotty, *Ahead of the Curve*, 93.

4 Herbert Gottweis, *Governing Molecules: The Discursive Politics of Genetic Engineering in Europe and the United States* (Cambridge, MA: MIT Press, 1998).

5 アシロマ会議についてのバーグの説明は、1993年と2013年に著者がバーグと対話をしたり、彼にインタビューをおこなったりした際に彼から直接聞いた内容である。and Donald S. Fredrickson, "Asilomar and recombinant DNA: The end of the beginning," in *Biomedical Politics*, ed. Hanna, 258–92.

6 Alfred Hellman, Michael Neil Oxman, and Robert Pollack, *Biohazards in Biological Research* (Cold Spring Harbor, NY: Cold Spring Harbor Laboratory Press, 1973).

7 Cohen et al., "Construction of biologically functional bacterial plasmids," 3240–44.

8 Crotty, *Ahead of the Curve*, 99.

9 同上。

10 "The moratorium letter regarding risky experiments, Paul Berg," DNA Learning Center, https://www.dnalc.org/view/15021-The-moratorium-letter-regarding-risky-experiments-Paul-Berg.html.

11 P. Berg et al., "Potential biohazards of recombinant DNA molecules," *Science* 185 (1974): 3034. See also *Proceedings of the National Academy of Sciences* 71 (July 1974): 2593–94.

12 1994年にサリー・スミス・ユーズがハーブ・ボイヤーにおこなったインタビューより（UCSFオーラルヒストリープログラム、カリフォルニア大学バークレー校バンクロフト図書館）。http://content .cdlib.org/view?docId=kt5d5nb0zs&brand=calisphere&doc.view=entire_text.

13 John F. Morrow et al., "Replication and transcription of eukaryotic DNA in *Escherichia coli*," *Proceedings of the National Academy of Sciences* 71, no. 5 (1974): 1743–47.

14 Paul Berg et al., "Summary statement of the Asilomar Conference on recombinant DNA molecules," *Proceedings of the National Academy of Sciences* 72, no. 6 (1975): 1981–84.

15 Crotty, *Ahead of the Curve*, 107.

16 Brenner, "The influence of the press."

17 Crotty, *Ahead of the Curve*, 108.

18 Gottweis, *Governing Molecules*, 88.

19 Berg et al., "Summary statement of the Asilomar Conference," 1981–84.

20 Albert Einstein, "Letter to Roosevelt, August 2, 1939," Albert Einstein's Letters to Franklin Delano Roosevelt, http://hypertext book.com/eworld/einstein.shtml# first.

21 Attributed to Alan T. Waterman, in Lewis Branscomb, "Foreword," *Science, Technology, and Society, a Prospective Look: Summary and Conclusions of the Bellagio Conference* (Washington, DC: National Academy of Sciences, 1976).

22 F. A. Long, "President Nixon's 1973 Reorganization Plan No. 1," *Science and Public Affairs* 29, no. 5 (1973): 5.

23 2013年におこなったポール・バーグへのインタビューより。

24 Paul Berg, "Asilomar and recombinant DNA," Nobelprize.org, http://www.nobelprize.org/nobel_prizes/chemistry/laureates /1980/berg-article.html.

25 同上。

「クローニングか、死か」

1 Herbert W. Boyer, "Recombinant DNA research at UCSF and commercial application at Genentech: Oral history transcript, 2001," Online Archive of California, 124, http://www.oac.cdlib.org/search?style=oac4;titlesAZ=r ;idT=UCb11453293x.

2 Arthur Charles Clark, *Profiles of the Future: An Inquiry Into the Limits of the Possible* (New York: Harper & Row, 1973).〔アーサー・C・クラーク『未来のプロフィル』（福島正実、川村哲郎訳、ハヤカワ文庫）〕

3 Doogab Yi, *The Recombinant University: Genetic Engineering and the Emergence of Stanford Biotechnology* (Chicago: University of Chicago Press, 2015), 2.

4 "Getting Bacteria to Manufacture Genes," *San Francisco Chronicle*, May 21, 1974.

5 Roger Lewin, "A View of a Science Journalist," in *Recombinant DNA and Genetic Experimentation*, ed. J. Morgan and W. J. Whelan (London: Elsevier, 2013), 273.

6 "1972: First recombinant DNA," Genome.gov, http:// www.genome.gov/25520302.

7 P. Berg and J. E. Mertz, "Personal reflections on the origins and emergence of recombinant DNA technology," *Genetics* 184, no. 1 (2010): 9–17, doi:10.1534/genetics.109.112144.

8 Sally Smith Hughes, *Genentech: The Beginnings of Biotech* (Chicago: University of Chicago Press, 2011), "Prologue."

9 Felda Hardymon and Tom Nicholas, "Kleiner-Perkins and Genentech: When venture capital met science," Harvard Business School Case 813-102, October 2012, http://www.hbs.edu/faculty/Pages/item .aspx?num=43569.

10 A. Sakula, "Paul Langerhans (1847–1888): A centenary tribute," *Journal of the Royal Society of Medicine* 81, no. 7 (1988): 414.

11 J. v. Mering and Oskar Minkowski, "Diabetes mellitus nach Pankreasexstirpation," *Naunyn-Schmiedeberg's Archives of Pharmacology* 26, no. 5 (1890): 371–87.

12 F. G. Banting et al., “Pancreatic extracts in the treatment of diabetes mellitus,” *Canadian Medical Association Journal* 12, no. 3 (1922): 141.

13 Frederick Sanger and E. O. P. Thompson, “The amino-acid sequence in the glycyl chain of insulin. 1. The identification of lower peptides from partial hydrolysates,” *Biochemical Journal* 53, no. 3 (1953): 353.

14 Hughes, *Genentech*, 59–65.

15 “Fierce Competition to Synthesize Insulin, David Goeddel,” DNA Learning Center, https://www.dnalc.org/view/15085-Fierce-competition-to-synthesize-insulin-David-Goeddel.html.

16 Hughes, *Genentech*, 93.

17 同上。78.

18 “Introductory materials,” First Chief Financial Officer at Genentech, 1978–1984, http://content.cdlib.org/view?docId=kt 8k40159r&brand=calisphere&doc.view=entire_text.

19 Hughes, *Genentech*, 93.

20 Payne Templeton, “Harvard group produces insulin from bacteria,” *Harvard Crimson*, July 18, 1978.

21 Hughes, *Genentech*, 91.

22 “A history of firsts,” Genentech: Chronology, http://www.gene.com/media/company-information/chronology.

23 Luigi Palombi, *Gene Cartels: Biotech Patents in the Age of Free Trade* (London: Edward Elgar Publishing, 2009), 264.

24 “History of AIDS up to 1986,” http://www .avert.org/history-aids-1986.htm.

25 Gilbert C. White, “Hemophilia: An amazing 35-year journey from the depths of HIV to the threshold of cure,” *Transactions of the American Clinical and Climatological Association* 121 (2010): 61.

26 “HIV/AIDS,” National Hemophilia Foundation, https://www.hemophilia.org/Bleeding-Disorders/Blood-Safety/HIV/AIDS.

27 John Overington, Bissan Al-Lazikani, and Andrew Hopkins, “How many drug targets are there?” *Nature Reviews Drug Discovery* 5 (December 2006): 993–96, “Table 1 | Molecular targets of FDA-approved drugs,” http:// www.nature.com/nrd/journal/v5/n12/fig_tab/nrd2199_T1.html.

28 “Genentech: Historical stock info,” Gene.com, http://www.gene.com/about-us/investors/historical-stock-info.

29 Harold Evans, Gail Buckland, and David Lefer, *They Made America: From the Steam Engine to the Search Engine—Two Centuries of Innovators* (London: Hachette UK, 2009), “Hebert Boyer and Robert Swanson: The biotech industry,” 420–31.

〈監修にあたって〉

仲野　徹

この本の翻訳中である平成29年9月に、日本遺伝学会から遺伝学用語の改訂が提案された。また、平成21年には、日本人類遺伝学会からも提案が出されている。両者をあわせると、

英語	旧来の訳語	新たに改訂された訳語
dominant	優性	顕性
recessive	劣性	潜性
mutation	突然変異	（突然）変異
variation	変異、彷徨変異	多様性、変動
variant	変異体	多様体、バリアント

というようになっている。このような提案をどのように翻訳にとりいれるか、いささか難しいところがあったので、簡単に説明しておきたい。

「優性・劣性」については、遺伝子の優劣との誤解を与えかねないと以前から指摘されており、いずれ教科書も含めて「顕性・潜性」になっていく可能性がある。しかし、現時点ではあまりに聞き慣れない用語であることから、本書では、従来通りの「優性・劣性」を用いた。

「突然変異」については、もともとの用語に「突然」の意味が含まれてないことから、「変異」とすることが望ましいと提案されている。その点はできるだけとりいれ、可能な限り「突然変異」よりも「変異」という言葉を用いた。ただし、低頻度に「変異」が新たに生じるような場合などは、単なる「変異」よりも「突然変異」の方がわかりやすいと判断し、「突然変異」という用語を使った場合もある。また、何カ所かでは、そのいずれもがそぐわない、あるいは、誤解を招きかねないので「ミュータント」とカタカナ書きを使用している。

「variation」は「多様性」で問題がないのだが、「variant」の訳はいささか困難であった。「多様体」という訳語が平成21年に提案されているが、ほとんど見たことがないし、専門家に確認しても同様であった。「多様体」ではあまりに不自然で、何のことかがイメージしづらいので、文脈に応じて、「変異」、「多型」、あるいは、「変異」および「多型」と使い分けた。「変異」と「多型」の間には明確な線引きはないのだが、「変異」は低頻度あるいは例外的な「（突然）変異」で、「多型」は個体差ともいえるような比較的高頻度に認められる「変異」あるいは塩基配列の差異である、とお考えいただきたい。

何度も読み返し、誤解を招いたり、難解であったりするようなことはないと考えているが、もし問題があるようならば、監修者である私の責任である。また、ほんの数カ所ではあるが、原著において明らかに誤解されて記述されていると思われる点は、監修者の責任において削除あるいは訂正したことを記しておきたい。

上巻口絵写真クレジット

Picture research by Alexandra Truitt & Jerry Marshall, www.pictureresearching.com.

1頁

ホムンクルス：© Science Source
家系樹：© HIP/Art Resource, NY
チャールズ・ダーウィンと「生命の木」：© Huntington Library/SuperStock.com

2頁

グレゴール・メンデル：© James King-Holmes/Science Source
ウィリアム・ベイトソンとウィルヘルム・ヨハンセン：© 2013 The American Philosophical Society
フランシス・ゴールトン：© Paul D. Stewart/Science Source

3頁

双生児研究：Archives of the Max Planck Society, Berlin
家族歴の図：©ullstein bild/The Image Works
赤ちゃんコンテスト：Library of Congress Prints & Photographs Division
「優生学の樹」：© 2013 The American Philosophical Society

4頁

キャリーとエマ・バック：Arthur Estabrook Papers. M. E. Grenander Department of Special Collections and Archives. University at Albany Libraries
トマス・モーガンと「ハエ部屋」：Courtesy of the Archives, California Institute of Technology
顕微鏡をのぞき込むロザリンド・フランクリン：Museum of London/The Art Archive at Art Resource, NY
フランクリンが撮影したＤＮＡ結晶：King's College London Archives

遺伝子 —親密なる人類史— 〔上〕
2018年2月15日　初版発行
2019年3月15日　4版発行
*
著　者　シッダールタ・ムカジー
監修者　仲野　徹
訳　者　田中　文
発行者　早川　浩
*
印刷所　株式会社精興社
製本所　大口製本印刷株式会社
*
発行所　株式会社　早川書房
東京都千代田区神田多町2−2
電話　03-3252-3111（大代表）
振替　00160-3-47799
http://www.hayakawa-online.co.jp
定価はカバーに表示してあります
ISBN978-4-15-209731-6　C0045
Printed and bound in Japan
乱丁・落丁本は小社制作部宛お送り下さい。
送料小社負担にてお取りかえいたします。

ハヤカワ・ノンフィクション

9プリンシプルズ
——加速する未来で勝ち残るために

伊藤穰一＆ジェフ・ハウ
山形浩生訳
46判並製
WHIPLASH

MITメディアラボ所長がクラウドソーシングの父と組んで贈る「AI時代の仕事の未来」

「地図よりコンパス」「安全よりリスク」「強さよりレジリエンス」……追いつくのも困難な超高速の変革がデフォルトの世界で生き残るには、まったく発想の異なる戦略が必須だ。屈指の起業家とジャーナリストによる必読のイノベーション／ビジネスマニュアル。

ハヤカワ・ポピュラー・サイエンス

五〇億年の孤独

——宇宙に生命を探す天文学者たち

FIVE BILLION YEARS OF SOLITUDE

リー・ビリングズ
松井信彦訳
46判並製

「宇宙には知的生命が存在するのか？」
「来たる20年で必ず見つかる！」

系外惑星ハンティングの隆盛とともに、「未知との遭遇」が現実に⁉　ＳＥＴＩプロジェクトのフランク・ドレイクからＴＥＤカンファレンスでおなじみのサラ・シーガーまで、太陽系外に生命と生命の棲む惑星探しに挑む者たちの不屈の肖像を、研究の歴史と最先端の営みを紹介しながら、生き生きと描く。

道程
――オリヴァー・サックス自伝――

On the Move

オリヴァー・サックス
大田直子訳
46判上製

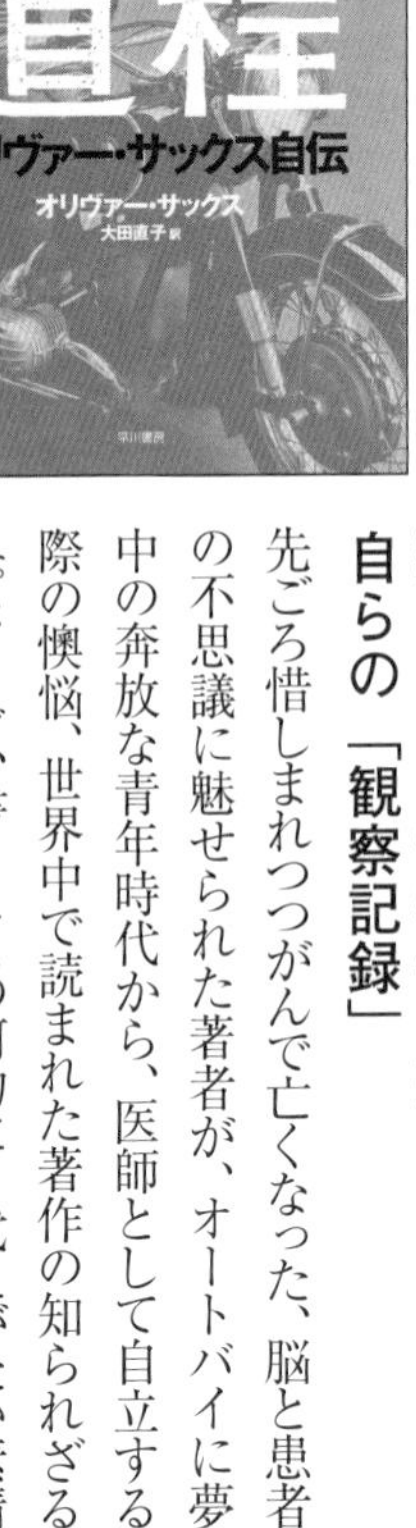

類いまれな観察者が遺した
自らの「観察記録」

先ごろ惜しまれつつがんで亡くなった、脳と患者の不思議に魅せられた著者が、オートバイに夢中の奔放な青年時代から、医師として自立する際の懊悩、世界中で読まれた著作の知られざるエピソード、書くことの何物にも代えがたい素晴らしさを綴った、生前最後の著作となった自伝。

ハヤカワ・ノンフィクション

神父と頭蓋骨

——北京原人を発見した「異端者」と進化論の発展

THE JESUIT & THE SKULL

アミール・D・アクゼル

林大訳

46判上製

北京原人骨発見に携わった異色の聖職者の生涯!

古生物学者として北京原人の発見に関わったテイヤール・ド・シャルダン神父。敬虔なイエズス会士にして進化論の信奉者であった彼の信仰と科学の狭間での苦悩、バチカンから異端視された波乱と冒険の生涯を通し、人類学の発展を描く傑作評伝。解説／佐野眞一

ハヤカワ・ノンフィクション

超予測力
——不確実な時代の先を読む10カ条

SUPERFORECASTING

フィリップ・E・テトロック&ダン・ガードナー

土方奈美訳

46判並製

98765
超予測力
不確実な時代の先を読む10カ条
フィリップ・E・テトロック&ダン・ガードナー
土方奈美 訳
SUPER-FORECASTING
THE ART AND SCIENCE OF PREDICTION
PHILIP E. TETLOCK & DAN GARDNER
早川書房
54321

優れた未来予測を可能にするファクターとは？

「専門家の予測精度はチンパンジーにも劣る」という調査結果で注目を浴びた著者が、政治からビジネスまであらゆる局面で鍵を握る高い未来予測力の秘密を、行動経済学などを援用して説く。「人間の意思決定に関する、最良の解説書」とも評された全米ベストセラー。